Appren

s'orienter avec l'ONISEP

Quels sont les metiers de demain ?

En seconde, qu'est-ce qui change ?

Comment choisir ses enseignements de spécialité ?

Et si je ne sais pas quoi faire ?

Que se passe-t-il après le bac ?

onisep

Nathan

Apprendre à s'orienter avec l'ONISEP

Mathématiques

2de

onisep
Nathan

Mode d'emploi

6 étapes pour comprendre les enjeux de **l'orientation en 2de**.

ÉTAPE 1

Découvrir la classe de seconde générale et technologique

Les réponses aux **questions que vous vous posez** !

Vrai ou Faux ?

1 En plus des cours, du temps est prévu pour m'aider dans mes études.

VRAI Il est prévu dans votre emploi du temps deux heures d'accompagnement personnalisé par semaine pour apporter un soutien en cas de difficulté scolaire ou un approfondissement dans les disciplines mais aussi une aide à l'orientation.

Toutes les informations nécessaires pour **bien s'orienter.**

Comprendre les enjeux de la seconde

1 Préparer ses choix

▸ L'année de seconde vous permet de **préparer vos choix d'orientation** en 1re et d'envisager soit la voie technologique, soit la voie générale.

À vous de jouer !

▸ **Quels sont vos centres d'intérêts professionnels ?**

Chacun a sa personnalité. Vous êtes attiré par des activités ou des sujets de discussion, et en revanche vous n'aimez guère certaines situations ou certains environnements.

Nathan live! Faites le quiz en ligne « quels métiers pour moi ? »

Des **exemples d'actions** que vous pouvez réaliser en dehors du temps scolaire pour vous aider dans vos choix d'orientation.

Grâce à l'appli **Nathan Live** accédez à des contenus numériques.

Les **informations indispensables** sur les **maths** dans l'orientation : les enseignements de spécialité, les études supérieures, les métiers !

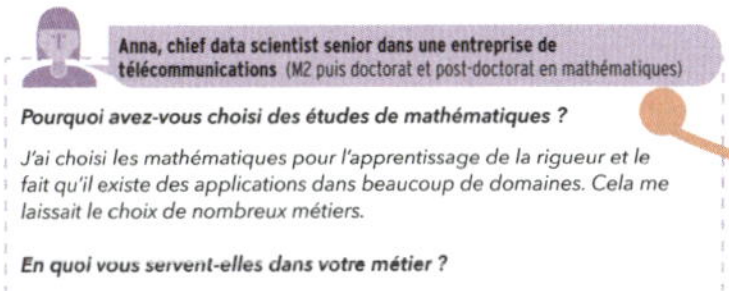

Un métier après des études scientifiques

Anna, chief data scientist senior dans une entreprise de télécommunications (M2 puis doctorat et post-doctorat en mathématiques)

Pourquoi avez-vous choisi des études de mathématiques ?

J'ai choisi les mathématiques pour l'apprentissage de la rigueur et le fait qu'il existe des applications dans beaucoup de domaines. Cela me laissait le choix de nombreux métiers.

En quoi vous servent-elles dans votre métier ?

Des **témoignages de professionnels.**

Nathan live!

L'application nécessite une connexion Internet

COMMENT FAIRE ? C'EST FACILE !

1. Téléchargez **l'application gratuite Nathan live** disponible dans tous les stores sur votre smartphone ou votre tablette (Appstore, GooglePlay, Windows Store).
2. Ouvrez l'application. Flashez les pages de votre ouvrage où ce logo apparaît en plaçant votre appareil au-dessus de la page.
3. Consultez les ressources Onisep !

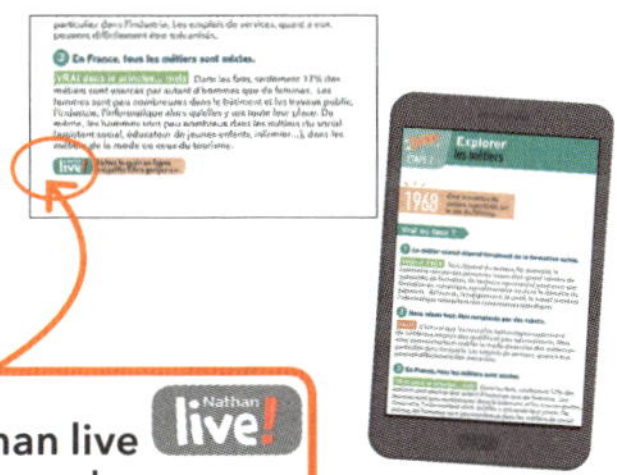

Picto **Nathan live** indiquant que la page est flashable

En flashant les pages ▶ **Les ressources en accès direct**

Sommaire

Mon parcours d'orientation en 6 étapes

Les mathématiques et l'orientation

Auteurs : Stéphanie Benchabane, David Gless, Séverine Maestri, Michel Muller, Pierre-Edouard Paoulou, Valérie Sourisseau, Barbara Tabuteau

Coordinateur : Emmanuel Percq

Édition : Isabelle Dussouet, Raphaëlle Mourey, Julie Langlais

Couverture et maquette : Simon Geliot

Fabrication : Kévin Magar

Composition : Linéale

ÉTAPE 1

Découvrir la classe de seconde générale et technologique

54 C'est le nombre d'heures dédiées à l'orientation en classe de seconde.

Vrai ou Faux ?

1 En plus des cours, du temps est prévu pour m'aider dans mes études.

VRAI Il est prévu dans votre emploi du temps deux heures d'accompagnement personnalisé par semaine pour apporter un soutien en cas de difficulté scolaire ou un approfondissement dans les disciplines mais aussi une aide à l'orientation.

2 Il faut que je choisisse très vite le Bac que je souhaite.

FAUX Vous avez toute l'année pour y réfléchir. C'est en fin de 2de que les premiers choix seront effectués, voie générale ou voie technologique.

Comprendre les enjeux de la seconde

1 Préparer ses choix

- L'année de seconde vous permet de **préparer vos choix d'orientation** en 1re et d'envisager soit la voie technologique, soit la voie générale.
- Pour la **voie technologique**, vous devrez choisir 1 série et pour la **voie générale** 3 enseignements de spécialité. Rassurez-vous, ce n'est qu'en fin d'année scolaire que les décisions sont prises et que des avis sont donnés par le conseil de classe.

Janvier-février	2e trimestre	3e trimestre
Vous exprimez vos premières intentions d'orientation : série de bac techno ou enseignements de spécialité pour le bac général	Avis du conseil de classe (bac techno ou général)	Décision d'orientation et avis sur le choix des enseignements de spécialité

2 Consolider ses savoirs

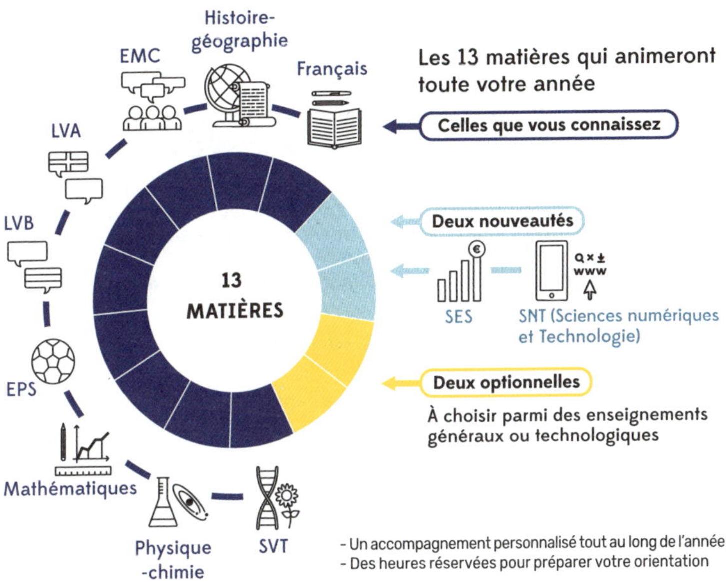

▸ Vous suivrez **13 matières en seconde** : 11 communes à tous, et 2 que vous choisirez parmi les enseignements optionnels.

Enseignements optionnels (1 à choisir dans les enseignements généraux et 1 à choisir dans les enseignements technologiques)	**Enseignements généraux**	Arts / Arts du cirque / Écologie-agronomie-territoires-développement durable / EPS / Langues et cultures de l'Antiquité / LVC
	Enseignements technologiques	Management et gestion / Santé et social / Biotechnologie / Sciences et laboratoire / Sciences de l'ingénieur / Création et innovation technologiques / Création et culture-design

Nathan live! Poursuivre ses études en première générale ou technologique dans l'enseignement agricole.

3 Être accompagné

▶ À la rentrée, vous passez un **test de positionnement** en **français** et en **mathématiques**. Il permet de connaître vos acquis et de repérer vos difficultés éventuelles. Les résultats sont anonymes, confidentiels et uniquement partagés avec les professeurs concernés, ce qui les aide pour mieux vous accompagner tout au long de l'année.

▶ Vous bénéficierez d'un **temps dédié à l'orientation** (54 heures annuelles) consacré à des actions (forum, semaine de l'orientation, rencontre avec des professionnels...) mais aussi à des temps de réflexion pour vous aider dans vos choix.

ZOOM sur ...

La scolarisation au lycée des jeunes en situation de handicap

Ils peuvent être scolarisés au lycée en bénéficiant d'un accompagnement humain, d'aides techniques et d'un aménagement des conditions pour passer les contrôles et les examens, dès lors qu'ils bénéficient d'un projet personnalisé de scolarisation. En fonction de leurs besoins spécifiques, ils peuvent bénéficier de l'appui d'un dispositif Ulis (unité localisée pour l'inclusion scolaire) en lycée.

Nathan live! Retrouvez les parcours de scolarités des élèves en situation de handicap.

À vous de jouer !

▶ Sollicitez des interlocuteurs

N'hésitez pas à solliciter différents interlocuteurs dans le lycée : tout particulièrement votre **professeur principal** mais aussi vos autres **enseignants** ou votre **CPE**. Ils sont là pour vous accompagner dans votre réflexion et vous aider dans vos choix d'orientation. Bien sûr, tout au long de l'année vous pouvez solliciter un entretien avec le **psychologue de l'Éducation nationale** qui peut vous recevoir seul ou avec vos parents, au lycée ou au centre d'information et d'orientation.

Nathan live! Découvrez 5 étapes pour préparer votre orientation dès la classe de seconde !

ÉTAPE 2

Explorer les métiers

1968 C'est le nombre de métiers répertoriés sur le site de l'Onisep.

Vrai ou faux ?

1 Le métier exercé dépend forcément de la formation suivie.

VRAI et FAUX Tout dépend du secteur. Par exemple, le commerce recrute des personnes issues d'un grand nombre de spécialités de formation. Un technico-commercial peut avoir une formation en mécanique, agroalimentaire ou dans le domaine du bâtiment. À l'inverse, l'enseignement, la santé, le travail social ou l'informatique nécessitent des compétences spécifiques.

2 Nous allons tous être remplacés par des robots.

FAUX C'est vrai que les nouvelles technologies suppriment de nombreux emplois peu qualifiés et peu épanouissants. Mais elles viennent surtout modifier le mode d'exercice des métiers en particulier dans l'industrie.

3 En France, tous les métiers sont mixtes.

VRAI dans le principe... mais Dans les faits, seulement 17% des métiers sont exercés par autant d'hommes que de femmes. Les femmes sont peu nombreuses dans le bâtiment et les travaux publics, l'industrie, l'informatique alors qu'elles y ont toute leur place. Quant aux hommes, ils sont peu nombreux dans les métiers du social (assistant social, éducateur de jeunes enfants, infirmier…), ou ceux de la mode et du tourisme.

Nathan live! Faites le quiz en ligne « égalité filles garçons ».

Les métiers de demain

Technicien.ne de l'intervention sociale et familiale

Cadre des transports et de la logistique

Domoticien.ne

Technicien.ne de maintenance

Architecte réseau

Enseignant.e

Chef.fe de projet sites et sols pollués

Infirmier.ère

Responsable de formation adulte

Yield manager (responsable de la tarification)

Voici quelques exemples de métiers pour demain. Certains sont en plein développement, car ils répondent à des nouveaux besoins ; d'autres se retrouvent « en tension » car ils manquent de candidats ; d'autres encore sont des métiers émergents.

LES CONNAISSEZ -VOUS ?

Développeur.se informatique

Ingénieur.e électricien.ne

Ingénieur.e en automatisme

Sage-femme

Attaché.e commercial.e

Informaticien.ne industriel

Urbaniste

Masseur.euse kinésithérapeute

Chef.fe de chantier

Technico-commercial.e

Expert.e bilan carbone

Responsable d'hébergement

Comptable

Logisticien.ne

BIM manager

Responsable ressources humaines

Technicien.ne d'exploitation de l'eau

Responsable d'association d'aide à domicile

Retrouvez les secteurs auxquels appartiennent ces différents métiers

- Hôtellerie restauration
- Service à la personne
- Enseignement
- Santé
- Numérique
- Industrie
- BTP (bâtiment et travaux publics)
- Commerce
- Transport logistique
- Service aux entreprises
- Environnement

Nathan live! Retrouvez tous ces métiers sur Onisep.fr

ZOOM sur ...

L'évolution des métiers

Des géomètres utilisant des drones, des e-docteurs effectuant des diagnostics médicaux à distance, des chefs de chantiers intégrant des *energy manager* dans leur équipe afin de réduire la consommation énergétique des bâtiments... Tous ces métiers que vous connaissez se transforment sous l'effet du développement du numérique, des innovations technologiques et des contraintes environnementales.

À vous de jouer !

▸ Découvrez de nouveaux métiers grâce à votre entourage

Vous pouvez demander à des personnes autour de vous de vous expliquer le métier qu'ils exercent et comment ils y sont parvenus. Vous pourrez ainsi découvrir différents univers professionnels mais aussi comprendre comment ces personnes ont choisi leur métier, ce qui a été utile pour eux, comment ils ont surmonté les éventuels obstacles... pour vous inspirer !

▸ Faites des stages

Il n'y a que des avantages à faire des stages ou des jobs d'été. Ils permettent d'enrichir votre CV, ce qui est très utile pour postuler dans une formation sélective, pour trouver un apprentissage et pour plus tard, trouver un emploi... Vous pouvez bénéficier de conventions de stage auprès des chambres de commerce et d'industrie (CCI) ou des chambres de métiers et d'artisanat (CMA).

Bon à savoir

Pourquoi pas un stage à l'étranger ! Retrouvez toutes les infos sur le site Onisep (partir en stage à l'étranger).

▸ Enquêtez sur la réalité des métiers présents dans les séries ou les films

Après avoir vu une série ou un film, essayez de savoir si les personnages de la fiction sont en lien avec la réalité des métiers qu'ils sont censés incarner (policier.ère, médecin, journaliste, juge...). Recherchez des informations sur ces métiers par exemple en les confrontant aux fiches métiers de l'Onisep.

Construire ses choix

25 C'est le pourcentage d'élèves de seconde générale ou technologique qui choisissent la voie technologique.

Vrai ou faux ?

1 En fin de seconde, il faut absolument savoir quel métier on veut faire plus tard.

FAUX Que l'on choisisse le bac technologique ou le bac général, aucun d'eux prépare à un métier en particulier. Leur objectif est de vous apporter les connaissances et les méthodes de travail permettant de réussir dans l'enseignement supérieur.

2 Seuls les résultats scolaires sont pris en compte dans l'orientation.

FAUX Les résultats scolaires jouent un rôle inévitable dans le choix d'une orientation. Il est en effet préférable de se diriger vers une voie dans laquelle on est à l'aise avec les matières enseignées. Mais les notes ne constituent pas le seul critère pris en compte. Par exemple, la décision d'orientation en fin de seconde s'appuie aussi sur le projet de l'élève, sa motivation, ses capacités de travail, son implication en classe…

3 Les filles réussissent aussi bien en sciences que les garçons.

VRAI Les filles ont des compétences équivalentes à celles des garçons en sciences. Pourtant, quand ils se jugent très bons en mathématiques, huit garçons sur dix vont en filière scientifique. Dans la même situation, seules six filles sur dix vont en filière scientifique.

Nathan live! Filles et sciences : 5 idées reçues.

Que faire après la 2de générale et technologique ?

1 La voie générale ou la voie technologique ?

▶ Si vous souhaitez vous doter d'une solide culture générale, de bonnes capacités d'expression écrite et de méthodes de travail, si vous aimez les **approches théoriques**, le **bac général** vous convient.

▶ Vous aimez apprendre à partir de **situations concrètes** ? Le **bac technologique** est fait pour vous : dans la voie technologique, c'est cette démarche qui est privilégiée.

2 La voie générale

Dans la voie générale, vous choisirez trois **enseignements de spécialité** de 1re, puis deux en terminale. Ces enseignements permettent d'approfondir les disciplines qui vous intéressent et donnent une « coloration » à votre bac.

> **Bon à savoir**
>
> L'enseignement de spécialité que vous ne conservez pas en classe de terminale sera évalué en fin de 1re. La note comptera dans le contrôle continu pour le bac !

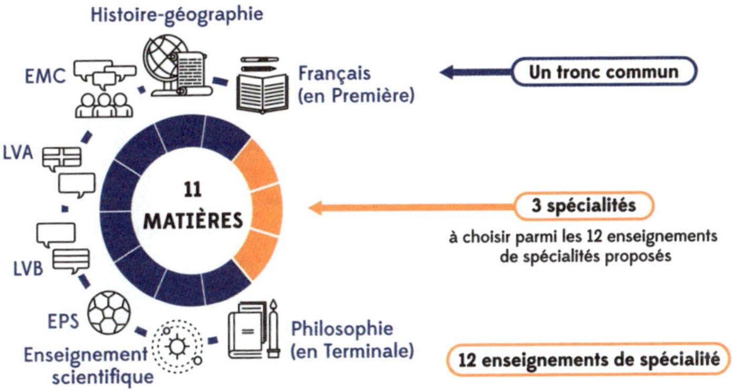

- Histoire-géographie, géopolitique et sciences politiques
- Langues, littératures et cultures étrangères et régionales
- Sciences de l'ingénieur
- Sciences de la vie et de la Terre
- Sciences économiques et sociales
- Physique-chimie
- Mathématiques
- Numérique et sciences informatiques
- Biologie-écologie *(dispensé en lycées agricoles)*
- Littérature, langues et cultures de l'Antiquité
- Humanités, littérature et philosophie
- Arts

Nathan live! Testez différentes combinaisons d'enseignements de spécialité et observez les horizons de poursuites d'études qu'elles ouvrent.

③ La voie technologique

▶ **Dans la voie technologique**, chaque série de bac technologique correspond à un secteur de compétences : santé-social, industrie et développement durable, management et gestion…

▶ **Des formations supérieures sont prévues pour vous** : DUT, BTS ou classes préparatoires spéciales pour continuer éventuellement ensuite en école ou en master.

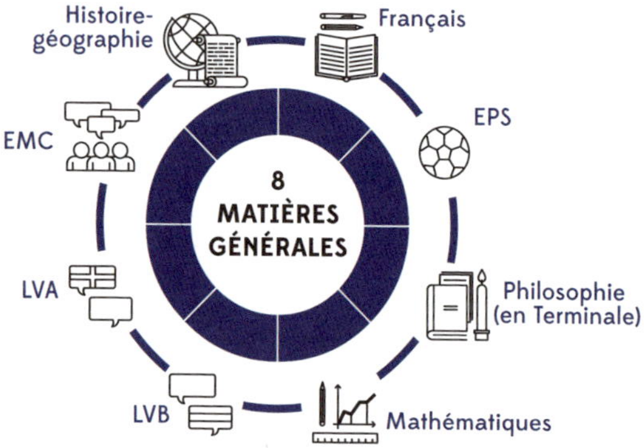

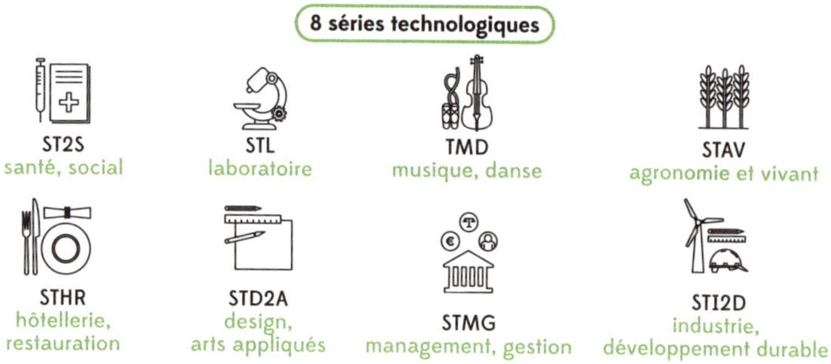

À vous de jouer !

▸ Quels sont vos centres d'intérêts professionnels ?

Chacun a sa personnalité. Vous êtes attiré par des activités ou des sujets de discussion, et en revanche vous n'aimez guère certaines situations ou certains environnements. À partir de vos goûts, **pouvez-vous repérer des centres d'intérêt pour votre future vie professionnelle** ?

Les **centres d'information et d'orientation** (CIO) proposent différentes méthodes pour vous aider à faire le point sur cette question. Prenez rendez-vous au CIO pour bénéficier d'un entretien avec un psychologue de l'Éducation nationale, spécialisé dans le conseil en orientation scolaire et professionnelle.

Nathan live! Faites le quiz en ligne « quels métiers pour moi ? ».

▸ C'est quoi réussir sa vie ?

Vous pouvez **engager une discussion autour de ce thème** avec votre entourage (famille, amis…). En faisant ce travail et en menant cette réflexion à plusieurs, les **valeurs qui sont importantes pour vous** vont se dessiner et vous apprendrez à mieux savoir ce que vous voulez dans la vie. Cela vous aidera à déterminer le type de métier qui vous correspond le mieux.

▸ Observez !

Vous souhaitez **vérifier si un secteur d'activités vous convient** : vous pouvez passer une journée en immersion dans une entreprise, une association ou une administration. Cette séquence d'observation se fait sur le temps scolaire. Renseignez-vous auprès de votre professeur principal.

ZOOM sur…

Rien n'est joué d'avance : osez être ambitieux !

Les études au lycée vous permettent de vous ouvrir à tous les possibles.

Que vous soyez fille ou garçon, et quelle que soit votre origine géographique ou sociale, des dispositifs sont en place pour vous accompagner : les Cordées de la réussite, le tutorat, le fonds social lycéen, les différentes aides financières de l'État ou des collectivités territoriales, les bourses pour la mobilité, etc.

Renseignez-vous auprès de vos enseignants.

Nathan live! Découvrez des parcours de lycéens qui vous ressemblent.

ÉTAPE 4

Décrypter l'enseignement supérieur

13 565 C'est le nombre de formations répertoriées sur Parcoursup.

Vrai ou faux ?

1 À l'université, on est libre de faire ce qu'on veut.

FAUX L'assiduité aux cours est un facteur essentiel de réussite aux examens. Les étudiants sont certes moins encadrés que les élèves au lycée, mais les enseignants du supérieur attendent de leurs étudiants qu'ils soient organisés, rigoureux et autonomes.

Bon à savoir

Dans la plupart des universités un système de tutorat est mis en place pour aider les étudiants à améliorer leurs méthodes de travail.

2 En classe prépa, on n'a plus de temps pour les loisirs.

VRAI La préparation des concours exige un rythme soutenu. En moyenne, un élève de prépa travaille près de 60 heures par semaine, cours et travail personnel confondus. Cela laisse peu de place pour les loisirs... Mais pour tenir le rythme, il est recommandé d'aménager des pauses notamment sportives.

3 Après le bac, on peut intégrer une école d'ingénieurs.

VRAI La moitié des écoles d'ingénieurs, soit environ une centaine d'établissements sont accessibles directement après le baccalauréat sur dossier et/ou épreuves et le nombre de places offertes aux bacheliers est en constante augmentation. La durée des études est alors de 5 ans.

À la découverte de l'enseignement supérieur

▸ **Le panorama des études supérieures est vaste.** Bien souvent, pour un domaine d'études, plusieurs diplômes sont possibles avec des durées, des modalités d'admission ou de préparation très variées.

▸ **L'organisation des formations supérieures**, selon le schéma LMD (licence-master-doctorat) permet une **reconnaissance européenne des diplômes** et favorise les passerelles entre filières et entre établissements même en dehors de l'université.

Bon à savoir

Sachez que votre choix n'est pas définitif, les parcours d'études se construisent souvent progressivement.

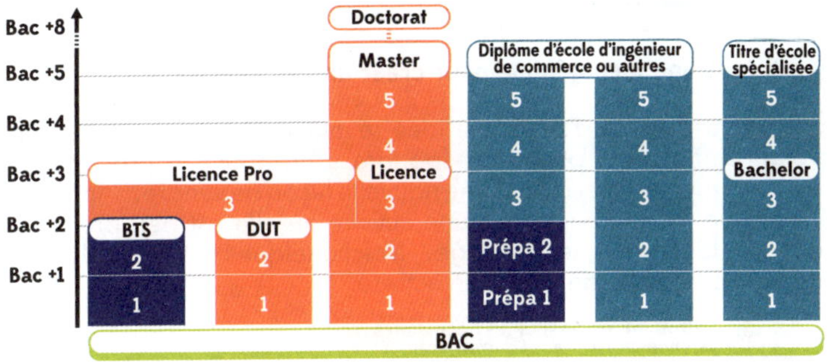

live! Qu'est-ce qu'un BTS ? Qu'est-ce qu'un DUT ou un master ? Trouvez les réponses en consultatnt le panorama détaillé des études supérieures !

À vous de jouer !

▸ Soyez explorateur : sortez de votre lycée

Échangez avec des étudiants ou des enseignants lors de salons, forums des métiers, conférences ou journées portes ouvertes. Pour que ces rencontres soient profitables, préparez en amont des questions à poser : Quelles matières sont enseignées ? Quel programme ? Comment sont organisées les études ? Combien de temps durent-elles ? Y-a-t-il des possibilités d'étudier à l'étranger ? Y a-t-il une sélection ? Si oui, comment se passe-t-elle ?

ÉTAPE 5

S'engager dans un projet

1 500 C'est le nombre de mini-entreprises créées dans les établissements scolaires en France en 2018.

Vrai ou faux ?

1 Il faut une idée géniale pour créer une entreprise.

FAUX Pas besoin d'avoir une idée révolutionnaire pour créer son projet. L'innovation peut correspondre à un nouveau procédé de fabrication, un nouvel usage, une nouvelle façon de vendre… Intégrer un peu de technologie dans une activité où elle est peu présente, repenser les usages, le recyclage… Voici quelques idées simples qui peuvent permettre de créer son activité.

Nathan live! Retrouvez les ressources nécessaires pour se lancer dans l'entreprenariat.

2 Au lycée on est trop jeune pour monter un projet.

FAUX Mener des études et s'engager dans un projet n'est pas incompatible. Au contraire, vous pourrez valoriser vos expériences et les compétences que vous aurez acquises dans votre dossier de demande d'inscription dans le supérieur.

S'investir…

▸ Au lycée

En tant que délégué de classe ou membre du conseil de la vie lycéenne, vous pouvez par exemple vous impliquer plus concrètement dans le quotidien de votre établissement, animer un club ou collaborer à la gestion d'un évènement.

▸ Dans une entreprise

L'an dernier, vous avez déjà suivi un 1er stage pour découvrir le fonctionnement d'une structure. Vous pouvez tout à fait en effectuer un autre, en fin d'année, si vous le souhaitez. C'est même vivement conseillé ! Ces différentes expériences vous permettront en effet d'avancer dans votre réflexion et dans la construction de votre parcours.

▸ Dans une association grâce au service civique

L'**Agence du service civique** propose aux jeunes de 16 à 25 ans, sans condition de diplôme, de s'engager dans ce type de missions. Ces projets personnels ou collectifs, sportifs, citoyens ou associatifs, font partie intégrante de votre projet d'orientation. Il ne faut pas hésiter à les valoriser : ils représentent un vrai plus sur votre CV et peuvent faire la différence. Ils vous aideront à gagner en assurance, en confiance en soi et à consolider vos choix d'orientation futurs.

Nathan live! Commencez à rédiger votre propre CV (Curriculum Vitae).

▸ À l'étranger

Grâce à un **séjour à l'étranger** vous pourrez **approfondir vos compétences linguistiques**, avec par exemple les programmes vacances-travail ou Erasmus+. Le corps européen de solidarité offre par ailleurs la possibilité de vous porter volontaire pour des projets destinés à aider des communautés et des personnes dans toute l'Europe.

À vous de jouer !

▸ Faites-vous aider

N'hésitez pas à solliciter vos enseignants mais aussi l'équipe de direction de votre lycée ou votre CPE. Ils peuvent vous conseiller pour **monter votre projet**.

Par ailleurs, ils pourront vous aider pour faire le **point sur les compétences et connaissances acquises** en vous engageant. Ce bilan sera précieux pour enrichir votre dossier d'admission dans le supérieur.

ÉTAPE 6

Faire le point :
ma check-list Orientation

Dès l'année de 2de vous devez vous impliquer, réaliser un certain nombre d'actions pour votre orientation et acquérir quelques connaissances de base sur le monde économique et professionnel et les voies de formation. N'attendez pas le dernier moment !

À quels profils correspondez-vous ?

« Je ne sais pas du tout quoi faire l'année prochaine. »	De nombreuses ressources existent au CDI du lycée ou sur le site de l'Onisep pour explorer les différentes possibilités d'orientation après la 2de.
« Avec mes résultats je ne pourrai pas m'orienter là où je veux. »	Vos enseignants peuvent vous aider à évaluer votre niveau réel. N'hésitez pas à les solliciter à ce sujet. Interrogez aussi les élèves de 1re qui sont actuellement dans la voie que vous envisagez.
« J'hésite entre plusieurs choix différents. »	Avoir plusieurs projets en tête n'est pas fondamentalement un obstacle. L'important est d'avoir réfléchi à un ordre de préférence.
« Cette filière me plaît mais j'ai peur de ne pas réussir. »	Au 2e trimestre, le conseil de classe vous donnera son avis sur la faisabilité de votre projet. Les heures d'accompagnement personnalisé peuvent être utilisées pour une remise à niveau.

La check-list

1 Vous connaissez les enseignements de spécialité proposés dans votre lycée.

☐ Oui ☐ Non

2 Vous avez consulté le site www.horizons2021.fr.

☐ Oui ☐ Non

3 **Vous avez identifié des enseignements de spécialité qui peuvent vous intéresser.**

☐ Oui ☐ Non

4 **Vous pouvez citer des points communs entre le bac général et le bac technologique.**

☐ Oui ☐ Non

5 **Vous pouvez citer des différences entre le bac général et le bac technologique.**

☐ Oui ☐ Non

6 **Vous avez déjà consulté les publications Onisep de la collection Parcours ou Zoom.**

☐ Oui ☐ Non

7 **Vous avez déjà parlé de votre orientation à votre professeur principal.**

☐ Oui ☐ Non

8 **Vous êtes allé au CIO pour rencontrer un psychologue de l'Éducation nationale spécialisé dans le conseil en orientation scolaire et professionnelle.**

☐ Oui ☐ Non

9 **Vous êtes déjà allé dans un salon d'orientation.**

☐ Oui ☐ Non

10 **Vous avez déjà réalisé au moins un quiz métier sur le site www.onisep.fr.**

☐ Oui ☐ Non

11 **Depuis que vous êtes au lycée, vous avez déjà fait au moins une journée d'immersion en entreprise.**

☐ Oui ☐ Non

12 **Vous avez identifié des secteurs professionnels qui se développent dans votre région.**

☐ Oui ☐ Non

13 **Vous savez rechercher la fiche descriptive d'un métier sur le site www.onisep.fr.**

☐ Oui ☐ Non

14 **Vous avez identifié au moins un secteur professionnel qui peut vous intéresser.**

☐ Oui ☐ Non

15 **Vous pouvez citer des points communs entre le BTS et le DUT.**

☐ Oui ☐ Non

16 **Vous pouvez citer des différences entre le BTS et le DUT.**

☐ Oui ☐ Non

17 **Vous savez à combien d'années d'études correspond la licence.**

☐ Oui ☐ Non

18 **Vous avez identifié au moins un diplôme de l'enseignement supérieur qui peut vous intéresser.**

☐ Oui ☐ Non

19 **Sur www.parcoursup.fr, vous savez rechercher une formation.**

☐ Oui ☐ Non

20 **Vous êtes déjà allé aux journées portes ouvertes d'un établissement d'enseignement supérieur (université, IUT, IFSI, école sociale, lycée proposant des BTS...).**

☐ Oui ☐ Non

Vous avez entre :

- **0 et 5** : il n'est pas trop tard pour commencer à vous informer !
- **5 et 10** : vous avez commencé à vous investir dans votre orientation. Continuez !
- **10 et 15** : c'est bien, vous avez déjà de bons points de repère.
- **15 à 20** : bravo !

Les enseignements de spécialité

Comment choisir ses enseignements de spécialité ?

1 Petits rappels

▶ En fin de 2de, **3 enseignements de spécialité** sont à choisir pour la classe de 1re générale, 2 sont à conserver en terminale (cf. p. 13).

▶ Ce sont des enseignements **obligatoires** qui ont pour objectifs :

- de vous permettre d'approfondir et d'élargir vos connaissances et compétences dans des domaines particuliers ;

- de vous préparer à la poursuite d'études dans l'enseignement supérieur.

2 Trois principes

▶ Choisissez des enseignements de spécialité qui vous plaisent ou qui vous tentent et dans lesquels vous vous sentez déjà à l'aise.

▶ Testez sur le site Horizons2021 les combinaisons de 3 enseignements de spécialité pour découvrir les correspondances possibles avec les perspectives d'études supérieures.

▶ Si vous souhaitez choisir un enseignement de spécialité qui n'est pas offert dans votre établissement, parlez-en à votre professeur principal, une solution peut être trouvée.

Focus sur les enseignements de spécialité en lien avec les mathématiques

▶ Si vous souhaitez prendre un ou plusieurs enseignements de spécialité en lien avec les mathématiques, vous trouverez dans les pages qui suivent un zoom sur les cinq les plus proches. Bien entendu, **tous les enseignements de spécialité peuvent être mixés**. Vous pouvez combiner par exemples : mathématiques, sciences économiques et sociales et langues, littératures et cultures étrangères et régionales, ou mathématiques, humanité, littérature et philosophie et histoire géographie, géopolitique et sciences politiques.

Nathan live! Consultez la carte académique des enseignements de spécialité.

▸ Quels sont les objectifs de cet enseignement ?

Cet enseignement de spécialité vise à développer chez vous des compétences nécessaires à la pratique et l'usage des mathématiques : « chercher/expérimenter », « modéliser », « raisonner », « calculer », « communiquer ». La diversité des activités proposées dans cet enseignement vous permettra de situer les différentes démarches mathématiques au sein de l'activité scientifique.

▸ Quel contenu ?

Cinq thèmes d'études : l'algèbre, l'analyse, la géométrie, les probabilités et les statistiques, l'algorithmique et la programmation. Les liens sont importants avec d'autres enseignements de spécialité tels que physique-chimie, sciences de la vie et de la Terre, sciences de l'ingénieur, sciences économiques et sociales.

▸ Et après, quelles études ?

En dehors de la poursuite des études supérieures de mathématiques en elles-mêmes, beaucoup de formations, dans des champs différents, s'appuient sur des compétences en mathématiques et en permettent le développement : classes préparatoires scientifiques ou économiques, licences dans de nombreux domaines et dans des parcours différents des sciences et des technologies.

Est-ce pour moi ?

Oui, si êtes attiré par l'abstraction et la formalisation, si globalement vous envisagez des études scientifiques, quel que soit le domaine, ou encore si l'évolution technologique vous passionne.

Physique-Chimie

▸ Quels sont les objectifs de cet enseignement ?

L'enseignement de spécialité de physique-chimie vous propose d'explorer le réel, du microscopique au macroscopique, à partir des nombreux domaines d'applications tant de la vie courante que liés aux grands enjeux sociétaux (énergie, environnement). L'objectif est de vous permettre une approche concrète, vivante et actuelle de la physique et de la chimie.

▸ Quel contenu ?

Le programme de physique-chimie en classe de première met en avant la pratique expérimentale et l'activité de modélisation en proposant une étude des concepts et des phénomènes : établir un lien entre le « monde » des objets, des expériences, des faits et celui des modèles et des théories. Quatre thèmes sont abordés : « Constitution et transformations de la matière », « Mouvement et interactions », « L'énergie : conversions et transferts », « Ondes et signaux ».

▸ Et après, quelles études ?

De nombreuses mentions de licences vous attendent : chimie, physique, mathématiques, mécanique, génie civil, sciences pour l'ingénieur, sciences et technologies… Vous pouvez également aller en classes préparatoires aux grandes écoles, ou classes préparatoires intégrées aux écoles d'ingénieur.

Il est aussi possible d'aller en DUT chimie, génie civil, génie industriel et maintenance, génie mécanique, génie thermique et énergie, mesures physiques, science et génie des matériaux, électrotechnique…

Est-ce pour moi ?

Oui, si les nombreux domaines d'applications tant de la vie courante que liés aux grands enjeux sociétaux (énergie, environnement) vous intéressent… Si vous êtes attiré par la découverte des sciences fondamentales et de leurs applications… Ou encore si les perspectives professionnelles que vous envisagez correspondent à ces mises en application.

▸ Quels sont les objectifs de cet enseignement ?

Cet enseignement de spécialité vous propose d'acquérir une culture scientifique à partir des concepts fondamentaux de la biologie et de la géologie.

L'objectif est de vous apporter les conditions d'une maîtrise des connaissances validées scientifiquement et des modes de raisonnement propres aux sciences : l'observation, l'expérimentation, la modélisation, l'analyse, l'argumentation...

▸ Quel contenu ?

Vous approfondirez les notions en lien avec les thèmes suivant : « La Terre, la vie et l'évolution du vivant », « Enjeux planétaires contemporains » et « Corps humain et santé ».

Cet enseignement de spécialité vous propose également une approche des enjeux de santé personnelle et publique et une réflexion éthique et civique sur l'environnement et sur les bénéfices que l'être humain peut en tirer.

▸ Et après, quelles études ?

Vous pouvez intégrer toutes les formations dans les domaines des sciences du vivant et des géosciences, de la santé. Plus précisément, les licences : STAPS, sciences de la vie, sciences de la Terre, sciences pour la santé ; les classes préparatoires scientifiques, pour les écoles d'agronomie, les écoles vétérinaires, les écoles d'agronomie, les écoles du paysage, l'école nationale de la météorologie. Mais aussi les DUT génie biologique ou analyses biologiques et biochimiques, hygiène sécurité environnement…

Est-ce pour moi ?

Oui, si vous aimez la rigueur scientifique, si le développement des sciences et leurs applications vous attirent, et si les perspectives de nombreux métiers de ces domaines vous intéressent déjà.

Sciences de l'ingénieur

▸ Quels sont les objectifs de cet enseignement ?

Les ingénieurs imaginent et mettent en œuvre des solutions innovantes pour répondre aux besoins des personnes. Les enjeux de société sont considérables et le principal objectif de cet enseignement est de vous impliquer dans une démarche scientifique : l'observation, l'élaboration d'hypothèses, la modélisation, la simulation et l'expérimentation matérielle ou virtuelle ainsi que l'analyse critique des résultats obtenus. Il s'agit de comprendre et de décrire les phénomènes mis en œuvre dans des productions afin de vérifier si le besoin initialement défini est satisfait.

▸ Quel contenu ?

Pour vous, il s'agira de découvrir les notions scientifiques et technologiques à travers trois grandes thématiques : « Les territoires et les produits intelligents, la mobilité des personnes et des biens », « L'humain assisté, réparé, augmenté » et « L'éco-design et le prototypage de produits innovants ». L'enseignement de sciences de l'ingénieur s'articule avec les apports des autres enseignements scientifiques.

▸ Et après, quelles poursuite d'études ?

Les licences : mécanique, génie civil, sciences pour l'ingénieur, sciences et technologies…

Les classes préparatoires scientifiques, les écoles d'ingénieur, les DUT génie civil, génie industriel et maintenance, génie mécanique, génie thermique et énergie, mesures physiques, science et génie des matériaux, électrotechnique...

Est-ce pour moi ?

Oui, si vous aimez créer et inventer en vous appuyant sur des connaissances scientifiques et techniques, si vous recherchez l'efficacité des actions que vous menez, et bien sûr si les perspectives professionnelles que les fonctions d'ingénieur permettent vous attirent.

▸ Quels sont les objectifs de cet enseignement ?

L'informatique vous connaissez bien sûr, mais cet enseignement de spécialité va plus loin que l'utilisation du numérique : il vise à faire en sorte que vous maîtrisiez les concepts et des méthodes qui fondent cette science, dans ses dimensions scientifiques et techniques.

Vous approfondirez les notions fondamentales dans leur évolution : les données, les algorithmes les langages, les machines, les réseaux sont au cœur de la démarche.

▸ Quel contenu ?

Vous suivrez un enseignement d'informatique, mais le programme prévoit de vous faire découvrir les liens entre l'histoire de l'informatique, la représentation et le traitement de données, les interactions homme-machine, les algorithmes, le langage et la programmation. Vous pourrez acquérir les compétences et les connaissances dans ce domaine en développant des projets : un quart de l'horaire de cet enseignement est réservé à la conception et à l'élaboration de projets.

▸ Et après, quelles études ?

Les études spécialisées dans le domaine de l'informatique : la licence d'informatique et ses différents parcours possibles. Il existe également un large choix de cursus scientifiques et techniques qui permet d'acquérir des bases et des compétences attendues dans les entreprises et les services. Tout commence par un socle de formation scientifique, acquis dans le cadre d'un DUT, d'une classe prépa (intégrée ou non) ou de deux années de licence. À partir de là, les opportunités de poursuite de formation ne manquent pas : école d'ingénieurs et à l'université un large panel de masters.

Est-ce pour moi ?

Oui, si au-delà de la l'usage du numérique, vous êtes attiré par la compréhension des procédés mis en œuvre dans les technologies nouvelles et par le développement des applications dans des domaines variés. Également, si les perspectives professionnelles qui se manifestent dans la plupart des secteurs vous intéressent déjà.

Quel parcours dans le supérieur pour ceux qui aiment les mathématiques ?

Si vous aimez les mathématiques, voici les parcours les plus fréquents, mais d'autres sont bien évidemment possibles.

MATHÉMATIQUES

Université

- Maths, physique et/ou chimie
- Sciences de la vie et/ou de la Terre
- Informatique
  EEA Électronique
  Énergie électrique Automatique
- Génie civil
- PACES
- STAPS
- Économie
- Sciences pour l'ingénieur

DUT

- Génie chimique
- Génie biologique
- Génie des procédés
- Génie civil – construction durable
- Génie électrique et informatique industrielle
- Génie mécanique et productique
- Génie thermique et énergie
- Mesures physiques
- Informatique
- Métiers du multimédia et de l'Internet

Classes prépa

- Scientifiques
- Économiques
- Littéraires

BTS

- Aéronautique
- Analyses de biologie médicale
- Métiers de la chimie
- Métiers de l'eau
- Métiers de l'audiovisuel

Écoles

- Ingénieurs
- Santé
- Commerce
- Comptabilité
- Architecture

ZOOM sur ...

Pas de parcours figés !

Les passerelles sont nombreuses d'une filière à l'autre.

De plus, changer d'orientation est désormais possible sans pour autant repartir à zéro !

Par exemple, après une année de classe préparatoire, vous pouvez intégrer un parcours de licence. Ou encore après une première année de licence, il est possible d'intégrer une école spécialisée.

Les perspectives professionnelle après des études de mathématiques

Des métiers où on vous attend

Gestion
Banque-finance-assurances
Commerce
Multimédia
Marketing
Intelligence économique

Environnement Énergie BTP Sport Paramédical Recherche
Génie civil Défense INFORMATIQUE-INTERNET-TÉLÉCOMS
Architecture **Protection des données**
Climatologie Mécanique Aéronautique
Automobile Médical Chimie
Astronomie Biomédical Enseignement

Sciences politiques
Droit
Journalisme
Cryptologie
Conseil et ingénierie
Télécommunications

Des compétences recherchées

- Déjà indispensables dans le milieu industriel, les scientifiques capables d'analyser et de traiter une masse considérable de données générées par la société de l'information sont au cœur du développement des nouvelles technologies.

- Quel que soit leur domaine d'activité (industrie, commerce, banque, énergie…), les entreprises ont besoin de compétences en informatique, statistique et mathématiques pour gérer leurs stocks, améliorer leur organisation, mettre en place des campagnes de marketing, réaliser des études ou créer un nouveau produit.

- Leurs compétences – raisonnement, intuition, imagination, capacité d'abstraction, esprit critique – sont très prisées des entreprises.

- Les scientifiques sont en effet très appréciés pour leur maîtrise des méthodes de modélisation, d'optimisation et d'aide à la décision, des probabilités et statistiques, de l'analyse numérique.

- Les profils possédant une double compétence sont donc particulièrement recherchés : les mathématiques couplées à l'informatique par exemple, à la physique, à l'économie (maths appliquées aux finances et à l'assurance) ou à la biologie …

Bon à savoir

95 % des étudiants titulaires d'un Master (bac + 5) en mathématiques trouvent un emploi dans l'année suivant la fin de leur cursus !

Un métier après des études scientifiques

Anna, chief data scientist senior dans une entreprise de télécommunications (M2 puis doctorat et post-doctorat en mathématiques)

Pourquoi avez-vous choisi des études de mathématiques ?

J'ai choisi les mathématiques pour l'apprentissage de la rigueur et le fait qu'il existe des applications dans beaucoup de domaines. Cela me laissait le choix de nombreux métiers.

En quoi vous servent-elles dans votre métier ?

Nous manipulons énormément de données dont nous tentons d'extraire des informations dans une démarche prospective, pour améliorer, entre autres, notre offre mobile. Nous cherchons à prédire par exemple quelle consommation de données peuvent avoir nos clients. Je fais des mesures prédictives sur les offres à venir qui pourraient leur plaire en imaginant combien de data ils vont consommer dans les mois à venir, quelle offre pourrait leur plaire (avec combien de giga), quel téléphone mobile ils aimeraient acheter, etc. Derrière les algorithmes de machine learning se cache toujours une optimisation, et ce sont les mathématiques (en particulier numériques) qui permettent de trouver des solutions à ces modèles. Les maths m'aident aussi à structurer mon travail, à être plus attentive au détail.

Quelles autres disciplines étudiées au lycée vous servent aujourd'hui ?

Les langues étrangères sont incontournables. On vit dans un monde globalisé ou les langues sont un atout pour évoluer ou partir à l'étranger dans le cadre professionnel. Et même si on fait de la science, on se sert aussi du français et on doit savoir l'écrire correctement.

Nicolas, technicien en sécurité et domotique dans une entreprise de courant faible (BTS mécanique et automatismes industriels puis licence pro mention domotique, parcours services et produits pour l'habitat)

Pourquoi avez-vous choisi des études de mathématiques ?

Les maths m'attiraient davantage que les autres matières et j'ai toujours aimé les calculs.

En quoi vous servent-elles dans votre métier ?

J'interviens sur des tableaux électriques lorsqu'un client veut intégrer des commandes pour sa maison (volets roulants, chauffage, station météo, éclairages divers). Si ce client a envie de mettre des bandeaux LED avec différentes couleurs de manière à créer différentes ambiances, je vais de-

voir calculer sa consommation et si elle est de 50 watts, il faudra que je le répercute sur le tableau et que mon alimentation fasse 50 watts sinon ça ne fonctionnera pas. Les maths sont donc nécessaires pour faire différents calculs de puissance électrique, entre autres.

Quelles autres disciplines étudiées au lycée vous servent aujourd'hui ?
Le français est utile : dans le domaine de la domotique nous avons souvent affaire à des clients aisés et nous devons échanger avec eux par oral ou par mail. Le relationnel client exige de bonnes bases en français. L'anglais m'aide car les notices de produits qui viennent de l'étranger sont en anglais, espagnol ou allemand. Maîtriser au moins l'anglais technique est essentiel. Enfin, la physique est nécessaire dans la domotique où l'on touche à l'électricité.

Thibault, chercheur en géophysique dans une entreprise spécialisée dans l'exploration du sous-sol (classe prépa scientifique puis master à l'ENS et doctorat en mathématiques)

Pourquoi avoir choisi des études de mathématiques ?

J'aimais le côté abstrait qui n'avait aucune application concrète. Je voulais à l'époque choisir les filières d'études où il y avait le plus de mathématiques possibles ; manipuler les objets mathématiques me passionnait. J'ai d'ailleurs choisi l'ENS plus tard plutôt qu'une école d'ingénieurs car il y avait beaucoup plus de maths à l'ENS.

En quoi les mathématiques vous servent-elles dans votre métier ?

Mon métier consiste à développer de nouvelles idées et de nouvelles technologies afin de réaliser des images du sous-sol et des différentes couches géologiques de la Terre, tout cela dans le but d'évaluer les ressources souterraines (pétrole, gaz…). Pour cela, je manipule beaucoup les algorithmes et je travaille sur de nombreuses techniques mathématiques (techniques numériques de simulation de propagation des ondes, mais aussi techniques de probabilités, techniques d'optimisation, algèbre linéaire).

Quelles autres disciplines étudiées au lycée vous servent aujourd'hui ?

L'anglais me sert beaucoup puisque je travaille dans un environnement international. Je dois faire des présentations en anglais ou rédiger des mails dans cette langue. Le français est toujours utile pour savoir s'exprimer correctement. La programmation informatique est aussi une partie importante de mon travail (même si je l'ai étudiée après le lycée).

ABC du BAC

Réussite
le bac efficace

Mathématiques

2de

Jean-Luc Dianoux

Muriel Dorembus

Nathan

Direction éditoriale : Raphaëlle Mourey
Coordination éditoriale : Marion Gautier, Julie Langlais, assistées d'Alix de Kersauson et de Noémie Ruth
Édition : Sophie Zeegers
Conception graphique intérieur : Élise Launay
Couverture : Hugues Vollant, Marc Henry
Compositeur : PCA
Fabrication : Kévin Magar

ISBN : 978-2-09-157389-2 (Édition précédente : 978-2-09-150348-6)

Mode d'emploi

Un ouvrage synthétique pour réviser et progresser avec méthode !

Cours

Méthode | Exercices | Corrigés

- Le cours est structuré en doubles-pages, pour faciliter les révisions. La page de gauche présente un **cours précis et concis**.
- La page de droite présente des **exercices résolus**.

Méthode

Cours | Exercices | Corrigés

- Cette rubrique présente de manière simple les **savoir-faire** de calcul, lecture et interprétation requis dans le programme de 2de.
- Ces **fiches méthode** s'appuient sur des cas **concrets** et présentent la démarche à suivre de manière très détaillée, grâce à un exercice **corrigé**.

Exercices

Cours | Méthode | Corrigés

- Variés, les **exercices d'entraînement** permettent de manipuler les notions du chapitre et d'appliquer la méthode.

Corrigés

Cours | Méthode | Exercices

- Les corrigés sont accompagnés de petites « bulles » présentant des **conseils**, des **remarques**, des **astuces pour gagner des points**…

Sommaire

PARTIE II • Géométrie

CHAPITRE 4 Manipuler les vecteurs du plan

CHAPITRE 5 Résoudre des problèmes de géométrie

CHAPITRE 6 Représenter et caractériser les droites du plan

PARTIE III • Fonctions

CHAPITRE 7 Fonctions de référence

PARTIE V • Algorithmique et programmation

CHAPITRE 12 Variables et instructions élémentaires

La nouvelle classe de seconde

1 Les moments-clés

A. Le test de positionnement

- **Ce test numérique** qui a lieu en début de seconde permet de connaître vos acquis et vos besoins en Français et en Mathématiques. C'est la première étape de l'accompagnement personnalisé : soutien, approfondissement et aide à l'orientation.

Qui ?
▶ Tous les élèves de 2de

Quand ?
▶ Au cours de la 2e quinzaine de septembre

Pourquoi ?
▶ Préparer l'accompagnement personnalisé de chaque élève

Où ?
▶ Au lycée, sur une plateforme numérique

MATHÉMATIQUES* — 50 min
- ▶ Organisation et gestion de données
- ▶ Nombres et calcul
- ▶ Géométrie
- ▶ Calcul littéral

FRANÇAIS* — 50 min
- ▶ Compréhension de l'oral
- ▶ Compréhension de l'écrit
- ▶ Compréhension du fonctionnement de la langue

* Les résultats sont communiqués aux élèves et sont anonymes en dehors de l'établissement

B. Les semaines de l'orientation

- **Les semaines de l'orientation** (novembre-décembre et janvier-février) permettent de vous informer et d'explorer plusieurs perspectives d'orientation.
- **Au cours de ces différents moments consacrés à l'orientation**, vous pourrez échanger avec les équipes pédagogiques de l'établissement, rencontrer des acteurs de l'enseignement supérieur, échanger avec des acteurs du monde économique, social et professionnel…

C. Le choix des spécialités

- Au 2e trimestre, vous formulez des intentions d'orientation sur la « fiche dialogue ». Vous choisirez **4 enseignements de spécialité** parmi les **12 proposés**. Le conseil de classe donne un avis sur vos intentions.
- Au mois de juin, vous devrez choisir vos 3 enseignements de spécialité définitifs.

2 Les enseignements de la classe de 2de

ENSEIGNEMENTS COMMUNS

Français	4h00
Histoire-Géographie	3h00
LVA et LVB	5h30
Mathématiques	4h00
Physique-chimie	3h00
SVT	1h30
EPS	2h00
EMC	18h00/an
N SES	1h30
N Sciences Numériques et technologie	1h30

ENSEIGNEMENTS OPTIONNELS 2 MAXIMUM

Enseignement général AU CHOIX

LCA : Latin*	3h00
LCA : Grec*	3h00
LVC	3h30
Arts	3h00
EPS	3h00
Art du cirque	6h00

Enseignement techno AU CHOIX

N Management et gestion	1h30
Santé et social	1h30
Biotechnologie	1h30
Sciences de laboratoire	1h30
Sciences de l'ingénieur	1h30

et d'autres...

N nouveau

* les LCA peuvent être prise en plus

CHAPITRE

1 Manipuler les nombres réels

1 Les ensembles de nombres

1 Définition

L'ensemble des nombres réels, noté $\mathbb{R}$, est l'ensemble de tous les nombres que nous utilisons.

On représente cet ensemble par une droite graduée :

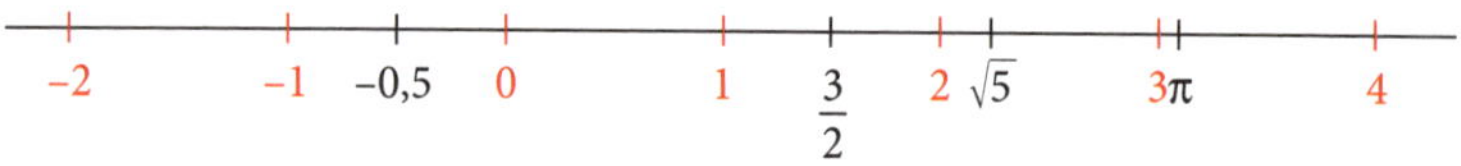

2 Les différents ensembles de nombres

- L'ensemble des **nombres entiers naturels** est $\mathbb{N} = \{0 ; 1 ; 2 ; \ldots\}$.
- L'ensemble des **nombres entiers relatifs** est :

$\mathbb{Z} = \{\ldots ; -2 ; -1 ; 0 ; 1 ; 2 ; \ldots\}$.

- L'ensemble des **nombres décimaux** $\mathbb{D}$ est l'ensemble des nombres dont l'écriture décimale comporte un nombre fini de chiffres après la virgule.

Ils s'écrivent aussi sous la forme $a \times 10^p$, où a et p sont des nombres entiers relatifs.

- L'ensemble des **nombres rationnels** $\mathbb{Q}$ est l'ensemble des nombres qui s'écrivent sous la forme $\frac{p}{q}$, où p et q sont des nombres entiers relatifs ($q \neq 0$).

Remarque : On a $\mathbb{N} \subset \mathbb{Z} \subset \mathbb{D} \subset \mathbb{Q} \subset \mathbb{R}$.

Le symbole $\subset$ se lit « inclus dans ».

Le symbole $\in$ se lit « appartient à ».

Ainsi, $\frac{3}{2} \in \mathbb{D}$ car $\frac{3}{2} = 1{,}5$ et $\frac{1}{3} \in \mathbb{Q}$ ($\frac{1}{3} = 0{,}33\ldots$ et ne s'exprime pas sous forme décimale).

EXERCICE RÉSOLU

Placer un nombre dans son ensemble

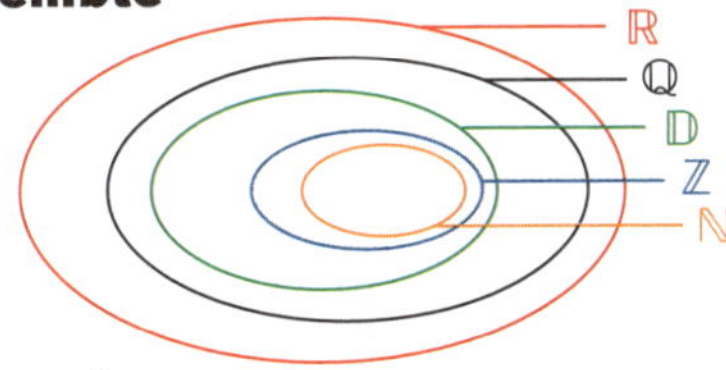

ÉNONCÉ

Placer chaque élément de la liste de nombres ci-dessous dans l'ensemble qui lui correspond :

$-\dfrac{6}{5}$; $\dfrac{6}{17}$; 0,333… ; 8 ; 4,3 ; $-\dfrac{5}{11}$; –3 ; 128 ; $-\dfrac{3}{8}$; $\sqrt{3}$.

CORRIGÉ

8 et 128 sont des nombres entiers naturels ;
–3 est un nombre entier relatif.

$-\dfrac{6}{5}$, $-\dfrac{3}{8}$ et 4,3 sont des nombres décimaux, car :

$-\dfrac{6}{5} = -1{,}2$; $-\dfrac{3}{8} = -0{,}375$.

Méthode
On justifie que $-\dfrac{6}{5}$, $-\dfrac{3}{8}$ et 4,3 sont des nombres décimaux.

0,333…, $\dfrac{6}{17}$ et $-\dfrac{5}{11}$ sont des nombres rationnels, car 0,333… est un nombre dont le nombre de chiffres après la virgule est illimité et périodique.

$\dfrac{6}{17}$ et $-\dfrac{5}{11}$ sont de la forme $\dfrac{p}{q}$ où p et q sont des nombres entiers, et lors de la division, leur nombre de chiffres après la virgule est illimité.

$\sqrt{3}$ est un nombre irrationnel car $\sqrt{3} = 1{,}732\,050\,808\ldots$

Méthode
On justifie que 0,333…, $\dfrac{6}{17}$ et $-\dfrac{5}{11}$ ne sont pas des nombres décimaux.

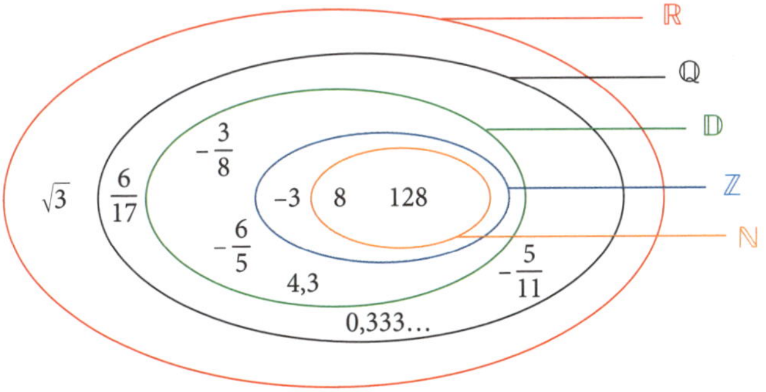

2 Les intervalles

1 Écriture des intervalles

Soit a et b deux nombres réels tels que $a < b$.

- L'ensemble des nombres réels x vérifiant la double inégalité $a \leqslant x \leqslant b$ est l'intervalle fermé $[a\,;\,b]$ d'extrémités a et b, où a et b sont les bornes de l'intervalle.
Il est représenté sur un axe par un segment :

- L'ensemble des nombres réels x vérifiant la double inégalité $a < x < b$ est l'intervalle ouvert $]a\,;\,b[$ d'extrémités a et b, où a et b sont les bornes de l'intervalle.
Il est représenté sur un axe par un segment :

- L'ensemble des nombres réels x vérifiant l'inégalité $x > a$ est l'intervalle ouvert en a noté $]a\,;\,+\infty[$.
Il est représenté sur un axe par une demi-droite :

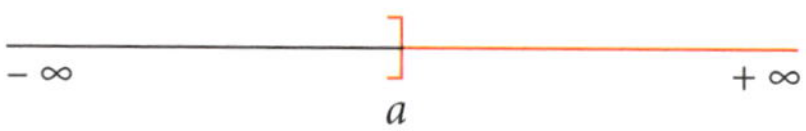

- L'ensemble des nombres réels x vérifiant l'inégalité $x \leqslant b$ est l'intervalle fermé en b noté $]-\infty\,;\,b]$.
Il est représenté sur un axe par une demi-droite :

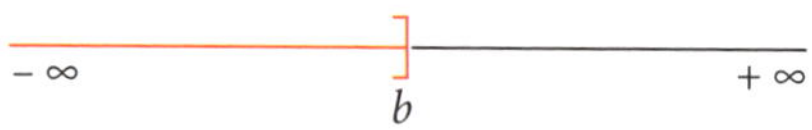

Remarque : $\mathbb{R}$ est l'intervalle $]-\infty\,;\,+\infty[$.

2 Intersection et réunion d'intervalles

- L'intersection de deux intervalles A et B, notée $A \cap B$, est l'ensemble des nombres réels qui appartiennent à la fois aux deux intervalles.
- La réunion de deux intervalles A et B, notée $A \cup B$, est l'ensemble des nombres réels qui appartiennent à l'un ou l'autre des deux intervalles.

EXERCICE RÉSOLU

Déterminer des intersections et des réunions d'intervalles

ÉNONCÉ

1. Représenter sur la droite des réels les intervalles suivants :
• $I_1 =]2\,;5]$; • $I_2 =]-\infty\,;3]$; • $I_3 =]1\,;+\infty[$; • $I_4 =]-3\,;-1[$.

2. Déterminer les intervalles :
• $I_1 \cap I_2$; • $I_2 \cup I_3$; • $I_2 \cap I_3$; • $I_1 \cap I_4$; • $I_1 \cup I_2$.

CORRIGÉ

1. On représente chacun des intervalles séparément :

• I_1
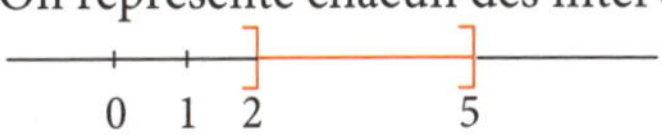

• I_2

• I_3

• I_4
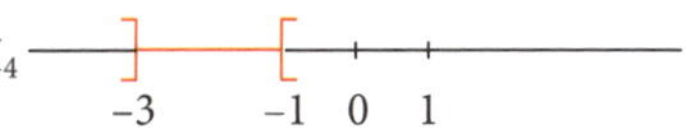

2. Pour chaque cas, on représente les intervalles sur une même droite ; on hachure dans un sens le premier intervalle, puis dans l'autre sens le deuxième intervalle.
Pour une intersection, on choisit les points sur la droite qui sont hachurés deux fois. Pour une réunion, on choisit les points sur la droite qui sont hachurés au moins une fois.

• $I_1 \cap I_2 =]2\,;3]$.
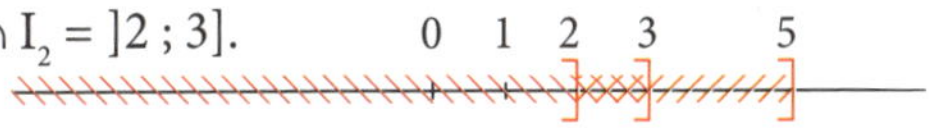

Conseil
Les hachures dans un sens puis dans l'autre permettent de visualiser l'intersection ou la réunion.

• $I_2 \cup I_3 = \mathbb{R}$.
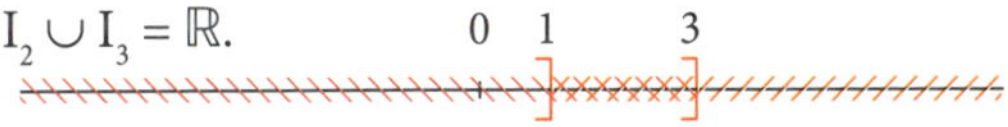

• $I_2 \cap I_3 =]1\,;3]$.
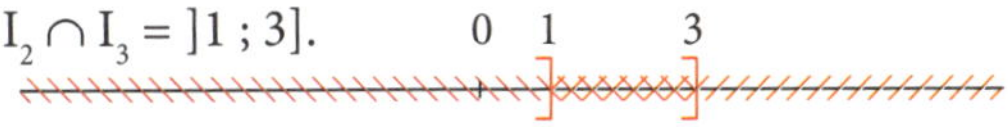

• $I_1 \cap I_4 = \varnothing$.
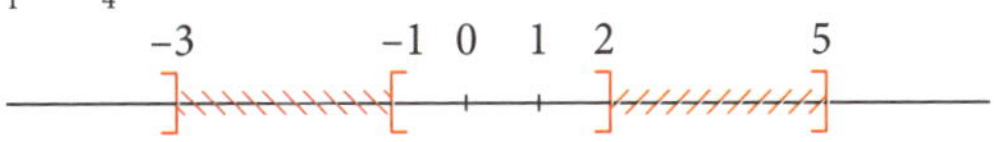

Remarque
$\varnothing$ signifie « ensemble vide ».

• $I_1 \cup I_2 =]-\infty\,;5]$.
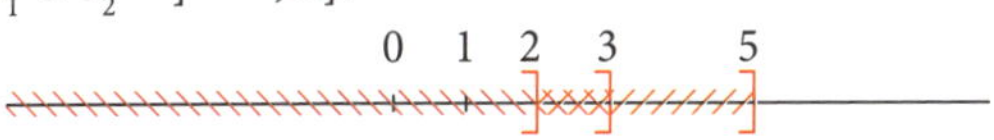

3 Notation $|a|$, distance entre deux nombres réels

1 Valeur absolue

- Soit a un nombre réel.

La valeur absolue de a, notée $|a|$, représente la distance du nombre réel a à 0.
On note aussi $|a| = d(a\,;0)$.

2 Distance entre deux nombres

- $|a-b|$ est la distance entre les nombres réels a et b, notée $d(a\,;b)$.

C'est la longueur AB, où a est l'abscisse de A et b l'abscisse de B.

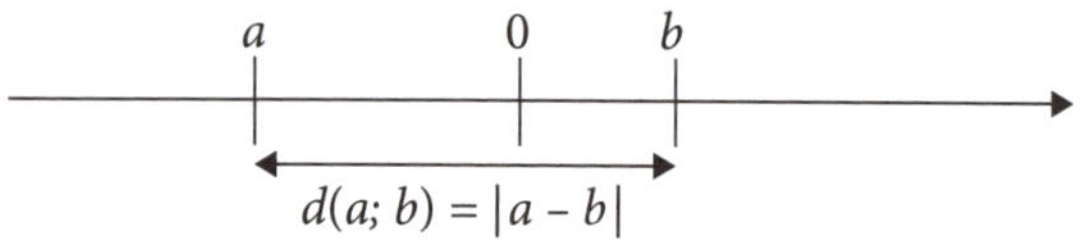

Conseil
Ce schéma permet de bien comprendre la situation.

- **Exemples**

• La distance de -5 à 8 est $|8-(-5)| = |8+5| = |13| = d(13\,;0) = 13$.
• La distance de -13 à -1 est $|-13-(-1)| = |-13+1| = |-12| = d(-12\,;0) = 12$.

- **Propriétés**

Une distance est toujours positive ou nulle.
$d(a\,;b) = d(b\,;a) = |a-b| = |b-a|$.

EXERCICES RÉSOLUS

Utiliser la notation valeur absolue

ÉNONCÉ

Exprimer les distances suivantes avec la notation valeur absolue, puis simplifier si possible.

1. $d(2\,;6)$; **2.** $d(-10\,;1)$; **3.** $d(-4\,;-6)$; **4.** $d(x\,;6)$; **5.** $d(x\,;-4)$.

CORRIGÉ

Pour chaque cas, on applique le cours : $d(a\,;b) = |a - b| = |b - a|$.

1. $d(2\,;6) = |6 - 2| = |4| = 4$.

2. $d(-10\,;1) = |1 - (-10)| = |11| = 11$.

3. $d(-4\,;-6) = |-4 - (-6)| = |2| = 2$.

4. $d(x\,;6) = |x - 6|$.

5. $d(x\,;-4) = |x - (-4)| = |x + 4|$.

> **Conseil**
> Il faut faire apparaître l'opération « – » entre *a* et *b*.

Résoudre une équation avec valeur absolue

ÉNONCÉ

Résoudre les équations :

1. $|x - 1| = 2$; **2.** $|x + 3| = 1$.

CORRIGÉ

1. $|x - 1| = d(x\,;1)$, donc on peut poser $d(x\,;1) = 2$ et proposer une résolution graphique de l'équation :

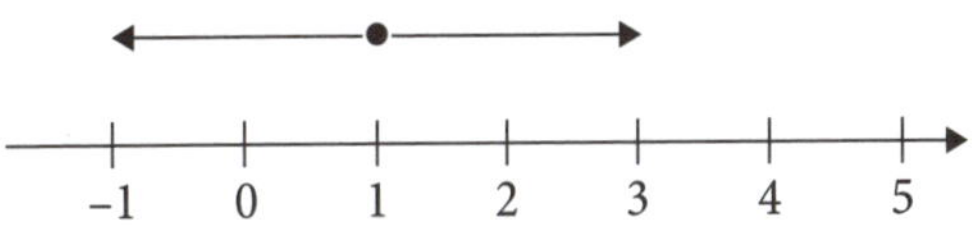

L'équation a donc deux solutions : –1 et 3.

> **Remarque**
> L'écriture $|a - b|$ doit immédiatement faire penser à la notion de distance.

2. $|x + 3| = |x - (-3)| = d(x\,;-3)$, donc on peut poser $d(x\,;-3) = 1$ et proposer une résolution graphique de l'équation :

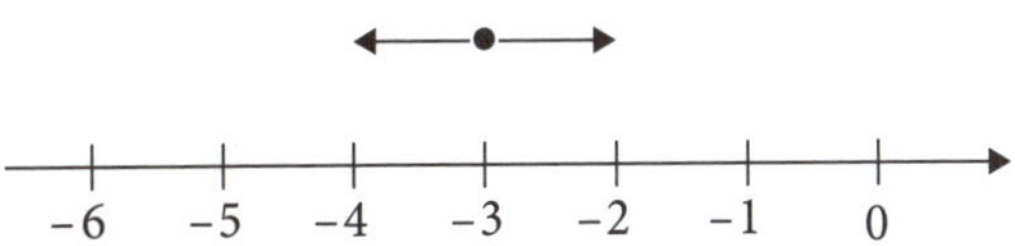

L'équation a donc deux solutions : – 4 et – 2.

> **Réflexe à avoir**
> Il faut toujours se ramener à l'écriture « valeur absolue de *a* **moins** *b* ».

4 Intervalles et valeurs absolues

Soit a un nombre réel et r un nombre réel positif ou nul.

1 Intervalle $[a - r\,;\, a + r]$

- L'intervalle $[a - r\,;\, a + r]$ est l'intervalle de centre a et de rayon r.

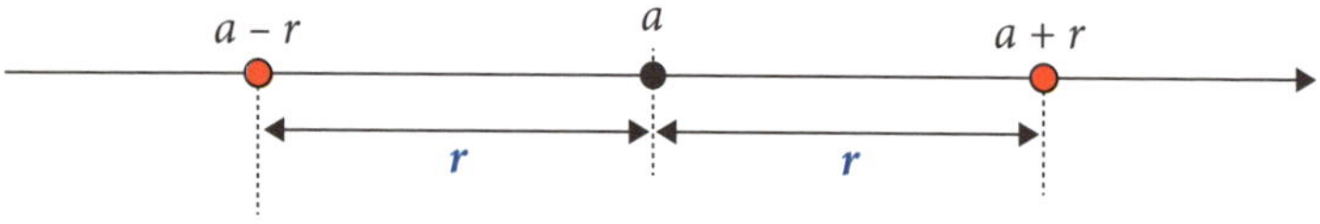

2 Condition $|x - a| \leqslant r$

- La condition $|x - a| \leqslant r$ est équivalente à $d(a\,;\, x) \leqslant r$.

Ainsi, l'ensemble des nombres réels x vérifiant la condition $|x - a| \leqslant r$ est l'intervalle $[a - r\,;\, a + r]$.

- **Exemple**

L'ensemble des nombres réels vérifiant la condition $|x - 3| \leqslant 4$ est l'intervalle $[3 - 4\,;\, 3 + 4]$, soit $[-1\,;\, 7]$.

EXERCICES RÉSOLUS

Exprimer un intervalle avec une valeur absolue

ÉNONCÉ

Exprimer chacun des intervalles en utilisant une valeur absolue.

1. $[-3\,;\, 4]$; **2.** $[1\,;\, 13]$; **3.** $[-10\,;\, -4]$.

> **Méthode**
> Il faut d'abord calculer le centre de l'intervalle, puis le rayon.

CORRIGÉ

Pour chaque cas, on détermine le centre de l'intervalle a et le rayon r.

1. Le centre a de l'intervalle est $a = \dfrac{-3 + 4}{2} = 0{,}5$; le rayon r est $4 - 0{,}5 = 3{,}5$.

$[-3\,;\,4]$ est l'ensemble des nombres réels tels que $|x - 0{,}5| \leqslant 3{,}5$.

2. Le centre a de l'intervalle est $a = \dfrac{1+13}{2} = 7$; le rayon r est $13 - 7 = 6$.

$[1\,;\,13]$ est l'ensemble des nombres réels tels que $|x - 7| \leqslant 6$.

3. Le centre a de l'intervalle est $a = \dfrac{-10+(-4)}{2} = -7$; le rayon r est $-4-(-7) = 3$.

$[-10\,;\,-4]$ est l'ensemble des nombres réels tels que $|x - (-7)| \leqslant 3$, soit $|x + 7| \leqslant 3$.

Utiliser différentes écritures

Conseil
Il faut être capable de passer d'une écriture à l'autre.

ÉNONCÉ

Compléter le tableau suivant.

Encadrement	Intervalle	Distance	Valeur absolue
$3 \leqslant x \leqslant 19$			
	$x \in [-10\,;\,-4]$		
		$d(x\,;\,10) \leqslant 3$	
			$\|x-5\| \leqslant 4$
$-2 \leqslant x \leqslant 10$			

CORRIGÉ

Encadrement	Intervalle	Distance	Valeur absolue
$3 \leqslant x \leqslant 19$	$x \in [3\,;\,19]$	$d(x\,;\,11) \leqslant 8$	$a = 11\,;\, r = 8$ $\|x-11\| \leqslant 8$
$-10 \leqslant x \leqslant -4$	$x \in [-10\,;\,-4]$	$d(x\,;\,-7) \leqslant 3$	$a = -7\,;\, r = 3$ $\|x+7\| \leqslant 3$
$7 \leqslant x \leqslant 13$	$x \in [10-3\,;\,10+3]$ $x \in [7\,;\,13]$	$d(x\,;\,10) \leqslant 3$	$\|x-10\| \leqslant 3$
$1 \leqslant x \leqslant 9$	$x \in [5-4\,;\,5+4]$ $x \in [1\,;\,9]$	$d(x\,;\,5) \leqslant 4$	$\|x-5\| \leqslant 4$
$-2 \leqslant x \leqslant 10$	$x \in [-2\,;\,10]$	$d(x\,;\,4) \leqslant 6$	$a = 4\,;\, r = 6$ $\|x-4\| \leqslant 6$

5 Encadrement et chiffres significatifs

1 Encadrement d'un nombre

• Encadrer un nombre, c'est trouver une valeur inférieure et une valeur supérieure à ce nombre.

• Soit a, b et c trois nombres tels que $a < b < c$.

La précision de l'encadrement à 10^{-n} près est telle que $c - a = 10^{-n}$.

• **Exemple**

$8{,}23 < 8{,}236 < 8{,}24$ est un encadrement à 10^{-2} près car $8{,}24 - 8{,}23 = 0{,}01 = 10^{-2}$.

2 Calculs et chiffres significatifs

• Lorsqu'un nombre prend une signification réelle pour représenter une grandeur (longueur, aire, volume...), le nombre de chiffres employés pour le décrire est important. On les nomme chiffres significatifs, cs en abrégé.

• Les chiffres autres que les zéros sont toujours significatifs.

• Les zéros à **gauche** du premier chiffre non nul **ne sont pas** significatifs.

• **Exemple**

3,000 a 4 chiffres significatifs, 3,05 a 3 chiffres significatifs, 0,007 n'a qu'un chiffre significatif.

• Le résultat d'une **multiplication ou d'une division** a **autant** de chiffres significatifs qu'en comporte la mesure **la moins précise** utilisée dans le calcul.

• **Exemple**

$12{,}5 \times 2{,}3$ donne 28,75, que l'on doit écrire avec deux chiffres significatifs.

$12{,}5 \times 2{,}3 = 29$ (2 chiffres significatifs).

• Le résultat d'une **addition** ou d'une **soustraction** a autant de **décimales** qu'en a la mesure **la moins précise** utilisée dans le calcul.
Les **décimales** d'un nombre sont les chiffres **après** la virgule.

• **Exemple**

$25{,}3 + 16{,}02 + 3{,}007 = 44{,}3$ car 25,3 n'a qu'**une** décimale.

• Quand on réalise un calcul sur la calculatrice, on obtient parfois un nombre comportant beaucoup de chiffres, il convient de l'arrondir **au plus près** avec le bon nombre de chiffres significatifs.

EXERCICES RÉSOLUS

Encadrer un nombre réel

ÉNONCÉ

Donner un encadrement d'amplitude 10^{-1} de la diagonale d'un rectangle de longueur 8 cm et de largeur 5 cm.

CORRIGÉ

Soit d la longueur de la diagonale du rectangle.

En appliquant le théorème de Pythagore, on a : $d^2 = 8^2 + 5^2 = 89$. Ainsi, $d = \sqrt{89}$.

La calculatrice affiche $\sqrt{89} \approx 9{,}4339\ldots$

Ainsi, un encadrement d'amplitude 10^{-1} de d est : $9{,}4 < d < 9{,}5$.

Déterminer le nombre de chiffres significatifs

ÉNONCÉ

Déterminer le nombre de chiffres significatifs des nombres suivants.

1. 20 000 ; **2.** 130 ; **3.** 0,003 2 ; **4.** 50 ;
5. 11,57 ; **6.** 0 297,030 ; **7.** 88 990 ; **8.** 0,000 005.

CORRIGÉ

1. 5 chiffres significatifs ; **2.** 3 chiffres significatifs ;
3. 2 chiffres significatifs ; **4.** 2 chiffres significatifs ;
5. 4 chiffres significatifs ; **6.** 6 chiffres significatifs ;
7. 5 chiffres significatifs ; **8.** 1 chiffre significatif.

Donner le nombre de chiffres significatifs adapté

ÉNONCÉ

Calculer l'aire d'un disque de rayon 2,3 m.

CORRIGÉ

L'aire du disque se calcule avec la formule $A = \pi \times 2{,}3^2$. La calculatrice affiche $\pi \times 2{,}3^2 \approx 16{,}619025\ldots$, mais comme le rayon ne comporte que 2 chiffres significatifs, le résultat à indiquer est : 17 m².

Savoir reconnaître les différents ensembles de nombres

ÉNONCÉ

Placer chacun des nombres suivants dans l'ensemble auquel il appartient ($\mathbb{N}$, $\mathbb{Z}$, $\mathbb{D}$, $\mathbb{Q}$ ou $\mathbb{R}$) : $\sqrt{2}$; $-\frac{2}{3}$; 17 ; 2,6 ; $-\frac{3}{4}$; -5 ; 3^2 ; $\frac{2}{5}$; 2π ; $\frac{20}{4}$; $\frac{1}{13}$; $-\frac{\sqrt{16}}{2}$.

MÉTHODE

Rechercher le plus petit ensemble auquel le nombre appartient. Pour cela :

1. Repérer les nombres entiers positifs et les placer dans l'ensemble $\mathbb{N}$.
2. Repérer les nombres entiers négatifs et les placer dans l'ensemble $\mathbb{Z}$.
3. Repérer les nombres décimaux et les placer dans l'ensemble $\mathbb{D}$.
4. Repérer les nombres rationnels et les placer dans l'ensemble $\mathbb{Q}$.
5. Repérer les nombres irrationnels et les placer dans l'ensemble $\mathbb{R}$.

CORRIGÉ

1. 17 ; $3^2 = 9$ et $\frac{20}{4} = 5$ sont des nombres entiers positifs.
2. -5 et $-\frac{\sqrt{16}}{2} = -2$ sont des nombres entiers négatifs.
3. 2,6 ; $-\frac{3}{4} = -0,75$ et $\frac{2}{5} = 0,4$ sont des nombres décimaux.
4. $-\frac{2}{3} = -0,666\,666\ldots$ et $\frac{1}{13} = 0,076\,923\,0\ldots$ sont des nombres rationnels.
5. $\sqrt{2}$ et 2π sont des nombres irrationnels.

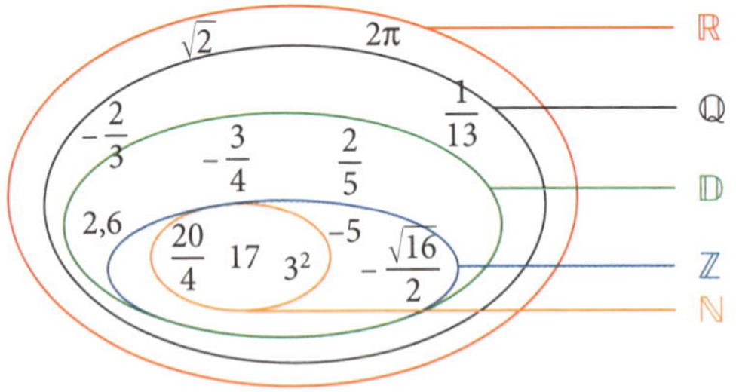

Piège à éviter

Un nombre décimal comporte un nombre fini de chiffres après la virgule.

Piège à éviter

Tout nombre décimal est un nombre rationnel mais tout nombre rationnel n'est pas un nombre décimal.

Réflexe à avoir

Il ne faut pas oublier que : $\mathbb{N} \subset \mathbb{Z} \subset \mathbb{D} \subset \mathbb{Q} \subset \mathbb{R}$.

Savoir représenter des intersections et des réunions d'intervalles

> **Piège à éviter**
> Il ne faut pas confondre les symboles $\cap$ (intersection) et $\cup$ (union).

ÉNONCÉ

On donne : $I_1 =]-3\ ;+\infty[$, $\qquad I_2 =]-\infty\ ; 0]$,
$I_3 = I_1 \cap I_2$ et $\qquad I_4 = I_1 \cup I_2$.

1. Représenter sur la droite des réels l'intervalle I_3.
En déduire l'ensemble des nombres réels appartenant à I_3.

2. Représenter sur la droite des réels l'intervalle I_4.
En déduire l'ensemble des nombres réels appartenant à I_4.

MÉTHODE

1. Représenter **l'intersection** de deux intervalles en suivant les instructions :
- représenter les deux intervalles sur une même droite graduée ;
- hachurer dans un sens l'ensemble des nombres appartenant au 1er intervalle et hachurer dans l'autre sens l'ensemble des nombres appartenant au 2e intervalle :

→ l'intersection des deux intervalles est l'ensemble des nombres réels qui sont **hachurés deux fois.**

2. Représenter **la réunion** de deux intervalles en suivant les instructions :
- représenter les deux intervalles sur une même droite graduée ;
- hachurer dans un sens l'ensemble des nombres appartenant au 1er intervalle et hachurer dans l'autre sens l'ensemble des nombres appartenant au 2e intervalle :

→ la réunion des deux intervalles est l'ensemble des nombres réels qui sont **hachurés au moins une fois.**

CORRIGÉ

On hachure les ensembles I_1 et I_2 :

1. On a donc :
$I_3 =]-3\ ; 0]$.

> **Réflexe à avoir**
> $I_1 \cap I_2$ correspond à l'ensemble des nombres qui appartiennent à la fois à I_1 et à I_2. Ils sont hachurés deux fois sur la droite.

2. On a donc :
$I_4 = \mathbb{R}$.

> **Réflexe à avoir**
> $I_1 \cup I_2$ correspond à l'ensemble des nombres qui appartiennent à I_1 ou à I_2 ou à I_1 et I_2. Ils sont hachurés au moins une fois sur la droite.

QCM

1 Utiliser la notation « ∈ »

Choisissez la réponse exacte (déterminer, pour chaque cas, le plus petit ensemble auquel appartient le nombre).

1. $-2 \in$: **a.** $\mathbb{N}$ **b.** $\mathbb{Z}$ **c.** $\mathbb{D}$ **d.** $\mathbb{Q}$ **e.** $\mathbb{R}$.

2. $10{,}5 \in$: **a.** $\mathbb{N}$ **b.** $\mathbb{Z}$ **c.** $\mathbb{D}$ **d.** $\mathbb{Q}$ **e.** $\mathbb{R}$.

3. $-\frac{5}{4} \in$: **a.** $\mathbb{N}$ **b.** $\mathbb{Z}$ **c.** $\mathbb{D}$ **d.** $\mathbb{Q}$ **e.** $\mathbb{R}$.

4. $\frac{1}{3} \in$: **a.** $\mathbb{N}$ **b.** $\mathbb{Z}$ **c.** $\mathbb{D}$ **d.** $\mathbb{Q}$ **e.** $\mathbb{R}$.

5. $-\sqrt{7} \in$: **a.** $\mathbb{N}$ **b.** $\mathbb{Z}$ **c.** $\mathbb{D}$ **d.** $\mathbb{Q}$ **e.** $\mathbb{R}$.

2 Utiliser la notation « ⊂ »

Répondre par Vrai ou Faux aux affirmations suivantes.

1. $\mathbb{N} \subset \mathbb{D}$. **2.** $\mathbb{N} \subset \mathbb{R}$. **3.** $\mathbb{D} \subset \mathbb{N}$. **4.** $\mathbb{Q} \subset \mathbb{N}$.

5. $\mathbb{Q} \subset \mathbb{D}$. **6.** $\mathbb{D} \subset \mathbb{Q}$. **7.** $\mathbb{R} \subset \mathbb{Q}$. **8.** $\mathbb{Q} \subset \mathbb{R}$.

3 Utiliser les notations « ∈ » et « ⊂ »

Répondre par Vrai ou Faux aux affirmations suivantes.

1. $0 \in \mathbb{Z}$. **2.** $4{,}2 \subset \mathbb{D}$. **3.** $\mathbb{R} \in 2{,}5$.

4. $\mathbb{N} \in \mathbb{D}$. **5.** $-\frac{3}{7} \in \mathbb{R}$. **6.** $1 \subset \mathbb{D}$.

Exercices d'application

4 Utiliser les notations « ∩ » et « ∪ »

On considère les ensembles de nombres $A = \{-1 ; 0 ; 1 ; 2\}$ et $B = \{1 ; 1{,}1 ; 1{,}2\}$.
Écrire les ensembles de nombres suivants.

1. $A \cap B$. **2.** $A \cap \mathbb{N}$. **3.** $A \cap \mathbb{Z}$.

4. $B \cap \mathbb{N}$. **5.** $B \cap \mathbb{R}$. **6.** $A \cup B$.

5 Utiliser les notations « ∩ » et « ∪ »

On considère les ensembles de nombres $A = \{-3 ; -2 ; -1 ; 0\}$, $B = \{2{,}1 ; 2{,}2 ; 2{,}3\}$ et $C = \{-1\}$.

Écrire les ensembles de nombres suivants.

1. $A \cap B$. **2.** $A \cap C$. **3.** $B \cap C$. **4.** $A \cap \mathbb{N}$.
5. $B \cap \mathbb{Z}$. **6.** $C \cap \mathbb{Q}$. **7.** $A \cap \mathbb{R}$. **8.** $A \cup C$.
9. $B \cup C$. **10.** $A \cup B$.

6 Écrire des ensembles de nombres

On considère les ensembles de nombres A, B et C représentés ci-dessous.
Écrire les ensembles de nombres suivants.

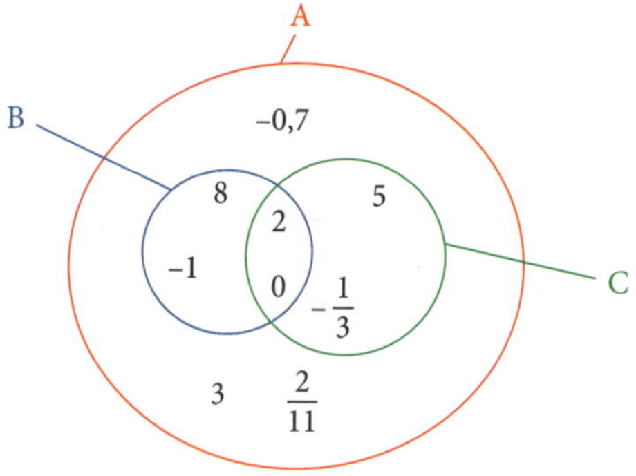

1. A, B et C. **2.** $A \cap B$.
3. $A \cap C$. **4.** $B \cap C$.
5. $A \cap \mathbb{N}$. **6.** $A \cap \mathbb{D}$.
7. $B \cap \mathbb{Z}$. **8.** $C \cap \mathbb{Q}$.
9. $A \cap B \cap C$. **10.** $A \cup C$.
11. $B \cup C$. **12.** $A \cup B$.

7 Utiliser la notation « ∈ »

Répondre par Vrai ou Faux aux affirmations suivantes.

1. $-2 \in]-2\,;5]$. **2.** $3 \in [0\,;+\infty[$.
3. $1{,}6 \in]-\infty\,;1]$. **4.** $0 \in]-\infty\,;0]$.
5. $-1 \in [-3\,;3]$. **6.** $\sqrt{2} \in [0\,;3]$.

8 Utiliser la notation « ⊂ »

1. Représenter sur la droite des réels chacun des intervalles suivants.
$I_1 = [0\,;+\infty[$; $I_2 = [-1\,;+\infty[$; $I_3 = [1\,;2]$; $I_4 = [0\,;2[$; $I_5 =]-3\,;4[$; $I_6 = [-3\,;5]$.

2. Répondre par Vrai ou Faux aux affirmations suivantes.
a. $I_1 \subset I_2$; **b.** $I_3 \subset I_4$; **c.** $I_5 \subset I_6$.

9 Utiliser les notations « ∩ » et « ∪ »

1. Représenter sur la droite des réels chacun des intervalles suivants.
$I_1 = [-1\,;+\infty[$; $I_2 =]1\,;6[$; $I_3 =]-\infty\,;0]$; $I_4 = [-3\,;1]$.

2. Déterminer chacun des intervalles suivants.
a. $I_1 \cap I_2$; **b.** $I_3 \cap I_4$; **c.** $I_2 \cup I_3$; **d.** $I_1 \cup I_4$.

10 Utiliser la notation « ∈ »

Répondre par Vrai ou Faux aux affirmations suivantes, puis placer chaque nombre dans l'ensemble qui lui correspond.

1. $0{,}6 \in \mathbb{N}$. **2.** $-1{,}2 \in \mathbb{Z}$.

3. $5 \in \mathbb{N}$. **4.** $-8 \in \mathbb{D}$.

5. $-\dfrac{1}{8} \in \mathbb{D}$. **6.** $\dfrac{1}{2} \in \mathbb{D}$.

7. $-4{,}7 \in \mathbb{Q}$. **8.** $-6{,}325 \in \mathbb{R}$.

9. $\sqrt{7} \in \mathbb{Q}$. **10.** $-\pi \in \mathbb{R}$.

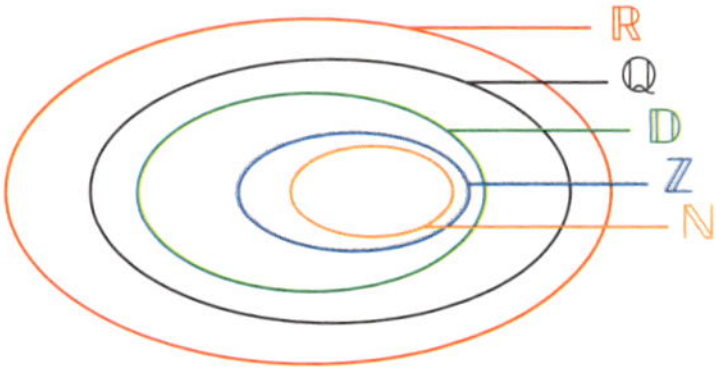

Exercices d'entraînement

11 Représenter l'ensemble des solutions d'une inéquation

Traduire, pour chaque cas, l'inégalité ou la double inégalité par un intervalle, puis représenter l'ensemble de ces nombres réels sur une droite graduée.

1. $x \leqslant -3$. **2.** $x > -6$.

3. $0 \leqslant x \leqslant 4$. **4.** $-3 < x \leqslant 0$.

12 Intersection et réunion d'intervalles

Traduire, pour chaque cas, l'inégalité ou la double inégalité par une intersection ou une réunion d'intervalles, puis représenter l'ensemble de ces nombres réels sur une droite graduée.

1. $x \leqslant 0$ et $x > -1$. **2.** $-1 \leqslant x \leqslant 3$ et $x \geqslant 3$.

3. $x \leqslant -1$ ou $x > 4$. **4.** $3 < x \leqslant 5$ ou $x > 2$.

13 Formuler la négation d'une proposition

Pour chaque proposition A, écrire sa négation $\overline{A}$ et en déduire si c'est la proposition A qui est vraie ou si c'est sa négation $\overline{A}$.

1. A : « Tous les nombres entiers relatifs sont positifs ».

2. A : « Tous les nombres réels élevés au carré sont positifs ou nuls ».

3. A : « Il existe au moins un nombre entier strictement négatif ».

14 Arrondir en donnant le nombre de chiffres significatifs adaptés

1. Calculer le périmètre d'un cercle de rayon 10,52 m.
2. Calculer le volume d'un cube de côté 0,5 m.
3. Calculer le rayon du disque d'aire 102,2 m^2.
4. Calculer l'aire d'un disque de rayon 2,3 m.

15 Résoudre une inéquation avec valeur absolue

Résoudre les inéquations suivantes :

1. $|x-5| > 1$; **2.** $|x+3| \leqslant 2$; **3.** $|3-x| \geqslant 1$.

16 Encadrer une valeur

Donner un encadrement d'amplitude 10^{-2} de la diagonale d'un carré de côté 3 cm.

17 Résoudre une équation avec valeur absolue

Résoudre les équations suivantes :

1. $|x-4| = 0,5$; **2.** $|x+1| = 2$; **3.** $|2-x| = 1$.

18 Manipuler différentes écritures

Compléter le tableau suivant :

Encadrement	Intervalle	Distance	Valeur absolue
$1 \leqslant x \leqslant 10$			
	$x \in [-5 ; 8]$		
		$d(x ; -10) \leqslant 3$	
			$\|x-3\| \leqslant 2$
			$\|x+1\| \leqslant 4$
$-10 \leqslant x \leqslant -2$			
			$\|x+6\| \leqslant 2$

QCM

1 **1. b.** **2. c.** **3. c.** **4. d.** **5. e.**

2 **1.** Vrai. **2.** Vrai.
3. Faux. **4.** Faux.
5. Faux. **6.** Vrai.
7. Faux. **8.** Vrai.

3 **1.** Vrai. **2.** Faux, $4{,}2 \in \mathbb{D}$.
3. Faux, $2{,}5 \in \mathbb{R}$. **4.** Faux, $\mathbb{N} \subset \mathbb{D}$.
5. Vrai. **6.** Faux, $1 \in \mathbb{D}$.

Piège à éviter

On dit qu'un nombre « appartient à » un ensemble ($2{,}1 \in \mathbb{D}$), mais qu'un ensemble A est « inclus » dans un ensemble B ($\mathbb{Z} \subset \mathbb{D}$).

Exercices d'application

4 **1.** $A \cap B = \{1\}$. **2.** $A \cap \mathbb{N} = \{0 ; 1 ; 2\}$.
3. $A \cap \mathbb{Z} = A$. **4.** $B \cap \mathbb{N} = \{1\}$.
5. $B \cap \mathbb{R} = B$. **6.** $A \cup B = \{-1 ; 0 ; 1 ; 1{,}1 ; 1{,}2 ; 2\}$.

Rappel

L'**intersection** de deux ensembles ou de deux intervalles A et B est l'ensemble des nombres qui appartiennent **à la fois** à A et à B.

5 **1.** $A \cap B = \varnothing$. **2.** $A \cap C = \{-1\}$.
3. $B \cap C = \varnothing$. **4.** $A \cap \mathbb{N} = \{0\}$.
5. $B \cap \mathbb{Z} = \varnothing$. **6.** $C \cap \mathbb{Q} = C$.
7. $A \cap \mathbb{R} = A$. **8.** $A \cup C = A$.
9. $B \cup C = \{-1 ; 2{,}1 ; 2{,}2 ; 2{,}3\}$.
10. $A \cup B = \{-3 ; -2 ; -1 ; 0 ; 2{,}1 ; 2{,}2 ; 2{,}3\}$.

Rappel

La **réunion** de deux ensembles ou de deux intervalles A et B est l'ensemble des nombres qui appartiennent à A **ou** à B **ou** à A et B.

6 **1.** $A = \left\{-1 ; -0{,}7 ; -\frac{1}{3} ; 0 ; \frac{2}{11} ; 2 ; 3 ; 5 ; 8\right\}$,
$B = \{-1 ; 0 ; 2 ; 8\}$ et $C = \left\{-\frac{1}{3} ; 0 ; 2 ; 5\right\}$.

2. $A \cap B = B$.

3. $A \cap C = C$.

4. $B \cap C = \{0\ ;\ 2\}$.

5. $A \cap \mathbb{N} = \{0\ ;\ 2\ ;\ 3\ ;\ 5\ ;\ 8\}$.

6. $A \cap \mathbb{D} = \{-1\ ;\ -0{,}7\ ;\ 0\ ;\ 2\ ;\ 3\ ;\ 5\ ;\ 8\}$.

7. $B \cap \mathbb{Z} = B$.

8. $C \cap \mathbb{Q} = C$.

9. $A \cap B \cap C = B \cap C = \{0\ ;\ 2\}$.

10. $A \cup C = A$.

11. $B \cup C = \left\{-1\ ;\ -\frac{1}{3}\ ;\ 0\ ;\ 2\ ;\ 5\ ;\ 8\right\}$.

12. $A \cup B = A$.

7 **1.** Faux. **2.** Vrai. **3.** Faux.
4. Vrai. **5.** Vrai. **6.** Vrai.

8 **1.** Représentation de chacun des intervalles.

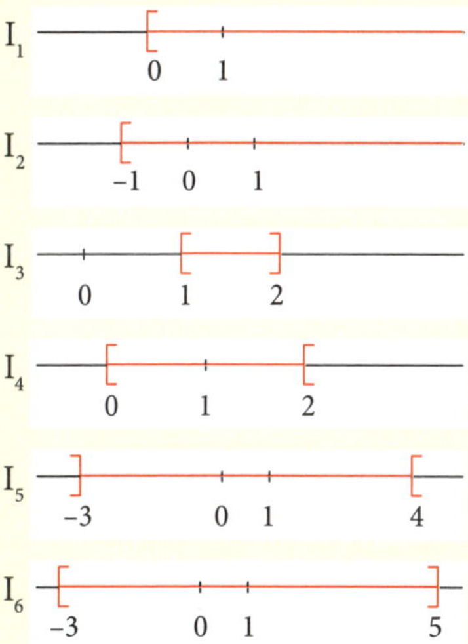

Piège à éviter

Pour un intervalle de la forme $[a\ ;\ b[$, a appartient à l'intervalle, mais b n'appartient pas à l'intervalle.

2. a. Vrai ; **b.** Faux ; **c.** Vrai.

9 **1.** Représentation de chacun des intervalles.

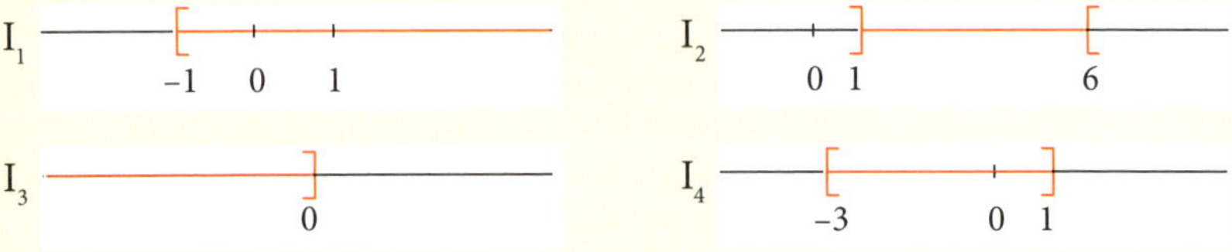

2.

a. $I_1 \cap I_2 = I_2$.

b. $I_3 \cap I_4 = [-3\ ;0]$.

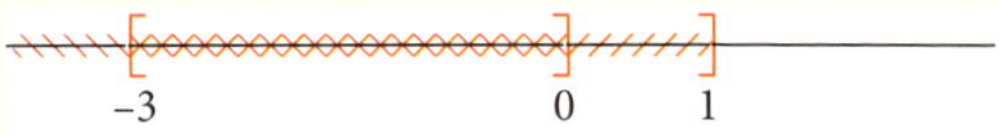

c. $I_2 \cup I_3 =]-\infty\ ;0] \cup]1\ ;6[$.

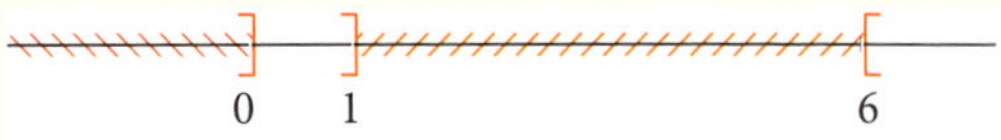

d. $I_1 \cup I_4 = [-3\ ;+\infty[$.

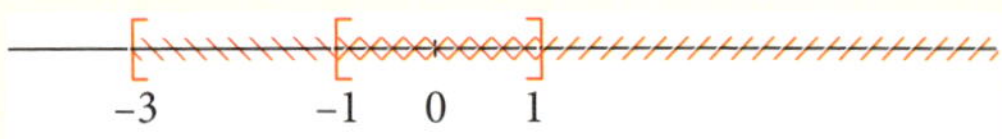

10 **1.** Faux. **2.** Faux.

3. Vrai. **4.** Vrai.

5. Vrai. **6.** Vrai.

7. Vrai. **8.** Vrai.

9. Faux. **10.** Vrai.

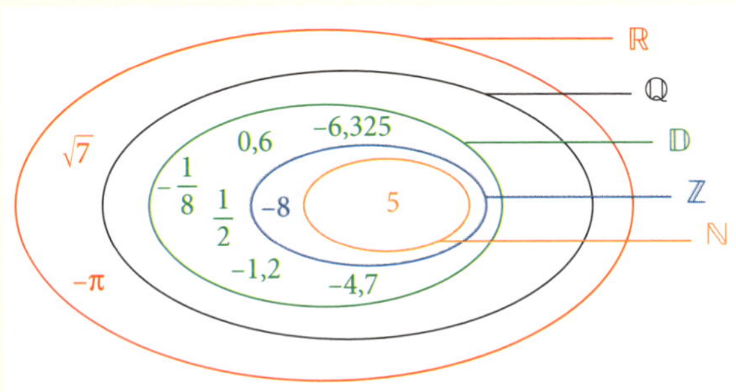

Exercices d'entraînement

11 **1.** Ce sont les nombres réels x inférieurs ou égaux à -3, ce qui correspond à l'intervalle $]-\infty\,;-3]$.

2. Ce sont les nombres réels x strictement supérieurs à -6 ce qui correspond à l'intervalle $]-6\,;+\infty[$.

3. Ce sont les nombres réels x compris entre 0 et 4 inclus, ce qui correspond à l'intervalle $[0\,;4]$.

4. Ce sont les nombres réels x compris entre -3 et 0 avec -3 exclu et 0 inclus, ce qui correspond à l'intervalle $]-3\,;0]$.

12 **1.** L'ensemble des nombres réels cherchés correspond à une intersection d'intervalles qui s'écrit :
$]-\infty\,;0] \cap \,]-1\,;+\infty[$, soit $]-1\,;0]$.
Représentation des solutions :

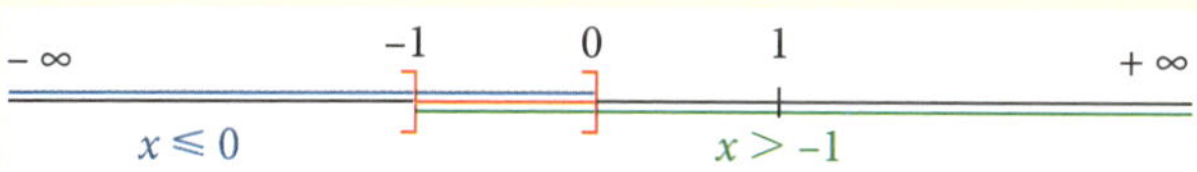

2. L'ensemble des nombres réels cherchés correspond à une intersection d'intervalles qui s'écrit :
$[-1\,;3] \cap [3\,;+\infty[$, soit $\{3\}$.
Représentation des solutions :

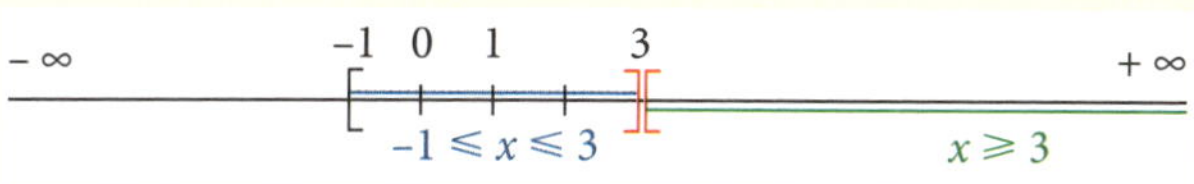

L'astuce du prof

On peut remplacer les hachures par des couleurs différentes pour chacun des ensembles.

Gagnez des points !

La qualité du schéma permet au correcteur de visualiser rapidement le raisonnement.

3. L'ensemble des nombres réels cherchés correspond à une réunion d'intervalles qui s'écrit $]-\infty\ ;\ -1] \cup]4\ ;\ +\infty[$.

Représentation des solutions :

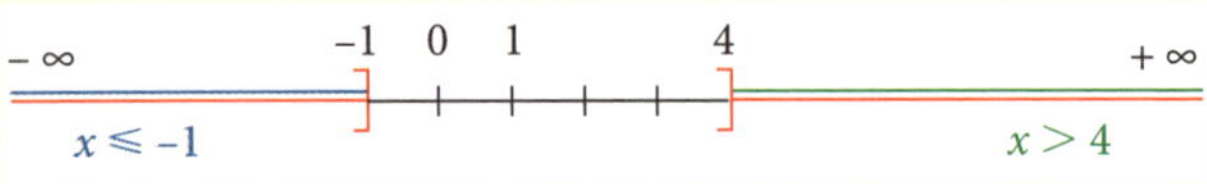

4. L'ensemble des nombres réels cherchés correspond à une réunion d'intervalles qui s'écrit $]3\ ;\ 5] \cup]2\ ;\ +\infty[$, soit $]2\ ;\ +\infty[$.

Représentation des solutions :

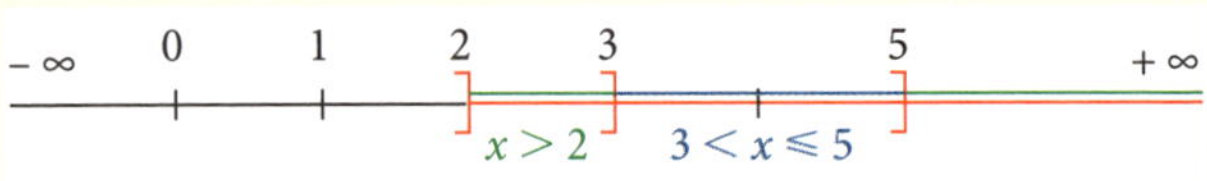

13 **1.** $\overline{A}$: « Il existe au moins un nombre entier relatif négatif ».
La proposition $\overline{A}$ est vraie.

2. $\overline{A}$: « Il existe au moins un nombre réel élevé au carré qui est strictement négatif ».
La proposition A est vraie.

3. $\overline{A}$: « Tous les nombres entiers sont positifs ou nuls ».
La proposition A est vraie.

> **Remarque**
> La négation d'une proposition commençant par « pour tous les nombres réels » est « il existe au moins un nombre réel ».

14 **1.** Le périmètre d'un cercle de rayon 10,52 m est $P = 2\pi \times 10{,}52 = 66{,}10$ m (4 chiffres significatifs).

2. Le volume d'un cube de côté 0,5 m est $V = 0{,}5^3 = 0{,}1$ m^3 (1 chiffre significatif).

3. Le rayon du disque d'aire 102,2 m^2 est $r = \sqrt{\dfrac{102{,}2}{\pi}} = 5{,}704$ m (4 chiffres significatifs).

15 **1.** $|x - 5| > 1$ peut s'écrire $d(x ; 5) > 1$; $S =]-\infty ; 4[\cup]6 ; +\infty[$.

2. $|x + 3| \leqslant 2$ peut s'écrire $d(x ; -3) \leqslant 2$; $S = [-5 ; -1]$.

3. $|3 - x| \geqslant 1$ peut s'écrire $d(3 ; x) \geqslant 1$, ou encore $d(x ; 3) \geqslant 1$; $S =]-\infty ; 2]\cup[4 ; +\infty[$.

16 Soit x la longueur de la diagonale du carré.

On applique le théorème de Pythagore : on a $x^2 = 3^2 + 3^2 = 18$, soit $x = \sqrt{18}$.

La calculatrice affiche $\sqrt{18} \approx 4{,}2426...$

Ainsi, un encadrement d'amplitude 10^{-2} de x est : $4{,}24 < x < 4{,}25$.

17 **1.** $|x - 4| = 0{,}5$ peut s'écrire $d(x ; 4) = 0{,}5$; $S = \{3{,}5 ; 4{,}5\}$.

2. $|x + 1| = 2$ peut s'écrire $d(x ; -1) = 2$; $S = \{-3 ; 1\}$.

3. $|2 - x| = 1$ peut s'écrire $d(2 ; x) = 1$, ou encore $d(x ; 2) = 1$; $S = \{1 ; 3\}$.

18

Encadrement	Intervalle	Distance	Valeur absolue
$1 \leqslant x \leqslant 10$	$x \in [1 ; 10]$	$d(x ; 5{,}5) \leqslant 4{,}5$	$a = 5{,}5 ; r = 4{,}5$ $\|x - 5{,}5\| \leqslant 4{,}5$
$-5 \leqslant x \leqslant 8$	$x \in [-5 ; 8]$	$d(x ; 1{,}5) \leqslant 6{,}5$	$a = 1{,}5 ; r = 6{,}5$ $\|x - 1{,}5\| \leqslant 6{,}5$
$-13 \leqslant x \leqslant -7$	$x \in [-10 - 3 ; -10 + 3]$ $x \in [-13 ; -7]$	$d(x ; -10) \leqslant 3$	$\|x + 10\| \leqslant 3$, équivalent à $\|x - (-10)\| \leqslant 3$
$1 \leqslant x \leqslant 5$	$x \in [3 - 2 ; 3 + 2]$ $x \in [1 ; 5]$	$d(x ; 3) \leqslant 2$	$\|x - 3\| \leqslant 2$
$-5 \leqslant x \leqslant 3$	$x \in [-1 - 4 ; -1 + 4]$ $x \in [-5 ; 3]$	$d(x ; -1) \leqslant 4$	$\|x + 1\| \leqslant 4$ équivalent à $\|x - (-1)\| \leqslant 4$
$-10 \leqslant x \leqslant -2$	$x \in [-10 ; -2]$	$d(x ; -6) \leqslant 4$	$a = -6 ; r = 4$ $\|x + 6\| \leqslant 4$
$-8 \leqslant x \leqslant -4$	$x \in [-6 - 2 ; -6 + 2]$ $x \in [-8 ; -4]$	$d(x ; -6) \leqslant 2$	$\|x + 6\| \leqslant 2$

CHAPITRE

2 Utiliser les notions de multiples, diviseurs et de nombres premiers

1 Ensembles $\mathbb{N}$ et $\mathbb{Z}$, multiples et diviseurs

1 Ensembles $\mathbb{N}$ et $\mathbb{Z}$

- $\mathbb{N}$ est l'ensemble des nombres entiers naturels.

$$\mathbb{N} = \{0, 1, 2, 3, 4, 5, \ldots, 10, 11, \ldots, 200, 201, 202, \ldots\}$$

- $\mathbb{N}^*$ (se lit *N* étoile) est l'ensemble des nombres entiers naturels sauf 0.
- $\mathbb{Z}$ est l'ensemble des nombres entiers relatifs, c'est-à-dire positifs, négatifs ou nuls.

$\mathbb{Z} = \{\ldots, -100, \ldots, -12, -11, -10, \ldots, -5, -4, -3, -2, -1, 0, 1, 2, 3, 4, \ldots, 10, 11, 12, \ldots, 100, \ldots\}$

Remarque : $\mathbb{N} \subset \mathbb{Z}$.

2 Multiples et diviseurs

Soit *a* et *b* deux nombres entiers relatifs.

- Dire que *a* divise *b* signifie qu'il existe un nombre entier relatif *k* tel que $b = k \times a$.

On dit également que *b* est un multiple de *a*.

- **Exemple**

$80 = 2 \times 40$, donc 80 est un multiple de 40, et 40 est un diviseur de 80.

EXERCICES RÉSOLUS

Utiliser le vocabulaire et justifier une réponse

ÉNONCÉ

Répondre par Vrai ou Faux aux affirmations suivantes, en justifiant la réponse.

Piège à éviter
Il ne faut pas confondre multiple et diviseur.

1. 60 est un multiple de 12.
2. 10 est un multiple de 4.
3. 45 est un multiple de –5.
4. 0 est un multiple de 8.

5. 13 est un multiple de 26.

6. 5 est un diviseur de 45.

7. −3 est un diviseur de 18.

8. 1 est un diviseur de 17.

9. 18 est un diviseur de 9

10. Soit n un nombre entier naturel non nul ; 0 est un diviseur de n.

CORRIGÉ

1. Vrai, car $60 = 5 \times 12$.

2. Faux, car $10 = 2{,}5 \times 4$, mais 2,5 n'est pas un nombre entier.

3. Vrai, car $45 = -9 \times (-5)$.

4. Vrai, car $0 = 0 \times 8$.

5. Faux, car $13 = 0{,}5 \times 26$, mais 0,5 n'est pas un nombre entier.

6. Vrai, car $45 = 9 \times 5$.

7. Vrai, car $18 = (-6) \times (-3)$.

8. Vrai, car $17 = 17 \times 1$.

9. Faux, car $9 = 0{,}5 \times 18$, mais 0,5 n'est pas un nombre entier.

10. Faux, il n'existe pas de nombre entier k tel que $n = k \times 0$.

Démontrer une proposition

ÉNONCÉ

1. Montrer que la somme de deux multiples d'un entier a est un multiple de a.

2. En déduire que 7 divise 742.

CORRIGÉ

1. Considérons deux nombres entiers b et c multiples de a.

Puisque b et c sont des multiples de a, il existe deux nombres entiers k_1 et k_2 tels que $b = k_1 \times a$ et $c = k_2 \times a$.

La somme de b et c est : $b + c = k_1 \times a + k_2 \times a = (k_1 + k_2)a$.

Il existe donc un réel K tel que $b + c = Ka$, avec $K = k_1 + k_2$.

On en conclut que $b + c$ est un multiple de a.

2. On a $742 = 700 + 42$.

Or, 700 est un multiple de 7 car $700 = 100 \times 7$, et 42 est un multiple de 7 car $42 = 6 \times 7$.

Donc $700 + 42$ est un multiple de 7, ou encore, 7 divise 742.

On peut écrire $742 = (100 + 6) \times 7 = 106 \times 7$.

2 Nombres pairs, nombres impairs, nombres premiers

1 Nombres pairs, nombres impairs

- Un nombre entier multiple de 2 est pair, sinon il est impair.
- Un nombre pair a est de la forme $a = 2k$, avec k un nombre entier.
- Un nombre impair b est de la forme $b = 2k + 1$, avec k un nombre entier.

Exemples

- 0, 32, 128, –32, –1 000 sont des nombres entiers pairs.
- –113, –99, 13, 39 sont des nombres entiers impairs.

2 Nombres premiers

- Un nombre premier est un nombre **entier naturel** qui admet exactement deux diviseurs : 1 et lui-même.

Exemple

2, 3, 5, 7, 11, 13, 17, 19, 23, 29, 31, 37, 41, 43, …

Remarque

1 n'est pas premier car il n'a qu'un seul diviseur entier positif et 0 non plus car il est divisible par tous les entiers positifs.

EXERCICES RÉSOLUS

Démontrer une proposition

ÉNONCÉ

1. Développer le produit $(2n + 1)^2$ où n est un entier.

2. En déduire que le carré d'un nombre impair est impair.

CORRIGÉ

1. $(2n + 1)^2 = (2n)^2 + 2 \times 2n \times 1 + 1^2 = 4n^2 + 4n + 1$.

2. $4n^2 + 4n + 1 = 2(2n^2 + 2n) + 1$.

Si b est un nombre impair, alors il s'écrit sous la forme $b = 2n + 1$ où n est un nombre entier.

Ainsi, b^2 s'écrit $(2n + 1)^2 = 2(2n^2 + 2n) + 1$; en posant $K = 2n^2 + 2n$, on a : $b^2 = 2K + 1$ où K est un nombre entier.

Donc b^2 est un nombre impair.

Simplifier une fraction

ÉNONCÉ

Simplifier les fractions suivantes en décomposant le numérateur et le dénominateur en produits de nombres premiers :

1. $\frac{48}{75}$; **2.** $\frac{360}{252}$.

CORRIGÉ

1. $48 = 2 \times 2 \times 2 \times 2 \times 3 = 2^4 \times 3$
et $75 = 3 \times 5 \times 5 = 3 \times 5^2$.

Ainsi, $\frac{48}{75} = \frac{2^4 \times 3}{3 \times 5^2} = \frac{2^4}{5^2} = \frac{16}{25}$.

2. $360 = 2 \times 2 \times 2 \times 3 \times 3 \times 5 = 2^3 \times 3^2 \times 5$
et $252 = 2 \times 2 \times 3 \times 3 \times 7 = 2^2 \times 3^2 \times 7$.

Ainsi, $\frac{360}{252} = \frac{2^3 \times 3^2 \times 5}{2^2 \times 3^2 \times 7} = \frac{2 \times 5}{7} = \frac{10}{7}$.

Utiliser son cours pour raisonner

ÉNONCÉ

Peut-on trouver deux nombres premiers dont le produit est un nombre premier ?

CORRIGÉ

Posons a et b les deux nombres entiers naturels premiers cherchés.

Soit P le produit de a et b : $P = a \times b$.

Cette dernière égalité permet d'affirmer que a et b sont des diviseurs de P.

Or, un nombre premier est un nombre qui n'est divisible que par 1 et par lui-même, donc P n'est pas un nombre premier.

Ainsi, il n'existe pas de nombres premiers dont le produit est un nombre premier.

Produire un raisonnement par disjonction des cas

ÉNONCÉ

Montrer à l'aide d'un raisonnement par disjonction des cas que la proposition suivante est vraie : « Pour tout nombre entier naturel n, $n(n + 1)$ est divisible par 2. »

MÉTHODE

Le raisonnement par disjonction des cas consiste à démontrer une proposition en distinguant plusieurs cas.

1. On repère le paramètre sur lequel est basée la proposition.
2. On détermine le nombre de cas possibles.
3. On démontre la proposition pour chacun des cas mis en évidence.

CORRIGÉ

1. La proposition est basée sur l'entier naturel n.
2. On détermine que deux cas sont possibles ici :
   - cas 1 : n est un entier naturel pair ;
   - cas 2 : n est un entier naturel impair.
3. • Cas 1 : si n est un nombre entier naturel pair, alors n est un multiple de 2 et on peut écrire $n = 2p$ ($p \in \mathbb{N}$). Pour $n = 2p$, alors $n(n + 1) = 2p \times (n + 1)$,

   soit $n(n + 1) = 2[p \times (n + 1)]$, donc $n(n + 1)$ est divisible par 2.

   • Cas 2 : si n est un nombre entier naturel impair, on peut écrire $n = 2p + 1$ ($p \in \mathbb{N}$). Pour $n = 2p + 1$, alors $n(n + 1) = n \times (2p + 1 + 1) = n \times (2p + 2) = 2n \times (p + 1) = 2[n \times (p + 1)]$, donc $n(n + 1)$ est divisible par 2.

   Ainsi, pour tout nombre entier naturel n, $n(n + 1)$ est divisible par 2.

Rappel

Le raisonnement par disjonction des cas consiste à démontrer une proposition en distinguant plusieurs cas.

Produire un raisonnement par l'absurde

ÉNONCÉ

Démontrer par l'absurde qu'il n'existe aucun nombre rationnel dont le carré est égal à 2.

MÉTHODE

Le raisonnement par l'absurde consiste à supposer que cette propriété est vraie et à aboutir à une contradiction.

1. Supposer que la proposition est vraie.

2. Développer l'hypothèse élaborée.

3. Aboutir à une contradiction qui amène à conclure que la proposition est fausse.

CORRIGÉ

1. Supposons l'affirmation vraie, soit qu'il existe qu'il existe deux nombres entiers a et b tels que : $\frac{a}{b} = \sqrt{2}$ où $\frac{a}{b}$ est une fraction irréductible.

2. En élevant cette fraction au carré, on obtient $\left(\frac{a}{b}\right)^2 = 2$, soit $\frac{a^2}{b^2} = 2$, ou encore $a^2 = 2b^2$.

> **À savoir**
> Un nombre pair est de la forme $2n$ et un nombre impair est de la forme $2n + 1$ (n est un entier).

Cette dernière égalité permet d'affirmer que a^2 est un nombre pair.
Ceci entraîne que a est pair (le carré d'un nombre pair est pair et le carré d'un nombre impair est impair), donc de la forme $a = 2n$.
Alors, l'égalité $a^2 = 2b^2$ devient $(2n)^2 = 2b^2$, soit $4n^2 = 2b^2$, c'est-à-dire $b^2 = 2n^2$.
On en déduit que b^2 est pair, et donc que b est pair.
Ainsi a et b sont pairs.

3. On arrive à une contradiction, car on a supposé que $\frac{a}{b}$ est une fraction irréductible, et on a montré que 2 divise ces nombres.
C'est donc que l'hypothèse initiale est fausse.
Il n'existe donc aucun nombre rationnel dont le carré est égal à 2.

QCM

1 Utiliser le bon vocabulaire

Choisissez la ou les réponses exactes.

1. a. 12 est un diviseur de 4 ; **b.** 4 est un multiple de 12 ;
c. 12 est un multiple de 4 ; **d.** 4 est un diviseur de 12.

2. a. 5 est un diviseur de 15 ; **b.** 15 est un multiple de 5 ;
c. 5 est un multiple de 15 ; **d.** 15 est diviseur de 5.

3. a. –7 est un diviseur de 21 ; **b.** –7 est un multiple de 21 ;
c. 21 est un multiple de –7 ; **d.** 21 est un diviseur de –7.

4. a. 0 est un diviseur de 13 ; **b.** 0 est un multiple de 13 ;
c. 13 est un multiple de 0 ; **d.** 13 est un diviseur de 0.

2 Justifier une réponse

Répondre par Vrai ou Faux en justifiant la réponse.

1. 30 est un multiple de 3.
2. 20 est un multiple de 8.
3. –45 est un multiple de –5.
4. 0 est un multiple de 3.
5. 13 est un multiple de 39.
6. 5 est un diviseur de 5.
7. –3 est un diviseur de 21.
8. 1 est un diviseur de 11.

Exercices d'application

3 Décomposer en produit de nombres premiers

Décomposer les nombres entiers suivants en un produit de nombres premiers :

1. 240 ; **2.** 72 ; **3.** 244.

4 Simplifier une fraction

Simplifier les fractions suivantes en décomposant le numérateur et le dénominateur en produit de nombres premiers : $\frac{240}{180}$ et $\frac{546}{1326}$.

5 Trouver un contre-exemple

Montrer que les propositions suivantes sont fausses en donnant un contre-exemple.

1. Tous les multiples de 3 sont des multiples de 9.

2. Tout nombre premier est un nombre impair.

3. Tous les multiples de 11 sont pairs.

4. Un nombre impair est un nombre premier.

5. Un nombre qui se termine par 6 est un multiple de 3.

6. La somme de deux multiples de 5 est un multiple de 10.

Exercices d'entraînement

6 Démontrer une proposition

1. Démontrer que le carré d'un nombre pair est pair.

2. Démontrer que le produit de deux nombres impairs est impair.

3. Démontrer que la somme de trois multiples consécutifs de 3 est un multiple de 9.

7 Formuler la négation d'une proposition

Pour chaque proposition A, écrire sa négation $\overline{A}$ et en déduire si c'est la proposition A qui est vraie ou si c'est sa négation $\overline{A}$.

1. A : « Tous les multiples de 5 sont pairs ».

2. A : « Il existe au moins un multiple de 3 qui n'est pas impair ».

3. A : « 6 est un multiple de 2 et de 3 ».

8 Démontrer une proposition par disjonction des cas

Montrer par disjonction des cas que pour tout n, $n(n + 1)$ est un entier pair.

9 Formuler la réciproque et la contraposée

Énoncer la réciproque et la contraposée de la proposition suivante : « Si n^2 est impair, alors n est impair. »

10 Conjecturer et démontrer

Quelle conjecture peut-on faire sur la somme de trois nombres consécutifs ? Démontrer cette conjecture.

À savoir

Une **conjecture** est une assertion pour laquelle on ne connaît pas encore de démonstration, mais que l'on croit fortement être vraie, en l'absence de contre-exemple.

QCM

1 **1. c.** 12 est un multiple de 4 ; **d.** 4 est un diviseur de 12.

2. a. 5 est un diviseur de 15 ; **b.** 15 est un multiple de 5.

3. a. –7 est un diviseur de 21 ; **c.** 21 est un multiple de –7.

4. b. 0 est un multiple de 13 ; **d.** 13 est un diviseur de 0.

2 **1.** Vrai, car $30 = 3 \times 10$.

2. Faux, car $20 = 2{,}5 \times 8$, mais 2,5 n'est pas un entier.

3. Vrai, car $-45 = 9 \times (-5)$.

4. Vrai, car $0 = 0 \times 3$.

5. Faux, 13 est un diviseur de 39, ($13 \times 3 = 39$).

6. Vrai, car $5 = 1 \times 5$.

7. Vrai, car $21 = -7 \times (-3)$.

8. Vrai, car $11 = 11 \times 1$.

Exercices d'application

3 **1.** $240 = 2^4 \times 3 \times 5$; **2.** $72 = 2^3 \times 3^2$; **3.** $244 = 2^2 \times 61$.

4 $\frac{240}{180} = \frac{2^4 \times 3 \times 5}{2^2 \times 3^2 \times 5} = \frac{4}{3}$ et $\frac{546}{1326} = \frac{2 \times 3 \times 7 \times 13}{2 \times 3 \times 13 \times 17} = \frac{7}{17}$.

5 **1.** 6 est un multiple de 3 mais pas de 9.

2. 2 est un nombre premier, mais n'est pas un nombre impair.

3. 33 est un multiple de 11, mais n'est pas pair.

4. 15 est un nombre impair, mais n'est pas premier.

5. 16 se termine par 6, mais n'est pas un multiple de 3.

6. $10 + 5 = 15$ est la somme de deux multiples de 5, mais n'est pas un multiple de 10.

Exercices d'entraînement

6 **1.** Soit $2n$ un nombre pair.

Son carré est $(2n)^2 = 4n^2 = 2(2n^2)$, qui est pair.

2. Soit $2n + 1$ et $2p + 1$ deux nombres impairs. Leur produit est : $(2n + 1)(2p + 1) = 2n \times 2p + 2n + 2p + 1$

$= 4np + 2n + 2p + 1$

$= 2(2np + n + p) + 1$, qui est un nombre impair.

3. Soit $3n$, $3n + 3$ et $3n + 6$ trois multiples consécutifs de 3.

Leur somme est :

$3n + 3n + 3 + 3n + 6 = 9n + 9 = 9(n + 1)$, qui est un multiple de 9.

À savoir

Un nombre pair est de la forme $2n$ *et* un nombre impair est de la forme $2n + 1$ (n est un entier).

7 **1.** $\overline{\text{A}}$: « Il existe au moins un multiple de 5 qui est impair ».

La proposition $\overline{\text{A}}$ est vraie.

2. $\overline{\text{A}}$: « Tous les multiples de 3 sont impairs ».

La proposition A est vraie.

3. $\overline{\text{A}}$: « 6 n'est pas un multiple de 2 ou n'est pas un multiple de 3 ».

La proposition A est vraie.

Remarque

La négation de « A et B » dans une proposition est « non A ou non B ».

8 • Si n est pair, donc de la forme $n = 2p$, on a :
$n(n + 1) = 2p(2p + 1) = 4p^2 + 2p = 2(2p^2 + p)$, qui est un nombre pair.
• Si n est impair, donc de la forme $n = 2p + 1$, on a :
$n(n + 1) = (2p + 1)(2p + 1 + 1)$
$= (2p + 1)(2p + 2)$
$= 4p^2 + 4p + 2p + 2$
$= 4p^2 + 6p + 2$
$= 2(2p^2 + 3p + 1)$, qui est un nombre pair.

9 La proposition réciproque de « Si n^2 est impair, alors n est impair » est « Si n est impair, alors n^2 est impair », et la proposition contraposée est « Si n n'est pas impair, alors n^2 n'est pas impair ».

10 La somme de trois nombres consécutifs est un multiple de 3.
Soit n, $n + 1$ et $n + 2$ trois entiers consécutifs. Leur somme est :
$n + (n + 1) + (n + 2) = 3n + 3 = 3(n + 1)$, qui est donc un multiple de 3.

À savoir

La réciproque de « Si A alors B » est : « Si B alors A », et la contraposée de « Si A alors B » est : « Si non B alors non A. »

CHAPITRE

3 Utiliser le calcul littéral

1 Puissances entières relatives et racines carrées

1 Puissances entières relatives

Soit a un nombre quelconque et n un nombre entier supérieur ou égal à 1.

- $a^n = \underbrace{a \times a \times a \times \ldots \times a}_{n \text{ fois}}$

Par exemple, $3^4 = 3 \times 3 \times 3 \times 3 = 81$.

- Par convention : $a^0 = 1$.
- Si $a \neq 0$, l'inverse de a^n est égal à $\dfrac{1}{a^n}$ et se note a^{-n}. On a donc $a^{-n} = \dfrac{1}{a^n}$.

Par exemple, $2^{-3} = \dfrac{1}{2^3} = \dfrac{1}{8}$.

2 Règles de calcul

Soit a et b deux nombres non nuls. Pour tous les nombres relatifs m et n :

- $a^n \times a^m = a^{n+m}$.
- $\dfrac{a^n}{a^m} = a^{n-m}$.
- $a^n \times b^n = (a \times b)^n$.
- $(a^n)^m = a^{n \times m}$.

3 Racines carrées

- **Définition**

Soit a un nombre réel positif ou nul.

La racine carrée de a, notée $\sqrt{a}$ est le nombre réel positif b tel que $b^2 = a$.

Par exemple, $\sqrt{36} = 6$ (car $6^2 = 36$).

- **Propriétés**

Soit a et b deux nombres réels strictement positifs.

- $\sqrt{ab} = \sqrt{a} \times \sqrt{b}$.
- $\sqrt{\dfrac{a}{b}} = \dfrac{\sqrt{a}}{\sqrt{b}}$.
- $(\sqrt{a})^2 = a$.
- $\sqrt{a^2} = |a|$. Exemple : si $a = 5$, $\sqrt{5^2} = \sqrt{25} = 5 = a$; si $a = -5$, $\sqrt{(-5)^2} = \sqrt{25} = 5 = -a$.

EXERCICES RÉSOLUS

Calculer avec les puissances entières

ÉNONCÉ

Effectuer, sans utiliser la calculatrice, les calculs suivants :

$A = (-2)^3 \times 5^2$; $B = \left(\dfrac{2}{3}\right)^2 \times 3^{-2}$; $C = 10^{-2} \times 2^{-3}$; $D = -2^2 \times (-3)^2$; $E = (-1)^7 - 1^{-3}$.

CORRIGÉ

$A = -8 \times 25 = -200$;

$B = \dfrac{4}{9} \times \dfrac{1}{3^2} = \dfrac{4}{81}$;

$C = \dfrac{1}{10^2} \times \dfrac{1}{2^3} = \dfrac{1}{100} \times \dfrac{1}{8} = \dfrac{1}{800}$;

$D = -4 \times 9 = -36$;

$E = -1 - \dfrac{1}{1^3} = -1 - 1 = -2$.

Appliquer les règles de calcul

ÉNONCÉ

Transformer l'écriture en une seule puissance, puis effectuer le calcul.

$A = 3^2 \times 3^{-5}$; $B = 10^{-2} \times 10^5 \times 10$; $C = \dfrac{5}{5^2} \times \dfrac{5^2}{5^{-5}}$; $D = ((-2)^2)^3$; $E = (-2^2)^3$.

CORRIGÉ

$A = 3^{2-5} = 3^{-3} = \dfrac{1}{3^3} = \dfrac{1}{27}$;

$B = 10^{-2+5+1} = 10^4 = 10\,000$;

$C = \dfrac{5 \times 5^2}{5^2 \times 5^{-5}} = \dfrac{5^{1+2}}{5^{2-5}} = \dfrac{5^3}{5^{-3}} = 5^{3-(-3)} = 5^6 = 15\,625$;

$D = (-2)^{2\times 3} = (-2)^6 = 64$;

$E = (-4)^3 = -64$.

Calculer avec racines carrées

ÉNONCÉ

Effectuer, sans calculatrice, les calculs suivants :

$A = \sqrt{16 \times 10^2}$; $B = 5\sqrt{49}$; $C = \sqrt{20} \times \sqrt{5}$; $D = (-3\sqrt{5})^2$.

CORRIGÉ

$A = \sqrt{16} \times \sqrt{10^2} = 4 \times 10 = 40$;

$B = 5 \times 7 = 35$;

$C = \sqrt{20 \times 5} = \sqrt{100} = 10$;

$D = (-3)^2 \times (\sqrt{5})^2 = 9 \times 5 = 45$.

2 Développement d'une expression algébrique

On considère quatre nombres réels a, b, c et d.

1 Développer une expression

Pour développer une expression algébrique, on peut :

- appliquer les règles de distributivité :

$$a(b + c) = ab + ac \text{ et } (a + b)(c + d) = ac + ad + bc + bd.$$

- utiliser les identités remarquables :
  - $(a + b)^2 = a^2 + 2ab + b^2$;
  - $(a - b)^2 = a^2 - 2ab + b^2$;
  - $(a - b)(a + b) = a^2 - b^2$.

2 Règle des parenthèses

- $a + (-b) = a - b$.
- $a + (b + c) = a + b + c$.
- $a - (b + c) = a - b - c$.
- $a - (b - c) = a - b + c$.

3 Règle des signes

- $a \times (-b) = -ab$.
- $(-a) \times b = -ab$.
- $(-a) \times (-b) = ab$.

EXERCICE RÉSOLU

Développer pour résoudre une équation et une inéquation

ÉNONCÉ

Soit $A(x) = (2x - 1)^2 - (3 - x)(5x - 1) - (3x - 2)(3x + 2)$.
Développer $A(x)$ puis résoudre dans $\mathbb{R}$:

1. l'équation $A(x) = 6$;

2. l'inéquation $A(x) \geqslant -10x - 7$.

CORRIGÉ

> **Méthode**
> Développer $(2x-1)^2$ et $(3x-2)(3x+2)$ à l'aide des identités remarquables, puis $(3-x)(5x-1)$ en utilisant les règles de la distributivité.

$(2x-1)^2 = (2x)^2 - 2 \times 2x \times 1 + 1^2$;
$(2x-1)^2 = 4x^2 - 4x + 1$.
$(3x-2)(3x+2) = (3x)^2 - 2^2$;
$(3x-2)(3x+2) = 9x^2 - 4$.
$(3-x)(5x-1) = 3 \times 5x + 3 \times (-1) - x \times 5x - x \times (-1)$;
$(3-x)(5x-1) = 15x - 3 - 5x^2 + x$;
$(3-x)(5x-1) = -5x^2 + 16x - 3$.

On a donc $A(x) = 4x^2 - 4x + 1 - (-5x^2 + 16x - 3) - (9x^2 - 4)$.
Soit $A(x) = 4x^2 - 4x + 1 + 5x^2 - 16x + 3 - 9x^2 + 4$
$A(x) = -20x + 8$.

> **Conseil**
> Donner l'expression développée, réduite et ordonnée de $A(x)$.

1. On résout alors l'équation $A(x) = 6$.
L'équation $A(x) = 6$ est successivement équivalente à :
$-20x + 8 = 6$; $-20x = 6 - 8$; $-20x = -2$; $x = \dfrac{-2}{-20}$; $x = \dfrac{1}{10}$.
La solution de l'équation est $\dfrac{1}{10}$.

2. On résout l'inéquation $A(x) \geqslant -10x - 7$.
L'inéquation $A(x) \geqslant -10x - 7$ est successivement équivalente à :
$-20x + 8 \geqslant -10x - 7$; $-20x + 10x \geqslant -8 - 7$; $-10x \geqslant -15$;
alors $x \leqslant \dfrac{-15}{-10}$, soit $x \leqslant \dfrac{5 \times 3}{5 \times 2}$, soit $x \leqslant \dfrac{3}{2}$.

> **Conseil**
> Représenter l'ensemble des solutions de l'inéquation sur une droite graduée.

L'ensemble des solutions de cette inéquation sont les nombres réels inférieurs ou égaux à $\dfrac{3}{2}$, ce qui correspond à la demi-droite en couleur, soit :

$$\left]-\infty\,;\,\frac{3}{2}\right].$$

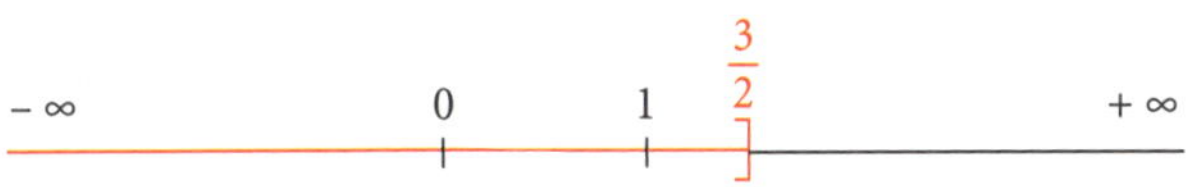

3 Factorisation d'une expression algébrique

On considère quatre nombres réels a, b, c et d.

1. Pour factoriser une expression algébrique, on peut :

- chercher un facteur commun apparent : $ac + bc = c(a + b)$;
- utiliser les identités remarquables :

$$a^2 + 2ab + b^2 = (a + b)^2 ;$$
$$a^2 - 2ab + b^2 = (a - b)^2 ;$$
$$a^2 - b^2 = (a - b)(a + b) ;$$

- combiner les deux en écrivant une expression sous la forme $\mathrm{A}(x) \times \mathrm{B}(x)$.

2. La factorisation permet de résoudre des équations et des inéquations pour lesquelles on applique la règle du produit de facteurs :
$\mathrm{A}(x) \times \mathrm{B}(x) = 0$ équivaut à $\mathrm{A}(x) = 0$ ou $\mathrm{B}(x) = 0$.

EXERCICE RÉSOLU

Factoriser pour résoudre une équation ou une inéquation

ÉNONCÉ

Soit $\mathrm{A}(x) = 3(x - 1) + (x^2 - 1) + (x + 2)(1 - x)$.
Soit $\mathrm{B}(x) = (2 - x)[1 - (2 - x)^2]$ et $\mathrm{C}(x) = 4x^2 + 12x + 9$.
Factoriser $\mathrm{A}(x)$, $\mathrm{B}(x)$ et $\mathrm{C}(x)$ puis résoudre dans $\mathbb{R}$ l'inéquation $\mathrm{A}(x) > -2$ et les équations $\mathrm{B}(x) = 0$ et $\mathrm{C}(x) = 0$.

Méthode

Écrire A(x) de façon à faire apparaître un facteur commun, puis factoriser A(x). Résoudre alors dans $\mathbb{R}$ l'inéquation $\mathrm{A}(x) > -2$ et représenter l'ensemble des solutions sur une droite graduée.

CORRIGÉ

$(x - 1)$ est un facteur commun car :
$x^2 - 1 = (x - 1)(x + 1)$ et
$(x + 2)(1 - x) = -(x + 2)(x - 1)$.
On a alors :
$\mathrm{A}(x) = 3(x - 1) + (x - 1)(x + 1) - (x + 2)(x - 1)$.
Soit $\mathrm{A}(x) = (x - 1)[3 + (x + 1) - (x + 2)]$;
$\mathrm{A}(x) = (x - 1)(3 + x + 1 - x - 2)$; $\mathrm{A}(x) = 2(x - 1)$.

L'inéquation $A(x) > -2$ est successivement équivalente à :

$$2(x-1) > -2\ ;\ x-1 > \frac{-2}{2}\ ;$$

$$x-1 > -1\ ;\ \text{soit } x > 0.$$

L'ensemble des solutions de cette inéquation sont les nombres réels strictement supérieurs à 0, ce qui correspond à la demi-droite en couleur, soit $]0\ ;+\infty[$.

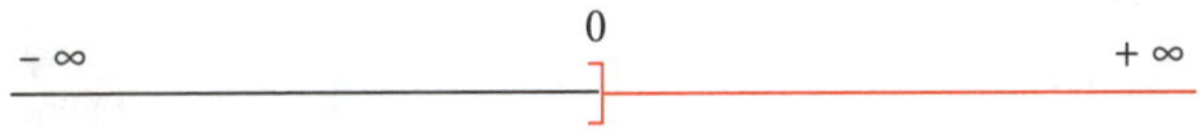

$1-(2-x)^2$ est la différence de deux carrés :

$1-(2-x)^2 = [1-(2-x)][1+(2-x)]$;

$1-(2-x)^2 = (1-2+x)(1+2-x)$;

$1-(2-x)^2 = (x-1)(3-x)$.

On a donc : $B(x) = (2-x)(x-1)(3-x)$.

L'équation $B(x) = 0$ est successivement équivalente à :

$(2-x)(x-1)(3-x) = 0$;

$2-x = 0$ ou $x-1 = 0$ ou $3-x = 0$;

$x = 2$ ou $x = 1$ ou $x = 3$.

Les solutions sont 1, 2 et 3.

Méthode

Montrer que $1-(2-x)^2$ peut s'écrire comme la différence de deux carrés, puis factoriser $B(x)$ à l'aide d'une identité remarquable. En déduire les solutions de l'équation $B(x) = 0$.

En posant $a^2 = 4x^2$ et $b^2 = 9$,
soit $a^2 = (2x)^2$ et $b^2 = 3^2$, on obtient :

$$a = 2x \quad \text{et} \quad b = 3.$$

$C(x)$ est alors de la forme $a^2 + 2ab + b^2 = (a+b)^2$.

En effet :

$(2x+3)^2 = (2x)^2 + 2 \times 2x \times 3 + 3^2$;

$(2x+3)^2 = 4x^2 + 12x + 9$;

$(2x+3)^2 = C(x)$.

L'équation $C(x) = 0$ est successivement équivalente à :

$(2x+3)^2 = 0$; $\quad 2x+3 = 0$; $\quad x = -\dfrac{3}{2}$.

La solution est $-\dfrac{3}{2}$.

Méthode

En posant $a^2 = 4x^2$ et $b^2 = 9$, identifier les valeurs de a et de b, puis montrer que $C(x)$ est de la forme $a^2 + 2ab + b^2$.
En déduire une factorisation de $C(x)$. Résoudre alors dans $\mathbb{R}$ l'équation $C(x) = 0$.

4 Inégalités

1 Règles sur les inégalités

- Pour tout nombre réel a : $x < y$ est équivalent à $x + a < y + a$.
- Pour tout nombre réel $k > 0$: $x < y$ est équivalent à $kx < ky$.
- Pour tout nombre réel $k < 0$: $x < y$ est équivalent à $kx > ky$.
- On peut toujours ajouter membre à membre deux inégalités.
- On **ne peut pas soustraire** membre à membre deux inégalités.

Piège à éviter

Lorsque $k < 0$, l'inéquation change de sens.

EXERCICES RÉSOLUS

Effectuer des opérations sur les inégalités

ÉNONCÉ

On donne $x < 5$. Trouver les inégalités qui vérifient :

1. $2x - 3$; **2.** $1 - 5x$.

CORRIGÉ

1. On a successivement :

$x < 5$; $2x < 2 \times 5$; $2x < 10$; $2x - 3 < 10 - 3$, soit $2x - 3 < 7$.

2. On a successivement :

$x < 5$; $5x < 5 \times 5$; $5x < 25$; $(-1) \times 5x > (-1) \times 25$; $-5x > -25$; $-5x + 1 > -25 + 1$, soit $1 - 5x > -24$.

Utiliser deux inégalités

ÉNONCÉ

On donne $2 < x < 3$; $5 < y < 6$ et $-4 < z < -3$.

Encadrer les expressions suivantes :

1. $x + y$; **2.** $x + z$; **3.** $x - y$; **4.** $x - z$.

CORRIGÉ

1. Pour encadrer $x + y$, on utilise $2 < x < 3$ et $5 < y < 6$:

$2 + 5 < x + y < 3 + 6$; soit $7 < x + y < 9$.

2. Pour encadrer $x + z$, on utilise $2 < x < 3$ et $-4 < z < -3$:
$2 + (-4) < x + z < 3 + (-3)$; soit $-2 < x + z < 0$.

3. Pour encadrer $x - y$, on utilise $2 < x < 3$ et $-6 < -y < -5$:
$2 + (-6) < x + (-y) < 3 + (-5)$; soit $-4 < x - y < -2$.

4. Pour encadrer $x - z$, on utilise $2 < x < 3$ et $3 < -z < 4$:
$2 + 3 < x + (-z) < 3 + 4$; soit $5 < x - z < 7$.

Comparer deux rationnels positifs en utilisant leur quotient

ÉNONCÉ

Soit $a = \frac{7}{8}$ et $b = \frac{11}{24}$.

1. Exprimer $\frac{a}{b}$ sous la forme d'une fraction irréductible.

2. En déduire que $a > b$.

Piège à éviter

On peut comparer deux nombres en utilisant le quotient s'ils sont **positifs**.

CORRIGÉ

1. $\frac{a}{b} = \frac{\frac{7}{8}}{\frac{11}{24}} = \frac{7}{8} \times \frac{24}{11} = \frac{7 \times 3 \times 8}{8 \times 11} = \frac{21}{11}$.

2. $21 > 11$, donc $\frac{21}{11} > 1$. Ainsi, $\frac{a}{b} > 1$, ce qui permet d'affirmer que $a > b$.

Comparer deux rationnels en utilisant leur différence

ÉNONCÉ

Soit $a = \frac{5}{18}$ et $b = \frac{13}{24}$.

1. Exprimer $a - b$ sous la forme d'une fraction irréductible.

2. En déduire que $a < b$.

CORRIGÉ

1. $a - b = \frac{5}{18} - \frac{13}{24} = \frac{5 \times 4}{18 \times 4} - \frac{13 \times 3}{24 \times 3} = \frac{20 - 39}{72} = -\frac{19}{72}$.

2. $-\frac{19}{72} < 0$. Ainsi, $a - b < 0$, ce qui permet d'affirmer que $a < b$.

5 Équations, inéquations

1 Équations

Résoudre dans $\mathbb{R}$ une équation revient à déterminer tous les nombres réels x qui vérifient l'égalité. Ces nombres réels sont appelés les solutions de l'équation.

• Équation du premier degré de la forme $ax + b = 0$ ($a \neq 0$)

L'équation $ax + b = 0$ ($a \neq 0$) d'inconnue x a pour unique solution le nombre réel $-\frac{b}{a}$.

• Équation du second degré de la forme $x^2 = a$

- Si $a > 0$, alors l'équation possède deux solutions réelles : $-\sqrt{a}$ et $\sqrt{a}$.
- Si $a = 0$, alors l'équation possède une solution réelle : 0.
- Si $a < 0$, alors l'équation ne possède aucune solution réelle.

• Équation du second degré de la forme $ax^2 + bx + c = 0$ ($a \neq 0$, $b \neq 0$)

On factorise, si possible, l'expression à l'aide d'une identité remarquable pour obtenir un produit de facteurs du premier degré.

• Autres formes d'équations

Soit A(x) et B(x) deux expressions algébriques.

- $A(x) \times B(x) = 0$ équivaut à $A(x) = 0$ ou $B(x) = 0$.
- $\frac{A(x)}{B(x)} = 0$ équivaut à $A(x) = 0$ et $B(x) \neq 0$.

2 Inéquations

Résoudre dans $\mathbb{R}$ une inéquation revient à déterminer tous les nombres réels x qui vérifient l'inégalité.

• Signe de $ax + b$ ($a \neq 0$)

- Si $a > 0$, alors $ax + b > 0$ équivaut à $x > -\frac{b}{a}$.
- Si $a < 0$, alors $ax + b > 0$ équivaut à $x < -\frac{b}{a}$.

x	$-\infty$	$-\frac{b}{a}$	$+\infty$
$ax + b$	signe de $-a$	0	signe de a

• Détermination algébrique du signe d'un produit ou d'un quotient

Pour résoudre une inéquation de degré supérieur à 1, il est nécessaire que l'expression soit ramenée à un produit ou quotient de facteurs du premier degré.

Règle des signes : Soit a et b deux nombres réels, non nuls.

Si a et b sont de mêmes signes, alors $a \times b$ et $\frac{a}{b}$ sont positifs.

Si a et b sont de signes contraires, alors $a \times b$ et $\frac{a}{b}$ sont négatifs.

EXERCICE RÉSOLU

Étudier le signe d'une expression

ÉNONCÉ

Étudier le signe de $f(x) = (x-2)^2 - 9 - (x+1)(2x-3)$

CORRIGÉ

Conseil
Factoriser $(x-2)^2 - 9$ à l'aide d'une identité remarquable.

• $(x-2)^2 - 9$ est la différence de deux carrés.
$(x-2)^2 - 3^2 = (x-2-3)(x-2+3) = (x-5)(x+1)$.

• $f(x) = (x-5)(x+1) - (x+1)(2x-3) = (x+1)[(x-5)-(2x-3)]$;
$f(x) = (x+1)(x-5-2x+3)$; $f(x) = (x+1)(-x-2)$.

• On résout l'équation $f(x) = 0$, successivement équivalente à :
$(x+1)(-x-2) = 0$; $x+1 = 0$ ou $-x-2 = 0$; $x = -1$ ou $x = -2$.

• On établit le tableau de signes, puis on conclut :

	$x \in]-\infty ; -2[$		$x \in]-2 ; -1[$		$x \in]-1 ; +\infty[$	
x	$-\infty$	-2		-1		$+\infty$
$x+1$	$-$		$-$	0	$+$	
$-x-2$	$+$	0	$-$		$-$	
$f(x) = (x+1)(-x-2)$	$-$	0	$+$	0	$-$	
	$f(x) < 0$		$f(x) > 0$		$f(x) < 0$	

• Pour $x \in]-\infty ; -2[\cup]-1 ; +\infty[$, $f(x) < 0$.

• Pour $x \in]-2 ; -1[$, $f(x) > 0$.

• Pour $x = -2$ et $x = -1$, $f(x) = 0$.

Savoir résoudre une équation du premier degré à une inconnue

ÉNONCÉ

Résoudre les équations suivantes :

a. $4x + 1 - x + 2 = 0$; **b.** $-3(x + 2) + 3 = 2(2x - 3) - x$.

MÉTHODE

a et b sont deux nombres réels donnés.

Ramener les équations à une équation de la forme $ax = b$.

1. Développer et réduire chaque membre.

2. Regrouper tous les termes en « x » dans le même membre et tous les termes constants dans l'autre membre.

CORRIGÉ

a. Pour résoudre l'équation $4x + 1 - x + 2 = 0$.

1. On réduit le membre de gauche de l'équation :
l'équation $4x - x + 1 + 2 = 0$ est équivalente à $3x + 3 = 0$.

2. On regroupe tous les termes en « x » dans le même membre :
l'équation $3x + 3 = 0$ est successivement équivalente à :

$$3x = -3 \;;\; x = -\frac{3}{3} \;;\; x = -1.$$

La solution de l'équation est -1.

> **Piège à éviter**
> On ajoute -3 aux deux membres de l'équation.

> **Piège à éviter**
> On divise par 3 les deux membres de l'équation.

b. Pour résoudre l'équation $-3(x + 2) + 3 = 2(2x - 3) - x$.

1. On développe et on réduit chaque membre de l'équation :
l'équation $-3(x + 2) + 3 = 2(2x - 3) - x$ est successivement équivalente à :

$$-3x - 6 + 3 = 4x - 6 - x \;; \quad -3x - 3 = 3x - 6.$$

2. On regroupe tous les termes en « x » dans le même membre :
l'équation $-3x - 3 = 3x - 6$ est successivement équivalente à :

$$-3x - 3x = -6 + 3 \;; \quad -6x = -3 \;; \quad x = \frac{-3}{-6} = \frac{1}{2}.$$

La solution de l'équation est $\frac{1}{2}$.

> **Réflexe à avoir**
> Ne pas oublier de conclure par une phrase.

Savoir résoudre une inéquation du premier degré à une inconnue

ÉNONCÉ

Résoudre les inéquations suivantes :

a. $3x + 3 < x + 1$; **b.** $-5x + 2 \geqslant x$.

MÉTHODE

a et *b* sont deux nombres réels donnés.
Ramener l'inéquation à une inéquation de la forme $ax < b$ ou $ax \leqslant b$ ou $ax > b$ ou $ax \geqslant b$ en regroupant tous les termes en « *x* » dans le même membre et tous les termes constants dans l'autre membre.

CORRIGÉ

a. Pour résoudre l'inéquation $3x + 3 < x + 1$, **on regroupe tous les termes en « *x* » dans le même membre.** L'inéquation est successivement équivalente à :

$$3x - x < 1 - 3\ ;$$
$$2x < -2\ ;$$
$$x < \frac{-2}{2}\ ;$$
$$x < -1.$$

L'ensemble des solutions de l'inéquation est l'intervalle $]-\infty\ ; -1[$.

b. Pour résoudre l'inéquation $-5x + 2 \geqslant x$, **on regroupe tous les termes en « *x* » dans le même membre.**
L'inéquation est successivement équivalente à :

$$-5x - x \geqslant -2\ ; -6x \geqslant -2\ ;$$
$$x \leqslant \frac{-2}{-6}\ ; x \leqslant \frac{2}{6}\ ; x \leqslant \frac{1}{3}.$$

L'ensemble des solutions de l'inéquation est l'intervalle $\left[-\infty\ ; \frac{1}{3}\right]$.

Piège à éviter

Lorsqu'on ajoute ou soustrait un même nombre aux deux membres de l'inégalité, l'inégalité ne change pas de sens.

Piège à éviter

Lorsqu'on multiplie ou divise les deux membres de l'inégalité par un même nombre strictement positif (ici 2), l'inégalité ne change pas de sens.

Piège à éviter

Lorsqu'on multiplie ou divise les deux membres de l'inégalité par un même nombre strictement négatif (ici – 6), l'inégalité change de sens.

Réflexe à avoir

Donner l'ensemble des solutions de l'inéquation sous la forme d'un intervalle.

Exercices d'application

1 Calculer avec les puissances entières

Effectuer, sans utiliser la calculatrice, les calculs suivants.

$A = \left(\frac{1}{3}\right)^2 \times 9^4 \times 3^{-3}$; $B = (-2)^2 \times 3^{-2}$; $C = 10^2 \times 0{,}1^{-3}$; $D = -3^2 \times (-2)^2$;

$E = 2 \times (-1)^6 - 2^{-2}$; $F = 10^{-3} \times 0{,}1^{-2}$; $G = -2^2 \times (-2)^2$.

2 Calculer avec les puissances entières

Entourer la bonne réponse.

$5^2 =$	25	10	32
5 puissance 4 s'écrit	4^5	5^4	5×4^5
$3 \times 3 \times 3 \times 3$ s'écrit	3^4	4^3	3×4
$-10^2 =$	-20	-100	100
$(-10^2) =$	-20	-100	100
$2^{-2} =$	0,25	-4	4
$0^{10} =$	1	10	0
$(-1)^2 =$	-1	1	-2

3 Appliquer les formules

Transformer l'écriture en une seule puissance.

$A = 8^2 \times 8^4 \times 8$; $B = \frac{5^2}{5^4}$; $C = (3^2)^3$; $D = \frac{2^2 \times 2^{-3}}{2^5}$; $E = \frac{10^2 \times 10^{-3}}{(10^{-2})^2}$.

4 Calculer avec les racines carrées

Effectuer, sans utiliser la calculatrice, les calculs suivants.

$A = \sqrt{25 \times 10^2}$; $B = 3\sqrt{81}$; $C = \sqrt{2} \times 2\sqrt{50}$; $D = (2\sqrt{7})^2$; $E = \sqrt{360} \times \sqrt{\frac{9}{10}}$.

5 Simplifier des racines carrées

1. $\sqrt{400}$; **2.** $\sqrt{900}$; **3.** $\sqrt{4\,900}$;
4. $\sqrt{1\,000\,000}$; **5.** $\sqrt{10^7}$; **6.** $\sqrt{(-5)^2}$;
7. $\sqrt{0{,}09}$; **8.** $\sqrt{10^{-4}}$; **9.** $\sqrt{(\pi - 5)^2}$.

6 Utiliser les identités remarquables pour développer une expression

Développer, réduire et ordonner :

$$M(x) = (5 - 2x)^2 + \left[\frac{1}{3}(x + 3)\right]^2 - (2 - 3x)(2 + 3x).$$

7 Utiliser les identités remarquables pour factoriser une expression

Factoriser $C(x)$ et $D(x)$:

$$C(x) = 4(2 - 3x)^2 - 25(2x + 1)^2 \text{ et } D(x) = 4x^2 - 12x + 9.$$

8 Construire un tableau de signes

Étudier le signe de $g(x) = 2x(5 - x)$.

9 Développer une expression algébrique

Soit $A(x) = x + (2x - 1)^2 + 4(x - 1)(2 - x)$.

Développer $A(x)$ puis résoudre dans $\mathbb{R}$ l'équation $A(x) = 6x + 5$ et l'inéquation $A(x) \geqslant 10x - 3$.

10 Factoriser une expression algébrique

Factoriser $A(x)$, $B(x)$ et $C(x)$ puis résoudre dans $\mathbb{R}$ l'inéquation $A(x) < -5$ et les équations $B(x) = 0$ et $C(x) = 0$.

$A(x) = -6(2x - 3) + 2(x - 1)(3 - 2x) + 4x^2 - 9$;

$B(x) = 4(1 - x) - (1 - x)^3$ et $C(x) = 9x^2 - 12x + 4$.

11 Équations du premier degré

Résoudre dans $\mathbb{R}$ les équations suivantes :

a. $4x + 7 = 3x + 5$;

b. $-3x + 1 = 4 - 3x$;

c. $-1 + 6x = 4x - 1$.

12 Équations du second degré

Résoudre dans $\mathbb{R}$ les équations suivantes :

a. $x^2 = 16$;

b. $x^2 = 0$;

c. $x^2 = -5$;

d. $x^2 = 8$.

13 Inéquations du premier degré

Résoudre dans $\mathbb{R}$ les inéquations suivantes :

a. $-5 < x + 3$;

b. $-2x - 4 \geqslant -3x + 2$;

c. $2x + 6 \leqslant 7x - 9$.

14 Effectuer des opérations sur les inégalités

1. On donne $x > 2$. Quelles inégalités vérifient :
a. $3x - 1$; **b.** $4 - 2x$.

2. On donne $x < 6$. Quelles inégalités vérifient :
a. $-3x - 1$; **b.** $1 + 2x$.

15 Utiliser deux inégalités

On donne $1 < x < 2$; $10 < y < 11$ et $-2 < z < -1$.
Encadrer :

1. $x + y$; **2.** $x + z$; **3.** $2x - y$; **4.** $x - 3z$.

16 Comparer des rationnels

Comparer a et b en justifiant la réponse et sans utiliser la calculatrice.

1. $a = 2$ et $b = \frac{4}{5}$; **2.** $a = -1{,}5$ et $b = -\frac{2}{3}$; **3.** $a = -1$ et $b = \frac{5}{3}$; **4.** $a = \frac{4}{9}$ et $b = \frac{5}{6}$;

5. $a = \frac{41}{8}$ et $b = \frac{32}{3}$; **6.** $a = \frac{\sqrt{3}}{2}$ et $b = \frac{1}{3}$; **7.** $a = \frac{1}{\sqrt{3}}$ et $b = \frac{1}{3}$; **8.** $a = 4 + \sqrt{3}$ et $b = \sqrt{27}$.

17 Résolutions graphique et algébrique d'une inéquation

Dans le plan rapporté à un repère, on considère la droite $\mathscr{D}$ d'équation :

$$y = -2x + 2,$$

et la droite Δ d'équation $y = -2$.

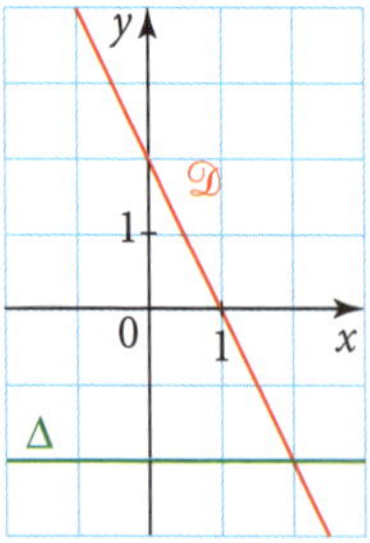

1. Résoudre graphiquement l'inéquation :

$$-2x + 2 < -2.$$

2. Retrouver ce résultat par le calcul.

18 Comparaison graphique et algébrique de fonctions

Dans le plan rapporté à un repère, on considère la courbe $\mathscr{C}$ représentative de la fonction f définie sur $\mathbb{R}$ par $f(x) = x^2$ et la droite Δ d'équation $y = -x + 2$.

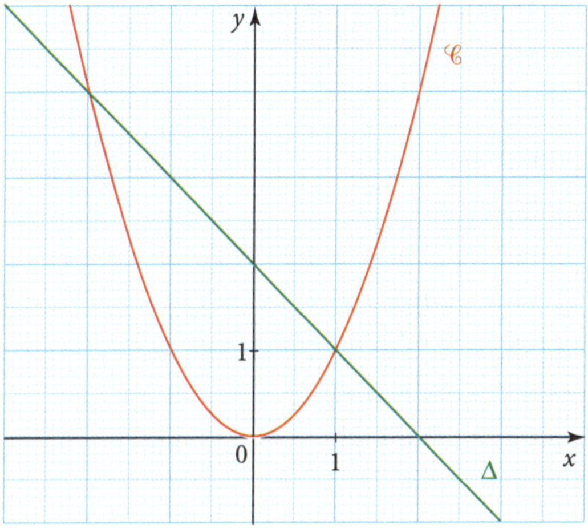

1. Résoudre graphiquement l'inéquation $f(x) \geqslant -x + 2$.

2. Montrer que :

$$f(x) + x - 2 = (x + 2)(x - 1),$$

puis retrouver par le calcul les résultats de la question **1**.

19 Utiliser les identités remarquables

Développer les expressions suivantes en utilisant une identité remarquable.

1. $(4 - x)^2$. **2.** $(-7x - 3)^2$. **3.** $(x^2 - y^2)^2$.

4. $(\sqrt{2} + \sqrt{5})^2$. **5.** $(x + 1 - \sqrt{2})^2$. **6.** $(7 - 2x)(7 + 2x)$.

7. $(2x^2 - 5)(2x^2 + 5)$. **8.** $(x - y + 1)(x - y - 1)$. **9.** $(x - y + 2)(x + y - 2)$.

20 Utiliser les identités remarquables

Factoriser les expressions suivantes en utilisant une identité remarquable.

1. $36 - 4x^2$. **2.** $(2x - 3)^2 - (1 - 3x)^2$.

3. $x^2 - 10x + 25$. **4.** $4x^2 + 28x + 49$.

21 Transformer une expression algébrique

1. Développer $\left(x-\frac{7}{2}\right)^2-\frac{9}{4}$.

2. En déduire une expression factorisée de $x^2-7x+10$.

3. Résoudre dans $\mathbb{R}$ l'équation de $x^2-7x+10=0$.

22 Distinguer « et » et « ou »

Soit a et b deux nombres réels.

Répondre par Vrai ou Faux à chacune des affirmations suivantes.

1. $a \times b = 0$ équivaut à $a = 0$ ou $b = 0$.

2. $a \times b = 0$ équivaut à $a = 0$ et $b = 0$.

3. $a^2 + b^2 = 0$ équivaut à $a = 0$ ou $b = 0$.

4. $a^2 + b^2 = 0$ équivaut à $a = 0$ et $b = 0$.

Exercices d'entraînement

23 Application à la géométrie

On considère un rectangle de longueur L et de largeur l.
Déterminer un encadrement de son périmètre sachant que 20 cm $< L <$ 21 cm et 10 cm $< l <$ 11 cm.

24 Mise en équation

Un père dispose de 1 450 € pour ses trois enfants. Il souhaite que l'aîné reçoive 300 € de plus que le deuxième et que le deuxième reçoive 200 € de plus que le dernier.
Quelle somme doit-il donner à chacun ?

25 Mise en équation

Monsieur Boss dispose de 153 € pour rémunérer Corentin et Antonin de leur travail. Corentin ayant travaillé un temps deux fois plus long qu'Antonin, il souhaite lui donner le double de la somme reçue par Antonin… Quelle sera la rémunération de chacun ?

26 Formules de physique

Compléter le tableau suivant :

Formule initiale	Autre formule	Autre formule
$U = RI$ (U en V ; R en Ω et I en A)	$R =$	$I =$
$v = \frac{d}{t}$ (v en m/s ; d en m et t en s)	$d =$	$t =$
$E = \frac{1}{2}mv^2$ (E en J ; m en kg et v en m/s)	$m =$	$v =$
$P = RI^2$ (P en W ; R en Ω et I en A)	$R =$	$I =$
$R = \rho\frac{L}{A}$ (R en Ω ; ρ en Ω.m, L en m et A en m^2)	$L =$ $A =$	$\rho =$

27 Formules de mathématiques

Compléter le tableau suivant :

Formule initiale	Autre formule	Autre formule
$P = 2\pi R$	$R =$	
$A = \pi R^2$	$R =$	
$V = \pi R^2 h$	$R =$	$h =$
$A = \frac{(b+B)\times h}{2}$	$h =$	$B =$ $b =$
$\frac{a}{b} = \frac{c}{d}$	$a =$ $b =$	$c =$ $d =$
$ax + by + c = 0$	$y =$	

28 Application à la géométrie, inéquation

ABCD est un rectangle tel que AB = 18 cm et AD = 14 cm.
M est un point de [DC] tel que DM = x.

1. Faire un schéma.

2. Quelles sont les valeurs possibles de x ?

3. Déterminer les valeurs de x pour lesquelles l'aire du triangle ADM est supérieure à la moitié de l'aire du trapèze ABCM.

29 Consommation d'essence

Le réservoir d'une automobile contient 54 l de carburant. Celle-ci consomme 6 l aux 100 km.
Calculer les distances d, en km, à parcourir avant d'utiliser la réserve de 5 l.

30 Nombre pair

On pose $D = (x + 1)(x + 1) - (x - 1)^2$, où x est un nombre entier supérieur ou égal à 1.

1. Montrer que D est un multiple de 2.

2. Pour quelles valeurs de x D est-il supérieur à 50 ?

31 Géométrie

• ABCD est un rectangle tel que : AD = BC = 3 cm ;
• M est un point du segment [AB] tel que : AM = x avec $0 < x < 6$ et x exprimé en cm ;
• E est le point du segment [CB] tel que CE = 2 cm.
On note R_1 le rectangle AMGD et R_2 le rectangle FECG.

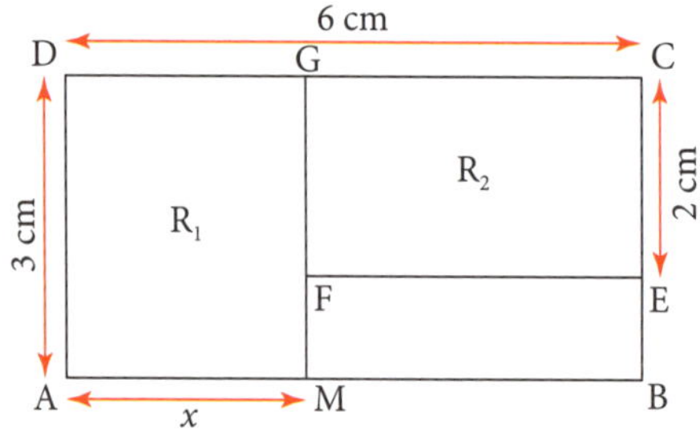

1. P_1 et P_2 sont les périmètres des rectangles R_1 et R_2, exprimés en cm.
a. Calculer P_1 et P_2 en fonction de x.
b. Pour quelle valeur de x les périmètres P_1 et P_2 sont-ils égaux ?

2. S_1 et S_2 sont les aires des rectangles R_1 et R_2 exprimées en cm^2.
a. Calculer S_1 et S_2 en fonction de x.
b. Pour quelles valeurs de x a-t-on : $S_1 > S_2$?

Exercices d'application

1 $A = \left(\frac{1}{3}\right)^2 \times 9^4 \times 3^{-3} = \frac{1^2}{3^2} \times 9^4 \times 3^{-3} = \frac{1}{3^2} \times (3^2)^4 \times 3^{-3} = \frac{3^8 \times 3^{-3}}{3^2} = \frac{3^5}{3^2} = 3^3 = 27.$

$B = (-2)^2 \times 3^{-2} = 4 \times \frac{1}{3^2} = \frac{4}{9}.$

$C = 10^2 \times 0{,}1^{-3} = 10^2 \times (10^{-1})^{-3} = 10^{2+3} = 10^5 = 100\,000.$

$D = -3^2 \times (-2)^2 = -9 \times 4 = -36.$

$E = 2 \times (-1)^6 - 2^{-2} = 2 \times 1 - \frac{1}{2^2} = 2 - \frac{1}{4} = \frac{7}{4}.$

$F = 10^{-3} \times 0{,}1^{-2} = \frac{1}{10^3} \times (10^{-1})^{-2} = \frac{10^2}{10^3} = 10^{-1} = 0{,}1.$

$G = -2^2 \times (-2)^2 = -4 \times 4 = -16.$

2

$5^2 =$	25	10	32
5 puissance 4 s'écrit	4^5	5^4	5×4^5
3 × 3 × 3 × 3 s'écrit	3^4	4^3	3×4
$-10^2 =$	−20	−100	100
$(-10^2) =$	−20	−100	100
$2^{-2} =$	0,25	−4	4
$0^{10} =$	1	10	0
$(-1)^2 =$	−1	1	−2

3 $A = 8^2 \times 8^4 \times 8 = 8^{2+4+1} = 8^7$; $B = \frac{5^2}{5^4} = 5^{2-4} = 5^{-2}$; $C = (3^2)^3 = 3^{2\times3} = 3^6$;

$D = \frac{2^2 \times 2^{-3}}{2^5} = 2^{2-3-5} = 2^{-6}$; $E = \frac{10^2 \times 10^{-3}}{(10^{-2})^2} = 10^{2-3+4} = 10^3.$

4 $A = \sqrt{25 \times 10^2} = \sqrt{25} \times \sqrt{10^2} = 5 \times 10 = 50.$

$B = 3\sqrt{81} = 3 \times 9 = 27.$

$C = \sqrt{2} \times 2\sqrt{50} = 2\sqrt{2 \times 50} = 2\sqrt{100} = 2 \times 10 = 20.$

$D = (2\sqrt{7})^2 = 2^2 \times (\sqrt{7})^2 = 4 \times 7 = 28.$

$E = \sqrt{360} \times \sqrt{\frac{9}{10}} = \sqrt{\frac{9 \times 360}{10}} = \sqrt{9 \times 36} = \sqrt{9} \times \sqrt{36} = 3 \times 6 = 18.$

5 **1.** $\sqrt{400} = \sqrt{4 \times 10^2} = \sqrt{4} \times \sqrt{10^2} = 20$;

2. $\sqrt{900} = \sqrt{9 \times 10^2} = \sqrt{9} \times \sqrt{10^2} = 30$;

3. $\sqrt{4\,900} = \sqrt{49 \times 10^2} = \sqrt{49} \times \sqrt{10^2} = 70$;

4. $\sqrt{1\,000\,000} = \sqrt{(10^3)^2} = 10^3 = 1\,000$;

5. $\sqrt{10^7} = \sqrt{10 \times 10^6} = \sqrt{10} \times \sqrt{10^6} = \sqrt{10} \times 1\,000 = 1\,000\sqrt{10}$;

6. $\sqrt{(-5)^2} = |-5| = 5$;

7. $\sqrt{0{,}09} = \sqrt{9 \times (10^{-1})^2} = \sqrt{9} \times \sqrt{(10^{-1})^2} = 3 \times 10^{-1} = 0{,}3$;

8. $\sqrt{10^{-4}} = \sqrt{(10^{-2})^2} = 10^{-2} = 0{,}01$;

9. $\sqrt{(\pi - 5)^2} = |\pi - 5| = 5 - \pi$.

Remarque

$\sqrt{a^2} = a$ si $a > 0$.

À savoir

$5 - \pi < 0$, car $\pi \approx 3{,}14$.

6 • En posant $a = 5$ et $b = 2x$:

$$(5 - 2x)^2 = 5^2 - 2 \times 5 \times 2x + (2x)^2.$$

Soit $(5 - 2x)^2 = 25 - 20x + 4x^2$.

• En posant $a = x$ et $b = 3$:

$$(x + 3)^2 = x^2 + 2 \times x \times 3 + 3^2.$$

Soit $(x + 3)^2 = x^2 + 6x + 9$.

On a donc $\left[\frac{1}{3}(x + 3)\right]^2 = \left(\frac{1}{3}\right)^2 \times (x + 3)^2 = \frac{1}{9}(x^2 + 6x + 9)$;

$\left[\frac{1}{3}(x + 3)\right]^2 = \frac{1}{9}x^2 + \frac{6}{9}x + \frac{9}{9}$; $\left[\frac{1}{3}(x + 3)\right]^2 = \frac{1}{9}x^2 + \frac{2}{3}x + 1$.

• En posant $a = 2$ et $b = 3x$, $(2 - 3x)(2 + 3x) = 2^2 - (3x)^2$.

Soit $(2 - 3x)(2 + 3x) = 4 - 9x^2$.

On a donc

$$M(x) = 25 - 20x + 4x^2 + \frac{1}{9}x^2 + \frac{2}{3}x + 1 - 4 + 9x^2.$$

Soit $M(x) = 4x^2 + 9x^2 + \frac{1}{9}x^2 + \frac{2}{3}x - 20x + 1 - 4 + 25$.

$$M(x) = \frac{118}{9}x^2 - \frac{58}{3}x + 22.$$

Remarque

$(5 - 2x)^2$ est de la forme $(a - b)^2$.

Remarque

$(2 - 3x)(2 + 3x)$ est de la forme $(a - b)(a + b)$.

7 • $C(x) = 2^2(2 - 3x)^2 - 5^2(2x + 1)^2$;

$C(x) = [2(2 - 3x)]^2 - [5(2x + 1)]^2$.

$[2(2 - 3x)]^2 - [5(2x + 1)]^2$ est la différence de deux carrés.

Remarque

$C(x)$ est de la forme $a^2 - b^2$.

On a donc :

$C(x) = [2(2 - 3x) - 5(2x + 1)] \times [2(2 - 3x) + 5(2x + 1)]$;

$C(x) = (4 - 6x - 10x - 5)(4 - 6x + 10x + 5)$;

$C(x) = (-16x - 1)(4x + 9)$.

• En posant $a^2 = 4x^2$ et $b^2 = 9$ soit $a^2 = (2x)^2$ et $b^2 = 3^2$, on obtient :

$$a = 2x \text{ et } b = 3.$$

$D(x)$ est alors de la forme $a^2 - 2ab + b^2 = (a - b)^2$.

En effet : $(2x - 3)^2 = (2x)^2 - 2 \times 2x \times 3 + 3^2$; $(2x - 3)^2 = 4x^2 - 12x + 9$.

$D(x) = (2x - 3)^2$.

8 • $g(x) = 0$ équivaut successivement à :

$2x(5 - x) = 0$; $2x = 0$ ou $5 - x = 0$; $x = 0$ ou $x = 5$.

• Tableau de signes :

x	$-\infty$		0		5		$+\infty$
$2x$		$-$	0	$+$	|	$+$	
$5 - x$		$+$	|	$+$	0	$-$	
$g(x) = 2x(5 - x)$		$-$	0	$+$	0	$-$	

L'astuce du prof

Pour faire un tableau de signes, il faut avoir une forme factorisée.

• Signe de $g(x)$:

Pour $x \in]-\infty ; 0[\cup]5 ; +\infty[$, $g(x) < 0$.

Pour $x \in]0 ; 5[$, $g(x) > 0$.

Pour $x = 0$ et $x = 5$, $g(x) = 0$.

9 • Développons $A(x)$:

$A(x) = x + 4x^2 - 4x + 1 + 4(2x - x^2 - 2 + x)$;

$A(x) = x + 4x^2 - 4x + 1 + 4(3x - x^2 - 2)$;

$A(x) = x + 4x^2 - 4x + 1 + 12x - 4x^2 - 8$;

$A(x) = 9x - 7$.

• Résolvons l'équation $A(x) = 6x + 5$.

L'équation $A(x) = 6x + 5$ est successivement équivalente à :

$9x - 7 = 6x + 5$; $9x - 6x = 7 + 5$;

$3x = 12$; $x = 4$.

La solution est 4.

• Résolvons l'inéquation $A(x) \geqslant 10x - 3$.

L'inéquation $A(x) \geqslant 10x - 3$ est successivement équivalente à :

$9x - 7 \geqslant 10x - 3$; $-x \geqslant 4$; $x \leqslant -4$.

L'ensemble des solutions est $]-\infty ; -4]$.

10 • $(2x - 3)$ est un facteur commun car :

$4x^2 - 9 = (2x - 3)(2x + 3)$ et $2(x - 1)(3 - 2x) = -2(x - 1)(2x - 3)$.

On a alors :

$A(x) = -6(2x - 3) - 2(x - 1)(2x - 3) + (2x - 3)(2x + 3)$;

$A(x) = (2x - 3)[-6 - 2(x - 1) + (2x + 3)]$;

$A(x) = (2x - 3)(-6 - 2x + 2 + 2x + 3)$;

$A(x) = -(2x - 3)$.

L'inéquation $A(x) < -5$ est successivement équivalente à :

$-(2x - 3) < -5$; $-2x + 3 < -5$; $-2x < -8$; $2x > 8$; $x > 4$.

L'ensemble des solutions est $]4 ; +\infty[$.

Représentation des solutions :

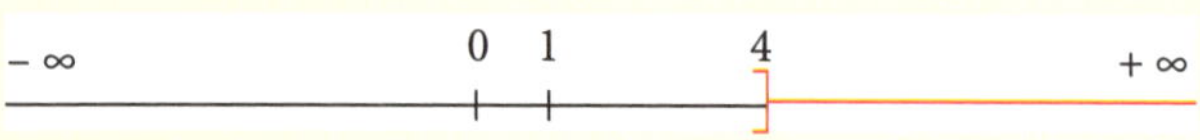

• $(1 - x)$ est un facteur commun apparent et :

$B(x) = (1 - x)[4 - (1 - x)^2]$.

$4 - (1 - x)^2$ est la différence de deux carrés :

$$2^2 - (1 - x)^2 = [2 - (1 - x)][2 + (1 - x)] ;$$
$$2^2 - (1 - x)^2 = (2 - 1 + x)(2 + 1 - x) ;$$
$$2^2 - (1 - x)^2 = (1 + x)(3 - x).$$

On a donc : $B(x) = (1 - x)(1 + x)(3 - x)$.

L'équation $B(x) = 0$ est successivement équivalente à :

$(1 - x)(1 + x)(3 - x) = 0$; $1 - x = 0$ ou $1 + x = 0$ ou $3 - x = 0$;

$x = 1$ ou $x = -1$ ou $x = 3$.

Les solutions sont -1, 1 et 3.

• En posant $a^2 = 9x^2$ et $b^2 = 4$, soit $a^2 = (3x)^2$ et $b^2 = 2^2$,

on obtient $a = 3x$ et $b = 2$.

$C(x)$ est alors de la forme $a^2 - 2ab + b^2 = (a - b)^2$.

En effet :

$(3x - 2)^2 = (3x)^2 - 2 \times 3x \times 2 + 2^2$;

$(3x - 2)^2 = 9x^2 - 12x + 4$;
$(3x - 2)^2 = C(x)$.
L'équation $C(x) = 0$ est successivement équivalente à :

$$(3x - 2)^2 = 0 \; ; \quad 3x - 2 = 0 \; ; \quad x = \frac{2}{3}.$$

La solution est $\frac{2}{3}$.

11 **a.** Cette équation est équivalente à $4x - 3x = 5 - 7$, soit $x = -2$.
La solution de cette équation est -2.
b. Cette équation est équivalente à $-3x + 3x = 4 - 1$, soit $0 = 3$.
Cette équation ne possède pas de solution.
c. Cette équation est successivement équivalente à :

$$6x - 4x = -1 + 1 \; ;$$
$$2x = 0 \; ;$$
$$x = 0.$$

La solution de cette équation est 0.

12 **a.** L'équation $x^2 = 16$ est équivalente à :
$x = \sqrt{16}$ ou $x = -\sqrt{16}$. Or $\sqrt{16} = 4$.
Les solutions de l'équation $x^2 = 16$ sont 4 et -4.
b. L'équation $x^2 = 0$ est équivalente à $x = 0$.
La solution de l'équation $x^2 = 0$ est 0.
c. Comme $-5 < 0$, l'équation $x^2 = -5$ n'admet aucune solution réelle.
d. L'équation $x^2 = 8$ est équivalente à :
$x = \sqrt{8}$ ou $x = -\sqrt{8}$
soit $x = 2\sqrt{2}$ ou $x = -2\sqrt{2}$ car $\sqrt{8} = \sqrt{2^2 \times 2} = 2\sqrt{2}$.
Les solutions de l'équation $x^2 = 8$ sont $2\sqrt{2}$ et $-2\sqrt{2}$.

Remarque
- Si $a > 0$, l'équation $x^2 = a$ a deux solutions : $-\sqrt{a}$ et $\sqrt{a}$.
- Si $a = 0$, la solution de l'équation $x^2 = a$ est 0.
- Si $a < 0$, l'équation $x^2 = a$ n'a pas de solution.

13 **a.** L'inéquation $-5 < x + 3$ est successivement équivalente à :

$$x + 3 > -5 \; ;$$
$$x > -5 - 3 \; ; \quad x > -8.$$

L'ensemble des solutions de cette inéquation est l'intervalle $]-8 \; ; +\infty[$.
b. L'inéquation $-2x - 4 \geqslant -3x + 2$ est équivalente à :

$$-2x + 3x \geqslant 2 + 4, \quad \text{soit } x \geqslant 6.$$

L'ensemble des solutions de cette inéquation est l'intervalle $[6 \; ; +\infty[$.

c. L'inéquation $2x + 6 \leqslant 7x - 9$ est successivement équivalente à :

$$2x - 7x \leqslant -9 - 6\ ;$$
$$-5x \leqslant -15\ ;$$
$$x \geqslant \frac{15}{5}\text{, soit } x \geqslant 3.$$

L'ensemble des solutions de cette inéquation est l'intervalle $[3\ ;+\infty[$.

14 **1. a.** $x > 2$; $3x > 3 \times 2$; $3x > 6$; $3x - 1 > 6 - 1$, soit $3x - 1 > 5$.

b. $x > 2$; $-2x < -2 \times 2$; $-2x < -4$; $-2x + 4 < -4 + 4$, soit $4 - 2x < 0$.

2. a. $x < 6$; $-3x > -3 \times 6$; $-3x > -18$; $-3x - 1 < -18 - 1$, soit $-3x - 1 < -19$.

b. $x < 6$; $2x < 2 \times 6$; $2x < 12$; $2x + 1 < 12 + 1$, soit $1 + 2x < 13$.

15 **1.** $1 + 10 < x + y < 2 + 11$, soit $11 < x + y < 13$;

2. $1 + (-2) < x + z < 2 + (-1)$, soit $-1 < x + z < 1$;

3. $2 < 2x < 4$ et $-11 < -y < -10$, donc $2 - 11 < 2x + (-y) < 4 - 10$,
soit $-9 < 2x - y < -6$;

4. $1 < x < 2$ et $3 < -3z < 6$, donc $1 + 3 < x + (-3z) < 2 + 6$, soit $4 < x - 3z < 8$.

16 **1.** $a = 2$ et $b = \frac{4}{5}$. On a $b < 1$, donc $a > b$.

2. $a = -1{,}5$ et $b = -\frac{2}{3}$. On a $a < -1$ et $b > -1$, donc $a < b$.

3. $a = -1$ et $b = \frac{5}{3}$. On a $a < 0$ et $b > 0$, donc $a < b$.

4. $a = \frac{4}{9}$ et $b = \frac{5}{6}$. On a $\frac{a}{b} = \frac{24}{45} < 1$, donc $a < b$.

Piège à éviter

On peut comparer deux nombres en utilisant le quotient s'ils sont **positifs**.

5. $a = \frac{41}{8}$ et $b = \frac{32}{3}$. On a $\frac{a}{b} = \frac{123}{256} < 1$, donc $a < b$.

6. $a = \frac{\sqrt{3}}{2}$ et $b = \frac{1}{3}$. On a $\frac{a}{b} = \frac{3\sqrt{3}}{2} > 1$, donc $a > b$.

7. $a = \frac{1}{\sqrt{3}}$ et $b = \frac{1}{3}$. On a $\frac{a}{b} = \frac{3}{\sqrt{3}} = \frac{3\sqrt{3}}{3} = \sqrt{3} > 1$, donc $a > b$.

8. $a = 4 + \sqrt{3}$ et $b = \sqrt{27}$.

On a $a - b = 4 + \sqrt{3} - \sqrt{27} = 4 + \sqrt{3} - 3\sqrt{3} = 4 - 2\sqrt{3}$

$$= \frac{(4 - 2\sqrt{3})(4 + 2\sqrt{3})}{4 + 2\sqrt{3}} = \frac{4^2 - (2\sqrt{3})^2}{4 + 2\sqrt{3}} = \frac{16 - 12}{4 + 2\sqrt{3}} = \frac{4}{4 + 2\sqrt{3}} > 0,$$

donc $a > b$.

17 **1.** La droite $\mathscr{D}$ est située au-dessous de la droite Δ pour $x \in]2\,;+\infty[$, donc : l'ensemble des solutions est $]2\,;+\infty[$.

2. L'inéquation $-2x + 2 < -2$ est équivalente à :

$$-2x < -2 - 2, \quad \text{soit} \quad -2x < -4\,;$$

$$x > \frac{-4}{-2}, \quad \text{soit} \quad x > 2.$$

L'ensemble des solutions de cette inéquation est $]2\,;+\infty[$, ce qui vérifie le résultat précédent.

Remarque

Il faut faire le lien entre l'aspect graphique et l'aspect numérique.

18 **1.** La courbe $\mathscr{C}$ est située sur et au-dessus de la droite Δ pour :

$$x \in]-\infty\,;-2] \cup [1\,;+\infty[.$$

2. L'inéquation $f(x) \geqslant -x + 2$ s'écrit :

$$x^2 \geqslant -x + 2, \quad \text{soit} \quad x^2 + x - 2 \geqslant 0.$$

Or $(x + 2)(x - 1) = x^2 + 2x - x - 2 = x^2 + x - 2$.

Ainsi, il s'agit de résoudre l'inéquation $(x + 2)(x - 1) \geqslant 0$.

• $(x + 2)(x - 1) = 0$ équivaut à :

$$x + 2 = 0 \text{ ou } x - 1 = 0, \text{ soit } x = -2 \text{ ou } x = 1.$$

• Tableau de signes :

x	$-\infty$		-2		1		$+\infty$
$x+2$		$-$	0	$+$		$+$	
$x-1$		$-$		$-$	0	$+$	
x^2+x-2		$+$	0	$-$	0	$+$	

L'ensemble des solutions de l'inéquation $x^2 + x - 2 \geqslant 0$ est bien l'intervalle $]-\infty\,;-2] \cup [1\,;+\infty[$.

19 **1.** $(4 - x)^2 = 4^2 - 2 \times 4 \times x + x^2$;

$(4 - x)^2 = x^2 - 8x + 16$.

2. En posant $a = -7x$ et $b = -3$, $(-7x - 3)^2$ est de la forme $(a + b)^2$.

$(-7x - 3)^2 = (-7x)^2 + 2 \times (-7x) \times (-3) + (-3)^2$;

$(-7x - 3)^2 = 49x^2 + 42x + 9$.

On peut aussi poser $a = -7x$ et $b = 3$;
$(-7x-3)^2$ est alors de la forme $(a-b)^2$;
ou remarquer que $(-7x-3)^2 = [-(7x+3)]^2$, soit $(-1)^2(7x+3)^2 = (7x+3)^2$.

3. En posant $a = x^2$ et $b = y^2$, $(x^2-y^2)^2$ est de la forme $(a-b)^2$.
$(x^2-y^2)^2 = (x^2)^2 - 2 \times x^2 \times y^2 + (y^2)^2$, soit $(x^2-y^2)^2 = x^{2\times 2} - 2x^2y^2 + y^{2\times 2}$;
$(x^2-y^2)^2 = x^4 - 2x^2y^2 + y^4$.

4. $(\sqrt{2}+\sqrt{5})^2 = (\sqrt{2})^2 + 2\sqrt{2} \times \sqrt{5} + (\sqrt{5})^2$;
$(\sqrt{2}+\sqrt{5})^2 = 2 + 2\sqrt{2 \times 5} + 5$;
$(\sqrt{2}+\sqrt{5})^2 = 7 + 2\sqrt{10}$.

5. En posant $a = x + 1$ et $b = \sqrt{2}$, $(x+1-\sqrt{2})^2$ est de la forme $(a-b)^2$.
$(x+1-\sqrt{2})^2 = (x+1)^2 - 2 \times (x+1) \times \sqrt{2} + (\sqrt{2})^2$;
$(x+1-\sqrt{2})^2 = (x^2+2x+1) - 2\sqrt{2}(x+1) + 2$;
$(x+1-\sqrt{2})^2 = x^2 + 2x - 2\sqrt{2}\,x + 1 - 2\sqrt{2} + 2$;
$(x+1-\sqrt{2})^2 = x^2 + 2(1-\sqrt{2})x + 3 - 2\sqrt{2}$.
On peut aussi poser $a = x$ et $b = 1 - \sqrt{2}$;
$(x+1-\sqrt{2})^2$ est alors de la forme $(a+b)^2$.

6. $(7-2x)(7+2x) = 7^2 - (2x)^2$;
$(7-2x)(7+2x) = 49 - 4x^2$.

7. $(2x^2-5)(2x^2+5) = (2x^2)^2 - 5^2$;
$(2x^2-5)(2x^2+5) = 4x^4 - 25$.

8. En posant $a = x - y$ et $b = 1$, $(x-y+1)(x-y-1)$ est de la forme $(a+b)(a-b)$.
$(x-y+1)(x-y-1) = (x-y)^2 - 1^2$;
$(x-y+1)(x-y-1) = x^2 - 2xy + y^2 - 1$.

9. En posant $a = x$ et $b = y - 2$, $(x-y+2)(x+y-2)$ est de la forme $(a-b)(a+b)$.
$(x-y+2)(x+y-2) = x^2 - (y-2)^2$;
$(x-y+2)(x+y-2) = x^2 - (y^2 - 2 \times 2y + 2^2)$;
$(x-y+2)(x+y-2) = x^2 - y^2 + 4y - 4$.

20 **1.** $36 - 4x^2 = 6^2 - (2x)^2$; $36 - 4x^2 = (6-2x)(6+2x)$.
2. $(2x-3)^2 - (1-3x)^2 = (2x-3+1-3x)(2x-3-1+3x)$;
$(2x-3)^2 - (1-3x)^2 = (-x-2)(5x-4)$.

3. En posant $a = x$ et $b = 5$, $x^2 - 10x + 25$ est de la forme $a^2 - 2ab + b^2$.
$x^2 - 10x + 25 = (x - 5)^2$.

4. En posant $a = 2x$ et $b = 7$, $4x^2 + 28x + 49$ est de la forme $a^2 + 2ab + b^2$.
$4x^2 + 28x + 49 = (2x + 7)^2$.

21 **1.** $\left(x - \frac{7}{2}\right)^2 - \frac{9}{4} = x^2 - 2 \times \frac{7}{2}x + \left(\frac{7}{2}\right)^2 - \frac{9}{4} = x^2 - 7x + \frac{49}{4} - \frac{9}{4} = x^2 - 7x + 10.$

2. $x^2 - 7x + 10 = \left(x - \frac{7}{2}\right)^2 - \frac{9}{4} = \left(x - \frac{7}{2}\right)^2 - \left(\frac{3}{2}\right)^2 = \left(x - \frac{7}{2} - \frac{3}{2}\right)\left(x - \frac{7}{2} + \frac{3}{2}\right)$

$x^2 - 7x + 10 = \left(x - \frac{10}{2}\right)\left(x - \frac{4}{2}\right)$

$= (x - 5)(x - 2).$

3. $x^2 - 7x + 10 = 0$ équivaut successivement à $(x - 5)(x - 2) = 0$; $x - 5 = 0$ ou $x - 2 = 0$; $x = 5$ ou $x = 2$.
Les solutions de l'équation sont **2** et **5**.

22 **1.** Vrai. **2.** Faux. **3.** Faux. **4.** Vrai.

Exercices d'entraînement

23 $P = 2(L + l)$. Or $20 + 10 < L + l < 21 + 11$, donc $60 < 2(L + l) < 64$.

24 Soit x la part de l'aîné. La part du second est $x - 300$ et la part du dernier est $(x - 300) - 200$, soit $x - 500$.
La somme totale est 1 450 €, soit avec la part de chacun $x + x - 300 + x - 500$, c'est-à-dire $3x - 800$.
On résout alors l'équation $3x - 800 = 1\,450$; la solution est $x = 750$.
Les enfants reçoivent respectivement 750 €, 450 € et 250 €.

25 Soit x la part d'Antonin. Corentin a le double d'Antonin, soit $2x$.
On résout l'équation $x + 2x = 153$, soit $3x = 153$, c'est-à-dire $x = 51$.
Antonin aura 51 € et Corentin 102 €.

26

Formule initiale	Autre formule	Autre formule
$U = RI$ (U en V ; R en Ω et I en A)	$R = \frac{U}{I}$	$I = \frac{U}{R}$
$v = \frac{d}{t}$ (v en m/s ; d en m et t en s)	$d = v \times t$	$t = \frac{d}{v}$
$E = \frac{1}{2}mv^2$ (E en J ; m en kg et v en m/s)	$m = \frac{2E}{v^2}$	$v = \sqrt{\frac{2E}{m}}$; $v \geqslant 0$
$P = RI^2$ (P en W ; R en Ω et I en A)	$R = \frac{P}{I^2}$	$I = \sqrt{\frac{P}{R}}$; $I \geqslant 0$
$R = \rho\frac{L}{A}$ (R en Ω ; ρ en Ω. m, L en m et A en m²)	$L = \frac{R \times A}{\rho}$ $A = \rho\frac{L}{R}$	$\rho = \frac{R \times A}{L}$

27

Formule initiale	Autre formule	Autre formule
$P = 2\pi R$	$R = \frac{P}{2\pi}$	
$A = \pi R^2$	$R = \sqrt{\frac{A}{\pi}}$; $R \geqslant 0$	
$V = \pi R^2 h$	$R = \sqrt{\frac{V}{\pi h}}$; $R \geqslant 0$	$h = \frac{V}{\pi R^2}$
$A = \frac{(b+B) \times h}{2}$	$h = \frac{2A}{b+B}$	$B = \frac{2A}{h} - b$ $b = \frac{2A}{h} - B$
$\frac{a}{b} = \frac{c}{d}$	$a = \frac{b \times c}{d}$ $b = \frac{a \times d}{c}$	$c = \frac{a \times d}{b}$ $d = \frac{b \times c}{a}$
$ax + by + c = 0$	$y = -\frac{a}{b}x - \frac{c}{b}$	

28 **1.**

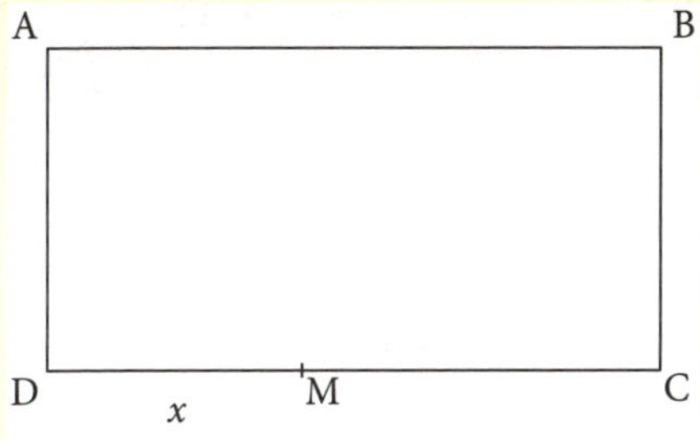

2. $0 \leqslant x \leqslant 18$.

3. Aire du triangle ADM : $\dfrac{14x}{2}$, soit $7x$.

Aire du trapèze ABCM : $\dfrac{(18 + (18 - x)) \times 14}{2} = 7(36 - x)$.

On résout l'inéquation $7x > \dfrac{1}{2} \times 7(36 - x)$ équivalente à $7x > 126 - \dfrac{7}{2}x$, soit $10{,}5x > 126$, c'est-à-dire $x > \dfrac{126}{10{,}5}$ ou encore $x > 12$. Pour que l'aire du triangle ADM soit supérieure à la moitié de l'aire du trapèze ABCM, il faut que $12 < x \leqslant 18$.

> **Rappel**
> Aire du trapèze $= \dfrac{(b + B) \times h}{2}$.

29 On résout l'inéquation $54 - \dfrac{6d}{100} > 5$ successivement équivalente à :
$\dfrac{5\,400 - 6d}{100} > 5$; $5\,400 - 6d > 500$; $5\,400 - 500 > 6d$; $4\,900 > 6d$; $\dfrac{4\,900}{6} > d$;
$d < 817$ arrondi à l'unité.
La réserve sera atteinte au bout de 817 km.

30 **1.** $D = (x + 1)(x + 1) - (x - 1)^2 = (x + 1)^2 - (x - 1)^2$
$= [(x + 1) + (x - 1)]\,[(x + 1) - (x - 1)] = 4x = 2 \times 2x$, qui est donc multiple de 2.

2. $D > 50$ équivaut successivement à $4x > 50$; $x > \dfrac{50}{4}$; $x > 12{,}5$; soit à partir de l'entier $x = 13$.

31 **1. a.** $P_1 = 2(AM + AD) = 2(x + 3)$ et $P_2 = 2(GC + CE) = 2(6 - x + 2) = 2(8 - x)$, car $GC = 6 - x$.
b. On résout l'équation $2(x + 3) = 2(8 - x)$ successivement équivalente à :
$x + 3 = 8 - x$; $x = 2{,}5$.

2. a. $S_1 = AM \times AD = 3x$ et $S_2 = GC \times CE = 2(6 - x)$.
b. On résout l'inéquation $3x > 2(6 - x)$ successivement équivalente à $5x > 12$; $x > 2{,}4$.

CHAPITRE

4 Manipuler les vecteurs du plan

1 Repérage dans le plan

1 Repère orthonormé

Trois points (O ; I, J) formant un triangle rectangle isocèle de sommet O définissent un repère orthonormé du plan.

2 Coordonnées d'un point

Dans le plan rapporté à un repère orthonormé, les coordonnées d'un point M sont l'abscisse x_M et l'ordonnée y_M de M. On note $M(x_M \,;\, y_M)$.

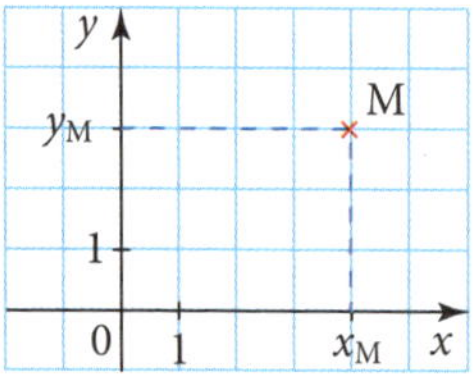

3 Distance de deux points

Dans le plan rapporté à un repère orthonormé, on considère les points $A(x_A \,;\, y_A)$ et $B(x_B \,;\, y_B)$.

La distance de A à B, notée AB, est égale à $AB = \sqrt{(x_B - x_A)^2 + (y_B - y_A)^2}$.

4 Milieu d'un segment

Soit $A(x_A \,;\, y_A)$ et $B(x_B \,;\, y_B)$ deux points du plan.

Les coordonnées du milieu I de [AB] sont : $I\left(\dfrac{x_A + x_B}{2} \,;\, \dfrac{y_A + y_B}{2}\right)$.

EXERCICES RÉSOLUS

Lire les coordonnées de points

ÉNONCÉ

Le plan est rapporté à un repère orthonormé. Déterminer, par lecture graphique, les coordonnées des points A, B, C, D et E.

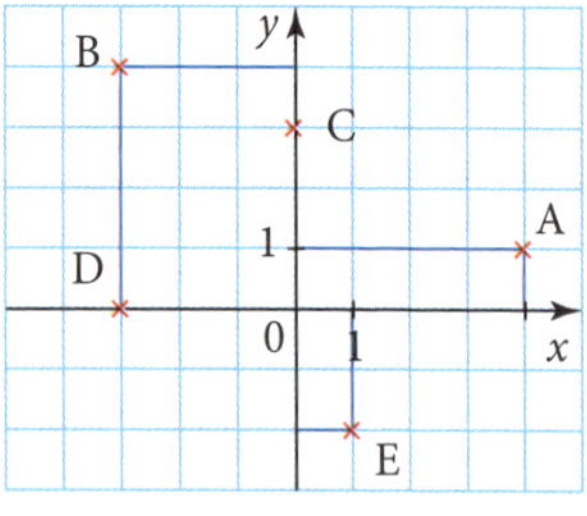

CORRIGÉ

A(4 ; 1) ; B(– 3 ; 4) ; C(0 ; 3) ; D(– 3 ; 0) et E(1 ; – 2).

Rappel
On lit l'abscisse, puis l'ordonnée des points.

Déterminer la distance de deux points, le milieu d'un segment

ÉNONCÉ

1. Déterminer les coordonnées des points A, B, C et D.

2. Déterminer les coordonnées du milieu I de [BC].

3. Calculer BC, BD et CD. Quelle est la nature du triangle BCD ?

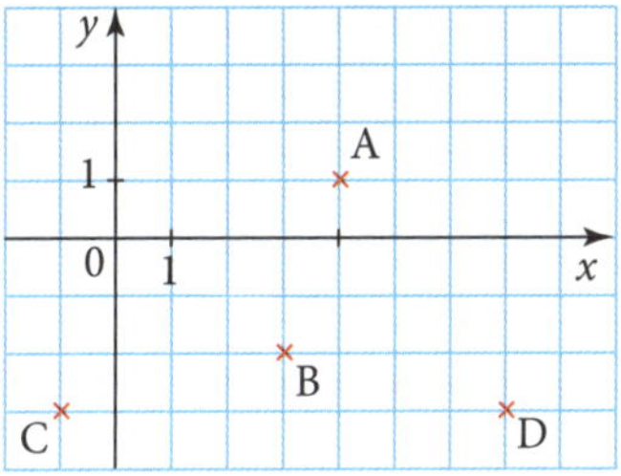

CORRIGÉ

1. On lit les coordonnées des points A, B, C et D.
A(4 ; 1) ; B(3 ; – 2) ; C(– 1 ; – 3) et D(7 ; – 3).

2. Les coordonnées du point I milieu de [BC] sont :

$$I\left(\frac{x_B + x_C}{2} ; \frac{y_B + y_C}{2}\right) ; \text{ soit } I\left(\frac{3 + (-1)}{2} ; \frac{(-2) + (-3)}{2}\right) ; I\left(1 ; \frac{-5}{2}\right).$$

Conseil
Utiliser les formules du cours.

3. $BC = \sqrt{(x_C - x_B)^2 + (y_C - y_B)^2} = \sqrt{(-1 - 3)^2 + (-3 - (-2))^2}$

$BC = \sqrt{(-4)^2 + (-1)^2} = \sqrt{16 + 1} = \sqrt{17}.$

$BD = \sqrt{(x_D - x_B)^2 + (y_D - y_B)^2} = \sqrt{(7 - 3)^2 + (-3 - (-2))^2}$

$BD = \sqrt{4^2 + (-1)^2} = \sqrt{16 + 1} = \sqrt{17}.$

$CD = \sqrt{(x_D - x_C)^2 + (y_D - y_C)^2} = \sqrt{(7 - (-1))^2 + (-3 - (-3))^2}$

$CD = \sqrt{8^2 + 0^2} = \sqrt{64} = 8.$

On a BC = BD, donc le triangle BCD est isocèle en B.

2 Vecteurs du plan

1 Définition d'un vecteur

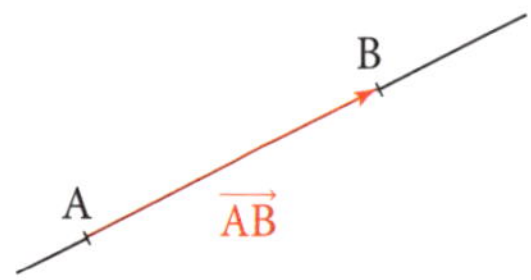

- À deux points A et B, on peut associer le vecteur $\overrightarrow{AB}$ caractérisé par une direction, un sens et une longueur.
  - La **direction** de $\overrightarrow{AB}$ est celle de la droite (AB).
  - Le **sens** de $\overrightarrow{AB}$ est de A vers B.
  - La **longueur** de $\overrightarrow{AB}$ est la distance AB.
- Lorsque les points A et B sont confondus, le vecteur $\overrightarrow{AB}$ est appelé **vecteur nul**.
Si A = B, alors $\overrightarrow{AA} = \overrightarrow{BB} = \vec{0}$.
- Deux **vecteurs opposés** ont la même direction, la même longueur mais des sens contraires.

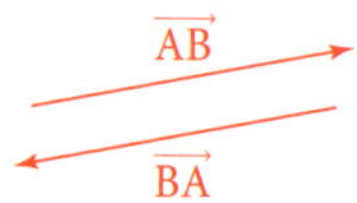

- Le vecteur opposé à $\overrightarrow{AB}$ est le vecteur $\overrightarrow{BA}$; $\overrightarrow{AB} = -\overrightarrow{BA}$.
- Le vecteur $\overrightarrow{AB}$ peut être associé à la translation qui transforme A en B.

2 Vecteurs égaux

- Deux **vecteurs égaux** ont la même direction, le même sens et la même longueur.
- Le point I est le milieu du segment [AB] lorsque

$$\overrightarrow{AI} = \overrightarrow{IB} \text{ ou } \overrightarrow{AI} + \overrightarrow{BI} = \vec{0} \text{ ou } \overrightarrow{AI} = \frac{1}{2}\overrightarrow{AB}.$$

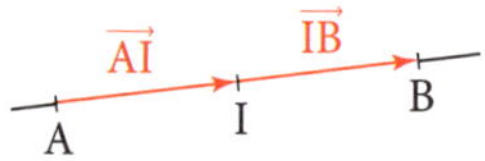

- Lorsque les points A, B, C et D ne sont pas alignés, les trois propositions suivantes sont équivalentes :

(1) $\overrightarrow{AB} = \overrightarrow{CD}$.

(2) ABDC est un parallélogramme.

(3) Les segments [AD] et [BC] ont le même milieu.

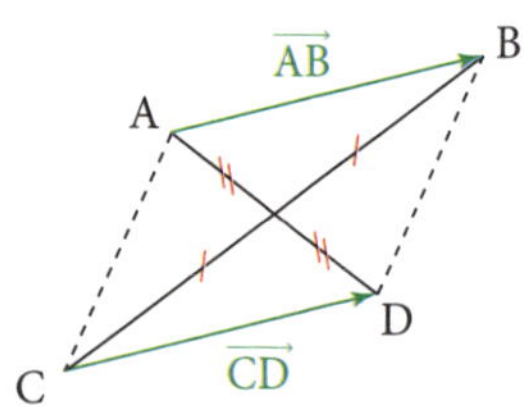

EXERCICE RÉSOLU

Placer des points

ÉNONCÉ

Soit A, B, M, T quatre points distincts. Placer les points C, D, E, F, G, H tels que :

$\overrightarrow{AC} = 2\overrightarrow{AB}$; $\overrightarrow{AD} = -\frac{1}{2}\overrightarrow{AB}$;

$\overrightarrow{AE} + \overrightarrow{AD} = \vec{0}$; $\overrightarrow{AM} + \overrightarrow{MB} = \overrightarrow{AF}$;

$\overrightarrow{AB} + \overrightarrow{AM} = \overrightarrow{AG}$; $\overrightarrow{AM} + \overrightarrow{TB} = \overrightarrow{AH}$.

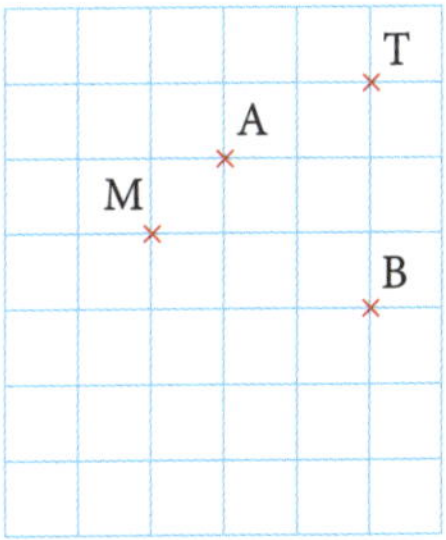

CORRIGÉ

$\overrightarrow{AC}$ et $\overrightarrow{AB}$ sont de même sens et AC = 2AB.
Le point C est sur la droite (AB).

$\overrightarrow{AD}$ et $\overrightarrow{AB}$ sont de sens contraires et $AD = \frac{1}{2}AB$.
Le point D est sur la droite (AB).

$\overrightarrow{AE}$ et $\overrightarrow{AD}$ sont opposés : $\overrightarrow{AE}$ et $\overrightarrow{AD}$ sont de sens contraires, AE = AD et le point E est sur la droite (AD).

D'après la relation de Chasles : $\overrightarrow{AM} + \overrightarrow{MB} = \overrightarrow{AB}$.

Donc $\overrightarrow{AB} = \overrightarrow{AF}$.

Les points B et F sont confondus.

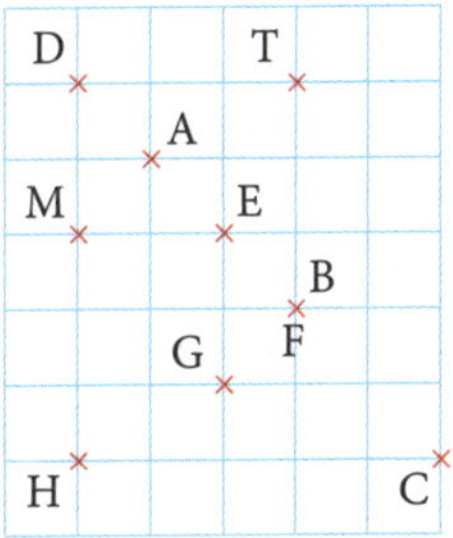

$\overrightarrow{AB}$ et $\overrightarrow{AM}$ ont la même origine. On applique la règle du parallélogramme : on place le point G de sorte que ABGM soit un parallélogramme.

$\overrightarrow{AM}$ et $\overrightarrow{TB}$ n'ont pas la même origine.

On place H tel que $\overrightarrow{MH} = \overrightarrow{TB}$.

3 Opérations sur les vecteurs

Soit A, B et C trois points distincts et k un nombre réel non nul.

1 Somme de deux vecteurs

- Lorsque l'extrémité du premier vecteur et l'origine du second vecteur sont identiques, on applique la **relation de Chasles** : $\overrightarrow{AB} + \overrightarrow{BC} = \overrightarrow{AC}$.

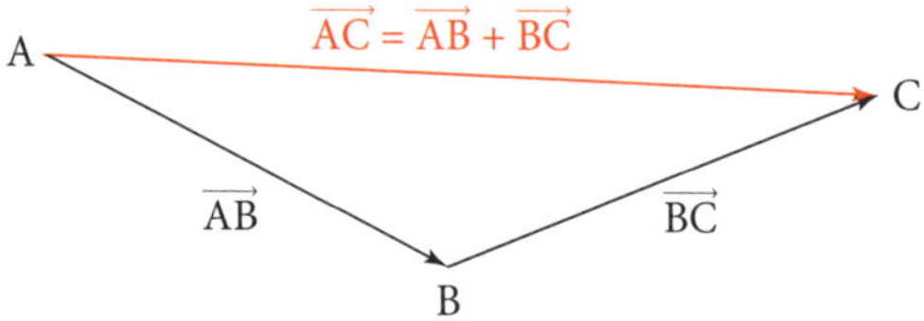

- Lorsque deux vecteurs ont la même origine, on applique la **règle du parallélogramme** :

Pour représenter la somme $\overrightarrow{AB} + \overrightarrow{AC}$

On place le point D tel que ABDC soit un parallélogramme.

On a alors $\overrightarrow{AB} + \overrightarrow{AC} = \overrightarrow{AD}$ ou encore $\overrightarrow{AC} + \overrightarrow{AB} = \overrightarrow{AD}$.

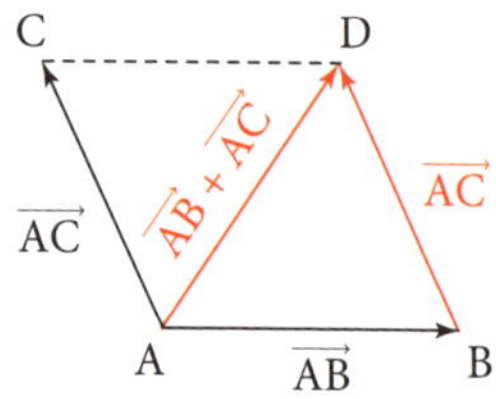

- Lorsque deux vecteurs n'ont pas la même origine, pour représenter la somme $\overrightarrow{AB} + \overrightarrow{CD}$:

on place le point E tel que $\overrightarrow{CD} = \overrightarrow{BE}$;

on applique la relation de Chasles :

$$\overrightarrow{AB} + \overrightarrow{CD} = \overrightarrow{AB} + \overrightarrow{BE} ; \quad \overrightarrow{AB} + \overrightarrow{CD} = \overrightarrow{AE}.$$

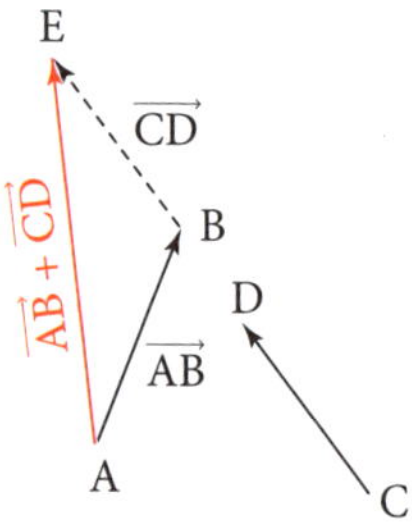

2 Produit d'un vecteur par un nombre réel non nul

Le produit du vecteur $\overrightarrow{AB}$ par le nombre réel k est le vecteur $\overrightarrow{AC}$ tel que $\overrightarrow{AC} = k\overrightarrow{AB}$.

- Si $k > 0$, alors $\overrightarrow{AC}$ et $\overrightarrow{AB}$ sont de même sens.
- Si $k < 0$, alors $\overrightarrow{AC}$ et $\overrightarrow{AB}$ sont de sens contraires.

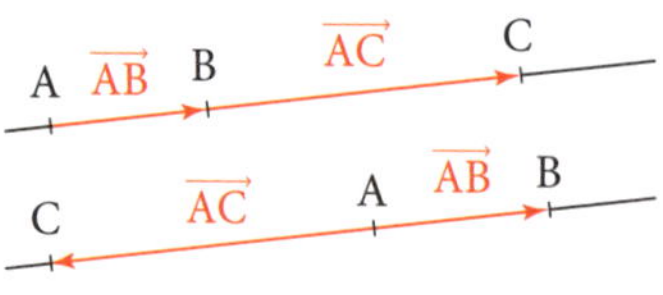

EXERCICE RÉSOLU

Représenter des vecteurs

ÉNONCÉ

Soit ABDC un parallélogramme non aplati.
Déterminer et représenter les vecteurs $\vec{u}$, $\vec{v}$ et $\vec{w}$ tels que :

$$\vec{u} = \overrightarrow{AB} + \overrightarrow{BD} ;$$
$$\vec{v} = \overrightarrow{AB} + \overrightarrow{DB} ;$$
$$\vec{w} = \overrightarrow{CA} + \overrightarrow{BA}.$$

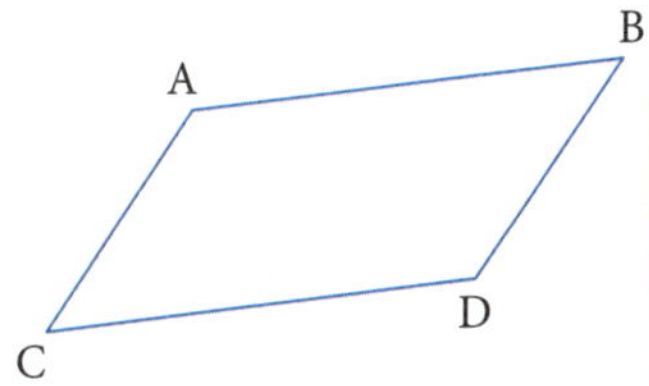

CORRIGÉ

• D'après la relation de Chasles :
$\overrightarrow{AB} + \overrightarrow{BD} = \overrightarrow{AD}$, soit $\vec{u} = \overrightarrow{AD}$.

Conseil
On utilise la relation de Chasles et la règle du parallélogramme.

• Les vecteurs $\overrightarrow{AB}$ et $\overrightarrow{DB}$ n'ont pas la même origine.
On place le point E tel que $\overrightarrow{BE} = \overrightarrow{DB}$.
On a alors : $\overrightarrow{AB} + \overrightarrow{DB} = \overrightarrow{AB} + \overrightarrow{BE}$.

Soit en appliquant la relation de Chasles :
$\overrightarrow{AB} + \overrightarrow{BE} = \overrightarrow{AE}$, soit $\vec{v} = \overrightarrow{AE} = \overrightarrow{CB}$.

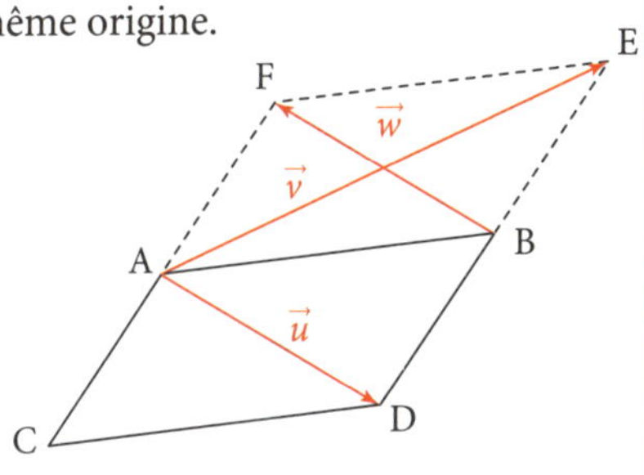

• On a $\overrightarrow{CA} = \overrightarrow{BE}$. Les vecteurs $\overrightarrow{BE}$ et $\overrightarrow{BA}$ ont la même origine.
On applique la règle du parallélogramme :
on place le point F de sorte que BEFA soit un parallélogramme.
On a alors :

$$\overrightarrow{BE} + \overrightarrow{BA} = \overrightarrow{BF}, \text{ soit } \vec{w} = \overrightarrow{BF} = \overrightarrow{DA}.$$

4 Coordonnées d'un vecteur

Le plan est rapporté à un repère orthonormé.
Soit deux points A et B de coordonnées respectives $(x_A ; y_A)$ et $(x_B ; y_B)$.

1 Définitions

Le vecteur $\overrightarrow{AB}$ a pour coordonnées $(x_B - x_A ; y_B - y_A)$.

→ Coordonnées de l'opposé d'un vecteur et de la somme de deux vecteurs

Si le vecteur $\overrightarrow{AB}$ a pour coordonnées $(x ; y)$ alors le vecteur opposé $\overrightarrow{BA}$ a pour coordonnées $(-x ; -y)$.

Si deux vecteurs $\overrightarrow{AB}$ et $\overrightarrow{CD}$ ont pour coordonnées respectives $(x ; y)$ et $(x' ; y')$, alors le vecteur $\overrightarrow{AB} + \overrightarrow{CD}$ a pour coordonnées $(x + x' ; y + y')$.

→ Coordonnées du milieu d'un segment

Les coordonnées du milieu I de [AB] sont :

$$I\left(\frac{x_A + x_B}{2} ; \frac{y_A + y_B}{2}\right).$$

→ Coordonnées du produit d'un vecteur par un nombre réel *k*

Si $\overrightarrow{AB}$ est le vecteur de coordonnées $(x ; y)$, alors $k\overrightarrow{AB}$ est le vecteur de coordonnées $(kx ; ky)$.

2 Égalité de deux vecteurs

$\overrightarrow{AB}(x ; y) = \overrightarrow{CD}(x' ; y')$ équivaut à $x = x'$ et $y = y'$.

3 Expression de la norme d'un vecteur

Soit le vecteur $\overrightarrow{AB}(x ; y)$.

La norme du vecteur $\overrightarrow{AB}$, notée $||\overrightarrow{AB}||$, est :

$$||\overrightarrow{AB}|| = \sqrt{x^2 + y^2}.$$

On a :

$$||\overrightarrow{AB}|| = AB.$$

EXERCICE RÉSOLU

Lire les coordonnées d'un vecteur

ÉNONCÉ

Dans le plan rapporté à un repère orthonormé, on considère le parallélogramme ABDC.
Déterminer par lecture graphique les coordonnées des vecteurs $\vec{u}$, $\vec{v}$ et $\vec{w}$ tels que :
$\vec{u} = \overrightarrow{AB}$; $\vec{v} = \overrightarrow{BC}$; $\vec{w} = \overrightarrow{AB} + \overrightarrow{AC}$.

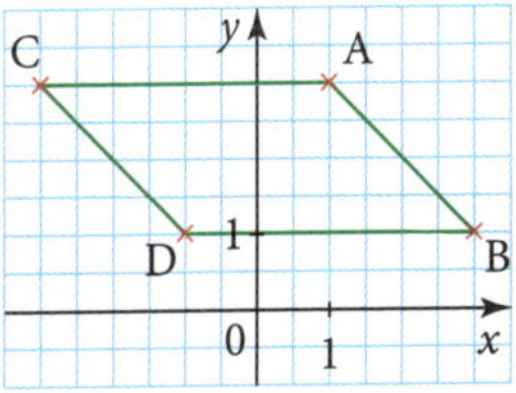

CORRIGÉ

• Soit $(x ; y)$ les coordonnées du vecteur $\vec{u}$.
Pour aller du point A au point B, on se déplace :
– horizontalement de deux unités vers la droite, donc $x = 2$;
– verticalement de deux unités vers le bas, donc $y = -2$.

On a ainsi : $\vec{u}(2 ; -2)$.

• Soit $(x ; y)$ les coordonnées du vecteur $\vec{v}$.
Pour aller du point B au point C, on se déplace :
– horizontalement de six unités vers la gauche, donc $x = -6$;
– verticalement de deux unités vers le haut, donc $y = 2$.

On a ainsi : $\vec{v}(-6 ; 2)$.

• ABDC est un parallélogramme donc les vecteurs $\overrightarrow{BD}$ et $\overrightarrow{AC}$ sont égaux.
On a alors : $\overrightarrow{AB} + \overrightarrow{AC} = \overrightarrow{AB} + \overrightarrow{BD}$; soit en appliquant la relation de Chasles :

$$\overrightarrow{AB} + \overrightarrow{AC} = \overrightarrow{AD}.$$

On a ainsi : $\vec{w} = \overrightarrow{AD}$.

• Soit $(x ; y)$ les coordonnées du vecteur $\vec{w}$.
Pour aller du point A au point D, on se déplace :
– horizontalement de deux unités vers la gauche, donc $x = -2$;
– verticalement de deux unités vers le bas, donc $y = -2$.

On a ainsi : $\vec{w}(-2 ; -2)$.

5 Colinéarité de deux vecteurs

Le plan est rapporté à un repère orthonormé.

1 Définitions

Deux vecteurs $\vec{u}$ et $\vec{v}$ sont colinéaires lorsqu'ils ont la même direction.
Il existe donc un nombre réel k tel que :

$$\vec{u} = k\vec{v}.$$

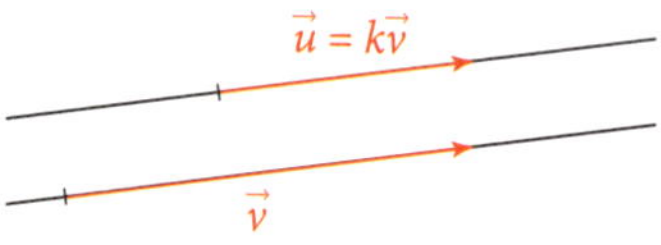

2 Conditions de colinéarité

Deux vecteurs $\vec{u}(x\,;y)$ et $\vec{v}(x'\,;y')$ sont colinéaires équivaut à :

$$xy' - x'y = 0.$$

Le nombre réel $xy' - x'y$ est appelé déterminant des vecteurs $\vec{u}$ et $\vec{v}$.

3 Vecteurs colinéaires et droites parallèles

Soit A, B, C et D quatre points distincts du plan.
Les droites (AB) et (CD) sont parallèles lorsque les vecteurs $\overrightarrow{AB}$ et $\overrightarrow{CD}$ sont colinéaires.

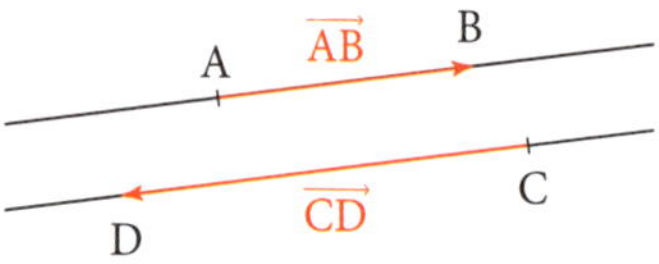

4 Vecteurs colinéaires et points alignés

Soit A, B et C trois points distincts du plan.
Les points A, B et C sont alignés lorsque les vecteurs $\overrightarrow{AB}$ et $\overrightarrow{AC}$ sont colinéaires.

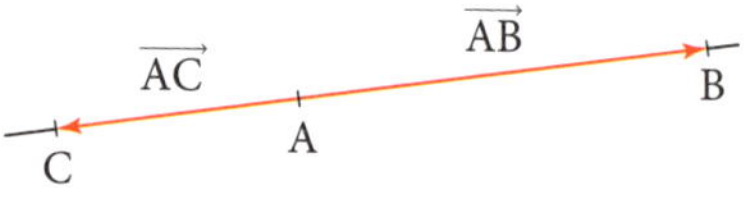

Remarque : lorsqu'on peut former deux vecteurs colinéaires à partir de trois points, cela signifie que ces trois points sont alignés.

EXERCICE RÉSOLU

Justifier l'alignement de trois points

ÉNONCÉ

Dans le plan rapporté à un repère orthonormé, on considère les points :

A(2 ; 1), B(4 ; 3) et C(0 ; −2).

Les points A, B et C sont-ils alignés ?

Méthode

On place les points sur une figure, on calcule les coordonnées des vecteurs $\overrightarrow{AB}$ et $\overrightarrow{AC}$, puis on applique la condition de colinéarité.

CORRIGÉ

Représentation graphique

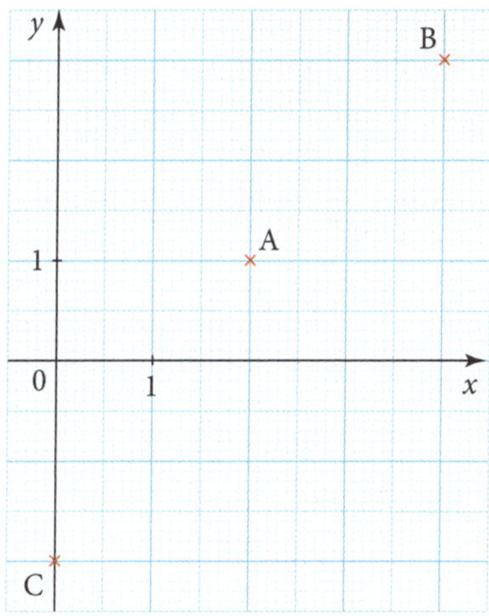

Calcul des coordonnées du vecteur $\overrightarrow{AB}$:

$\overrightarrow{AB}(x_B - x_A ; y_B - y_A)$;

$\overrightarrow{AB}(4 - 2 ; 3 - 1)$, soit $\overrightarrow{AB}(2 ; 2)$.

Calcul des coordonnées du vecteur $\overrightarrow{AC}$:

$\overrightarrow{AC}(x_C - x_A ; y_C - y_A)$;

$\overrightarrow{AC}(0 - 2 ; -2 - 1)$, soit $\overrightarrow{AC}(-2 ; -3)$.

Condition de colinéarité : le déterminant des vecteurs est nul.

$\overrightarrow{AB}(x ; y)$ et $\overrightarrow{AC}(x' ; y')$ colinéaires équivaut à $xy' - x'y = 0$.

Comme $\overrightarrow{AB}(2 ; 2)$ et $\overrightarrow{AC}(-2 ; -3)$ alors :

$xy' - x'y = 2 \times (-3) - (-2) \times 2 = -6 + 4 = -2 \neq 0$.

Les vecteurs $\overrightarrow{AB}$ et $\overrightarrow{AC}$ ne sont pas colinéaires, donc les points A, B et C ne sont pas alignés.

Remarque

Sur la figure, les points A, B et C semblaient alignés.

Savoir utiliser les vecteurs en géométrie

ÉNONCÉ

Le plan est rapporté à un repère orthonormé.
On considère les points A(– 2 ; – 1) ; B(1 ; 2) ; C(5 ; 1) et D(2 ; – 3).
Le quadrilatère ABCD est-il un parallélogramme ?

MÉTHODE

1. Déterminer les coordonnées des vecteurs $\overrightarrow{AB}$ et $\overrightarrow{DC}$ (ou $\overrightarrow{BC}$ et $\overrightarrow{AD}$).

2. Si $\overrightarrow{AB} = \overrightarrow{DC}$ (ou si $\overrightarrow{BC} = \overrightarrow{AD}$), alors conclure que le quadrilatère ABCD est un parallélogramme ; sinon ABCD n'est pas un parallélogramme.

CORRIGÉ

1. On a :
$\overrightarrow{AB}(1 - (-2) ; 2 - (-1))$, soit $\overrightarrow{AB}(3 ; 3)$ et $\overrightarrow{DC}(5 - 2 ; 1 - (-3))$, soit $\overrightarrow{DC}(3 ; 4)$.

2. Comme $\overrightarrow{AB} \neq \overrightarrow{DC}$, on en conclut que le quadrilatère ABCD n'est pas un parallélogramme.

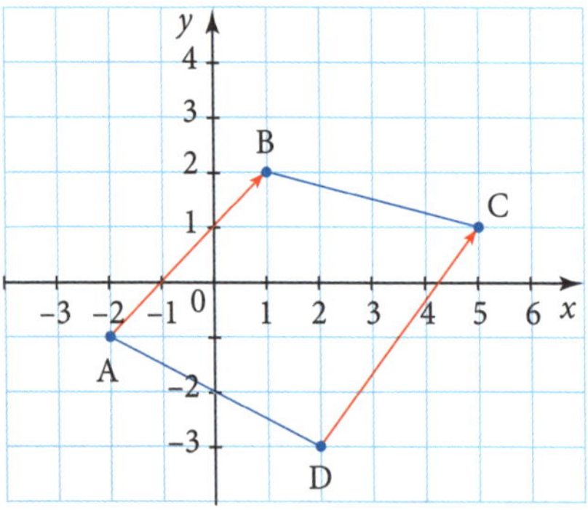

Remarque

On peut constater graphiquement que le quadrilatère n'est pas un parallélogramme… Montrer que $\overrightarrow{AB} \neq \overrightarrow{DC}$ permet de le démontrer.

Savoir montrer que deux droites sont ou ne sont pas parallèles

ÉNONCÉ

Le plan est rapporté à un repère orthonormé.
On considère les points A(2 ; 0) ; B(– 2 ; – 2) ; C(1 ; – 3) et D(3 ; – 2).
Les droites (AB) et (CD) sont-elles parallèles ?

MÉTHODE

1. Calculer les coordonnées des vecteurs $\overrightarrow{AB}$ et $\overrightarrow{CD}$.

2. Si les vecteurs $\overrightarrow{AB}$ et $\overrightarrow{CD}$ sont colinéaires, alors conclure que les droites (AB) et (CD) sont parallèles ; sinon elles ne le sont pas.

CORRIGÉ

1. On a :
$\overrightarrow{AB}(-2-2\,;-2-0)$, soit $\overrightarrow{AB}(-4\,;-2)$ et $\overrightarrow{CD}(3-1\,;-2-(-3))$, soit $\overrightarrow{CD}(2\,;1)$.

2. On a $\overrightarrow{AB} = -2\overrightarrow{CD}$, les vecteurs $\overrightarrow{AB}$ et $\overrightarrow{CD}$ sont donc colinéaires ; on en conclut que les droites (AB) et (CD) sont parallèles.

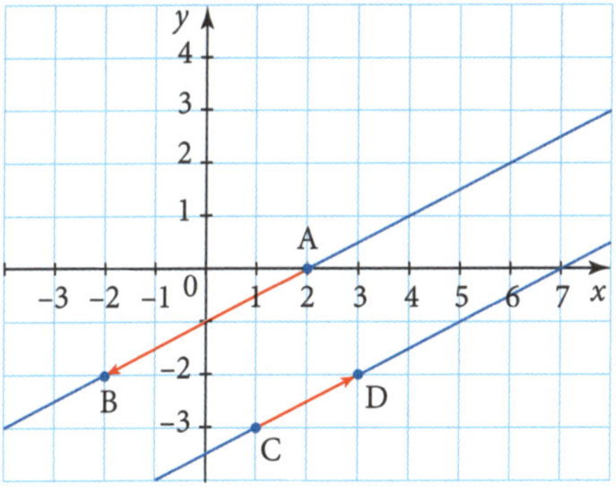

Remarque
La colinéarité des vecteurs $\overrightarrow{AB}$ et $\overrightarrow{CD}$ permet de justifier que les droites (AB) et (CD) sont parallèles.

Remarque
Le déterminant de $\overrightarrow{AB}$ et $\overrightarrow{CD}$ est nul.

Exercices d'application

1 Relations vectorielles

Soit ABC un triangle rectangle en A. Construire les points D, E, F, G, H et I définis par les relations suivantes :

$\overrightarrow{AD} = -\overrightarrow{AC}$; $\overrightarrow{DE} = 2\overrightarrow{BC}$; $\overrightarrow{AF} = \overrightarrow{AB} + \overrightarrow{BC}$;

$\overrightarrow{BG} = \overrightarrow{BE} + \overrightarrow{BF}$; $\overrightarrow{AF} + \overrightarrow{BD} = \overrightarrow{AH}$; $\overrightarrow{IA} + \overrightarrow{BA} = \vec{0}$.

2 Déterminer des vecteurs

Soit ABCD un losange.

Déterminer et représenter les vecteurs $\vec{u}$, $\vec{v}$ et $\vec{w}$ tels que :

$$\vec{u} = \overrightarrow{BC} + \overrightarrow{CA} \ ; \quad \vec{v} = \overrightarrow{BA} + \overrightarrow{BC} \ ; \quad \vec{w} = \overrightarrow{AD} - \overrightarrow{CB}.$$

Exercices d'entraînement

3 Relation de Chasles

Soit A, B, C, D quatre points quelconques.

Écrire les sommes suivantes sous la forme d'un seul vecteur :

a. $\overrightarrow{AD} + \overrightarrow{BA}$; **b.** $2\overrightarrow{CA} + \overrightarrow{AD} - \overrightarrow{BD} - \overrightarrow{DA} + \overrightarrow{DC}$; **c.** $\overrightarrow{BD} - 2\overrightarrow{BA} + \overrightarrow{DA} - \overrightarrow{AB}$.

4 Lectures graphiques

Dans le plan rapporté à un repère orthonormé, on considère le triangle ABC.

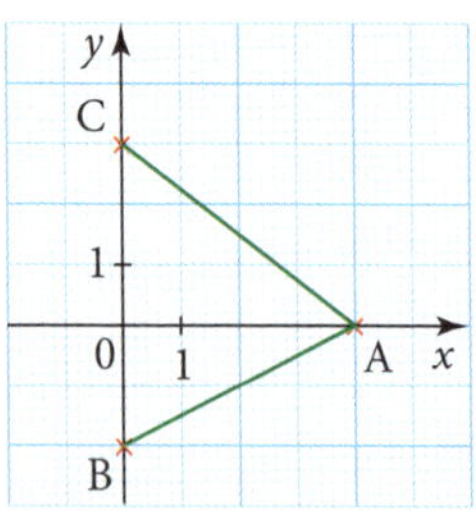

Déterminer par lecture graphique les coordonnées des vecteurs $\vec{s}$, $\vec{t}$, $\vec{u}$, $\vec{v}$, $\vec{w}$ et $\vec{z}$ tels que : $\vec{s} = \overrightarrow{AB}$; $\vec{t} = \overrightarrow{AC}$; $\vec{u} = \overrightarrow{BC}$; $\vec{v} = \overrightarrow{CB}$; $\vec{w} = \overrightarrow{AB} + \overrightarrow{AC}$; $\vec{z} = \overrightarrow{AC} - \overrightarrow{CB}$.

5 Relation vectorielle

Dans le plan rapporté à un repère orthonormé, on considère les points A(– 3 ; 2), B(0 ; – 1), C(6 ; – 1) et D(x ; y).

Déterminer les coordonnées du point D défini par : $\overrightarrow{CD} = -\frac{1}{3}\overrightarrow{AC} + \overrightarrow{CB}$.

6 Points alignés

Dans le plan rapporté à un repère orthonormé, on considère les points E(1 ; 5), F(– 1 ; 2) et G(2 ; y).

Déterminer le nombre réel y pour que les points E, F et G soient alignés.

7 Milieu d'un segment

Soit A, B, C trois points du plan non alignés.

1. Placer le point D tel que $\overrightarrow{CD} = \overrightarrow{CA} + \overrightarrow{CB}$.

2. Placer le point E tel que $\overrightarrow{CE} = \overrightarrow{CA} - \overrightarrow{CB}$.

3. En déduire que A est le milieu de [DE].

8 Points alignés

Dans le plan rapporté à un repère orthonormé, on considère les points :

A(2 ; 3), B(– 1 ; 1), C(0 ; – 1), D(– 1 ; – 3) et E(1 ; – 3).

Déterminer, pour chaque cas, si les trois points suivants sont alignés.

1. A, C et D. **2.** A, B et E. **3.** E, B et C.

9 Vecteurs colinéaires

Dans le plan rapporté à un repère orthonormé, on considère les vecteurs :

$\vec{u}(6 ; -4)$; $\vec{v}(3 ; y)$ et $\vec{w}(x + 1 ; 2)$.

Déterminer les nombres réels x et y sachant que :

- les vecteurs $\vec{u}$ et $\vec{v}$ sont colinéaires ;
- les vecteurs $\vec{u}$ et $\vec{w}$ sont colinéaires.

10 Droites parallèles

Dans le plan rapporté à un repère orthonormé, on considère les points A(– 1 ; 4) et B(1 ; – 1) et les vecteurs $\overrightarrow{AE}(-2 ; 3 - y)$ et $\overrightarrow{CD}(x + 2 ; 10)$.

Déterminer les nombres réels x et y sachant que :

1. les droites (AB) et (CD) sont parallèles ;

2. les points A, B et E sont alignés.

11 Distances dans le plan

Dans le plan rapporté à un repère orthonormé, on considère les points :

$$A(1\,;1)\,;\quad B(-2\,;-1)\quad \text{et}\quad C(3\,;-2).$$

1. Placer les points A, B et C sur une figure.

2. Calculer les distances AB, BC et AC. En déduire la nature du triangle ABC.

12 Configurations du plan

Dans le plan rapporté à un repère orthonormé, on considère les points :

$$A(3\,;1)\quad \text{et}\quad B(5\,;-1).$$

1. Placer les points A et B sur une figure.

2. Déterminer les coordonnées du point C symétrique de O par rapport à A.

3. Déterminer les coordonnées du point D pour que le quadrilatère ACBD soit un parallélogramme.

4. Déterminer les coordonnées du point M telles que $\overrightarrow{AM} = -2\overrightarrow{AB}$.

5. Déterminer les coordonnées du point N telles que $\overrightarrow{ON} = \overrightarrow{CD}$.

13 Configurations du plan

Soit un triangle ABC quelconque. Traduire par une relation vectorielle les phrases suivantes, puis placer les points D, E, F, G et H sur une figure.

1. D est le symétrique de B par rapport à A.

2. C est le milieu du segment [BE].

3. F est l'image de B dans la translation de vecteur $\overrightarrow{AC}$.

4. BDGF est un parallélogramme.

5. H est le centre du parallélogramme ADGC.

14 Relations vectorielles

Soit A, B, C trois points du plan non alignés.

1. Placer le point D tel que $\overrightarrow{AC} = \overrightarrow{BD}$.

2. Placer le point E tel que $\overrightarrow{CE} + \overrightarrow{CA} = \vec{0}$.

3. En déduire que CEDB est un parallélogramme.

Exercices d'application

1 • On place D de sorte que les vecteurs $\overrightarrow{AD}$ et $\overrightarrow{AC}$ soient opposés.

• $\overrightarrow{DE}$ et $\overrightarrow{BC}$ ont la même direction, le même sens et DE = 2BC.

• D'après la relation de Chasles : $\overrightarrow{AB} + \overrightarrow{BC} = \overrightarrow{AC}$.

Donc $\overrightarrow{AC} = \overrightarrow{AF}$. Les points C et F sont confondus.

• Les vecteurs $\overrightarrow{BE}$ et $\overrightarrow{BF}$ ont la même origine. On applique la règle du parallélogramme : on place le point G de sorte que BEGF (ou BEGC) soit un parallélogramme.

• Les vecteurs $\overrightarrow{AF}$ et $\overrightarrow{BD}$ n'ont pas la même origine. On place le point H tel que $\overrightarrow{FH} = \overrightarrow{BD}$.

• Les vecteurs $\overrightarrow{IA}$ et $\overrightarrow{BA}$ sont opposés. Les points I et H sont confondus.

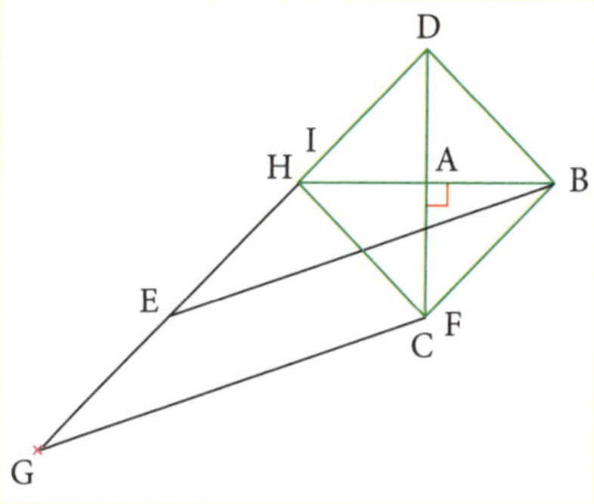

2 D'après la relation de Chasles : $\overrightarrow{BC} + \overrightarrow{CA} = \overrightarrow{BA}$, soit $\vec{u} = \overrightarrow{BA}$.

• Les vecteurs $\overrightarrow{BA}$ et $\overrightarrow{BC}$ ont la même origine. On applique la règle du parallélogramme : on place le point E de sorte que ABCE soit un parallélogramme, soit $\overrightarrow{BC} = \overrightarrow{AE}$.

On a alors : $\overrightarrow{BA} + \overrightarrow{BC} = \overrightarrow{BA} + \overrightarrow{AE}$; $\overrightarrow{BA} + \overrightarrow{BC} = \overrightarrow{BE}$, soit $\vec{v} = \overrightarrow{BE}$.

Les points E et D sont confondus.

• $\overrightarrow{AD} - \overrightarrow{CB} = \overrightarrow{AD} + \overrightarrow{BC}$.

Les vecteurs $\overrightarrow{AD}$ et $\overrightarrow{BC}$ n'ont pas la même origine.

On place le point F de sorte que $\overrightarrow{DF} = \overrightarrow{BC}$.

On a alors :

$\overrightarrow{AD} - \overrightarrow{CB} = \overrightarrow{AD} + \overrightarrow{DF}$;

$\overrightarrow{AD} - \overrightarrow{CB} = \overrightarrow{AF}$, soit $\vec{w} = \overrightarrow{AF}$.

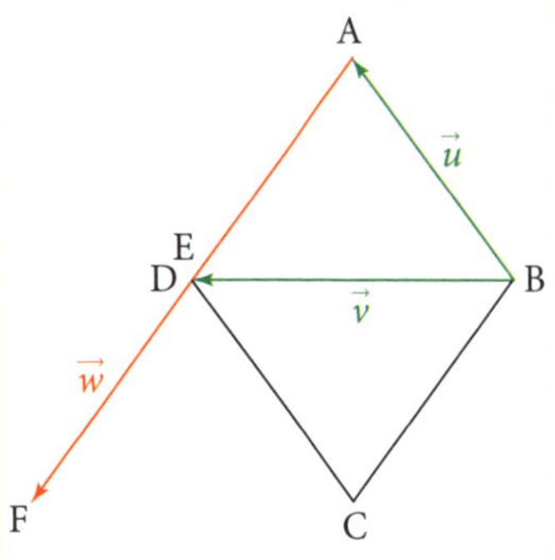

Exercices d'entraînement

Rappel

$-\overrightarrow{BD} = \overrightarrow{DB}$.

3 **a.** $\overrightarrow{AD} + \overrightarrow{BA} = \overrightarrow{BA} + \overrightarrow{AD}$; $\overrightarrow{AD} + \overrightarrow{BA} = \overrightarrow{BD}$.

b.
$$\begin{aligned}2\overrightarrow{CA} + \overrightarrow{AD} - \overrightarrow{BD} - \overrightarrow{DA} + \overrightarrow{DC} &= 2\overrightarrow{CA} + \overrightarrow{AD} + \overrightarrow{DB} + \overrightarrow{AD} + \overrightarrow{DC}\\ &= 2\overrightarrow{CA} + 2\overrightarrow{AD} + \overrightarrow{DB} + \overrightarrow{DC}\\ &= 2(\overrightarrow{CA} + \overrightarrow{AD}) + \overrightarrow{DB} + \overrightarrow{DC}\\ &= 2\overrightarrow{CD} + \overrightarrow{DB} + \overrightarrow{DC}\\ &= \overrightarrow{CD} + \overrightarrow{CD} + \overrightarrow{DB} + \overrightarrow{DC}\\ &= (\overrightarrow{DC} + \overrightarrow{CD}) + (\overrightarrow{CD} + \overrightarrow{DB})\\ &= \overrightarrow{DD} + \overrightarrow{CB}\\ &= \vec{0} + \overrightarrow{CB}\\ &= \overrightarrow{CB}.\end{aligned}$$

Rappel

$\overrightarrow{CA} + \overrightarrow{AD} = \overrightarrow{CD}$.

c.
$$\begin{aligned}\overrightarrow{BD} - 2\overrightarrow{BA} + \overrightarrow{DA} - \overrightarrow{AB} &= \overrightarrow{BD} + 2\overrightarrow{AB} + \overrightarrow{DA} - \overrightarrow{AB}\\ &= \overrightarrow{BD} + \overrightarrow{AB} + \overrightarrow{DA}\\ &= (\overrightarrow{AB} + \overrightarrow{BD}) + \overrightarrow{DA}\\ &= \overrightarrow{AD} + \overrightarrow{DA} = \overrightarrow{AA}\\ &= \vec{0}.\end{aligned}$$

Rappel

Pour tout point M du plan, $\overrightarrow{MM} = \vec{0}$.

4 Représentation graphique :

• On lit : $\vec{s}(-4\,;-2)$; $\vec{t}(-4\,;3)$; $\vec{u}(0\,;5)$; $\vec{v}(0\,;-5)$.

• $\vec{w} = \overrightarrow{AB} + \overrightarrow{AC} = \vec{s} + \vec{t}$

$\vec{w}(-4 + (-4)\,; -2 + 3)$

$\vec{w}(-8\,;1)$.

• $\vec{z} = \overrightarrow{AC} + \overrightarrow{BC} = \vec{t} + \vec{u}$

$\vec{z}(-4 + 0\,; 3 + 5)$

$\vec{z}(-4\,; 8)$.

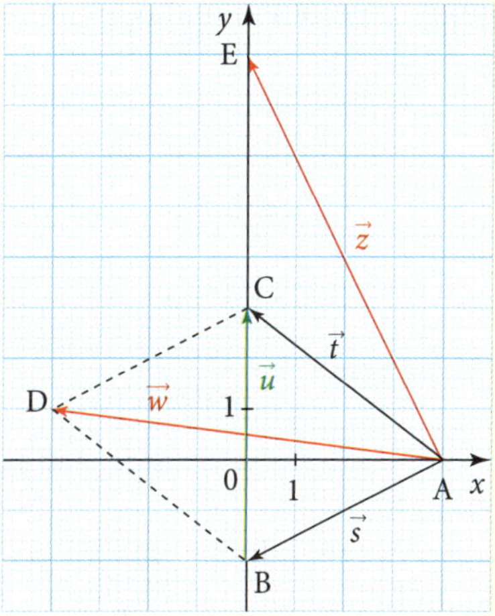

5 • Les coordonnées du vecteur $\overrightarrow{AC}$, $-\frac{1}{3}\overrightarrow{AC}$ et $\overrightarrow{CB}$ sont :

$$\overrightarrow{AC}(9\,;-3),\quad -\frac{1}{3}\overrightarrow{AC}(-3\,;1)\quad \text{et}\quad \overrightarrow{CB}(-6\,;0).$$

Les coordonnées du vecteur $-\frac{1}{3}\overrightarrow{AC} + \overrightarrow{CB}$ sont alors $(-9\,;1)$.

• Les coordonnées du vecteur $\overrightarrow{CD}$ sont :

$$(x - 6\,; y + 1).$$

• L'égalité $\overrightarrow{CD} = -\frac{1}{3}\overrightarrow{AC} + \overrightarrow{CB}$ s'écrit :

$$\begin{pmatrix} x-6 \\ y+1 \end{pmatrix} = \begin{pmatrix} -9 \\ 1 \end{pmatrix} ;$$

$$\begin{cases} x - 6 = -9 \\ y + 1 = 1 \end{cases} ; \quad \begin{cases} x = 6 - 9 \\ y = -1 + 1 \end{cases} ; \quad \begin{cases} x = -3 \\ y = 0 \end{cases}.$$

Le point D a pour coordonnées $(-3\,;0)$.

6 **Représentation graphique :**

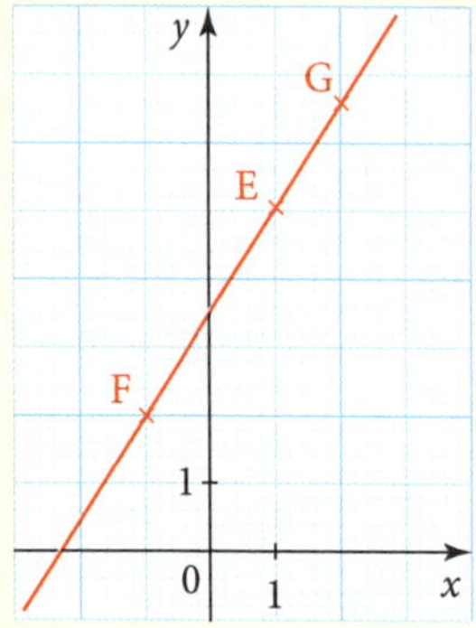

- Les coordonnées des vecteurs $\overrightarrow{EF}$ et $\overrightarrow{EG}$ sont :

$$\overrightarrow{EF}(-2\,;-3) \quad \text{et} \quad \overrightarrow{EG}(1\,;y-5).$$

- Les vecteurs $\overrightarrow{EF}$ et $\overrightarrow{EG}$ sont colinéaires équivaut à :

$$-2(y-5)-1\times(-3)=0\,;$$
$$-2y+10+3=0\,;$$
$$-2y+13=0\,;$$
$$-2y=-13, \text{ soit } y=\frac{13}{2}.$$

Pour $G\left(2\,;\frac{13}{2}\right)$, les vecteurs $\overrightarrow{EF}$ et $\overrightarrow{EG}$ sont colinéaires et les points E, F et G sont alignés.

Remarque

Les points E, F, G sont alignés, car on peut former deux vecteurs colinéaires $\overrightarrow{EF}$ et $\overrightarrow{EG}$ avec ces trois points.

7 **1.** On applique la règle du parallélogramme : on place le point D tel que CADB soit un parallélogramme.

2. $\overrightarrow{CE}=\overrightarrow{CA}+\overrightarrow{BC}$.
On place le point E de sorte que $\overrightarrow{BC}=\overrightarrow{AE}$.

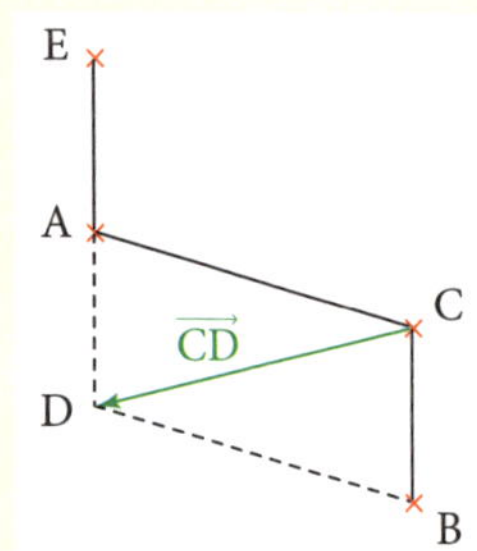

3. On sait d'après la question **1.** que CADB est un parallélogramme. On a donc la relation : $\overrightarrow{DA}=\overrightarrow{BC}$.
On sait d'après la question **2.** que : $\overrightarrow{BC}=\overrightarrow{AE}$.
Des égalités $\overrightarrow{DA}=\overrightarrow{BC}$ et $\overrightarrow{BC}=\overrightarrow{AE}$, on déduit :
$\overrightarrow{DA}=\overrightarrow{AE}$. Ainsi, l'égalité $\overrightarrow{DA}=\overrightarrow{AE}$ signifie que A est le milieu de [DE].

8 **1.** On étudie la colinéarité des vecteurs $\overrightarrow{AC}$ et $\overrightarrow{AD}$:

$$\overrightarrow{AC}(-2\,;-4) \quad \text{et} \quad \overrightarrow{AD}(-3\,;-6).$$

Les vecteurs $\overrightarrow{AC}$ et $\overrightarrow{AD}$ sont colinéaires équivaut à :

$$xy'-x'y=0.$$

Or, $xy'-x'y=-2\times(-6)+4\times(-3)$; $xy'-x'y=12-12$.
Soit $xy'-x'y=0$.

Les vecteurs $\overrightarrow{AC}$ et $\overrightarrow{AD}$ sont donc colinéaires et les points A, C et D sont alignés.

Rappel

La colinéarité des vecteurs $\overrightarrow{AC}$ et $\overrightarrow{AD}$ permet de montrer l'alignement des points A, C et D.

2. On étudie la colinéarité des vecteurs $\overrightarrow{AB}$ et $\overrightarrow{BE}$: $\overrightarrow{AB}(-3\,;-2)$ et $\overrightarrow{BE}(2\,;-4)$.

Les vecteurs $\overrightarrow{AB}$ et $\overrightarrow{BE}$ sont colinéaires équivaut à $xy' - x'y = 0$.

Or, $xy' - x'y = -3 \times (-4) + 2 \times 2$; $xy' - x'y = 12 + 4$.

Soit $xy' - x'y = 16$.

Comme $xy' - x'y \neq 0$, les vecteurs $\overrightarrow{AB}$ et $\overrightarrow{BE}$ ne sont pas colinéaires et les points A, B et E ne sont pas alignés.

3. On étudie la colinéarité des vecteurs $\overrightarrow{CB}$ et $\overrightarrow{BE}$: $\overrightarrow{CB}(-1\,;2)$ et $\overrightarrow{BE}(2\,;-4)$.

On remarque que $\overrightarrow{BE} = -2\overrightarrow{CB}$.

Les vecteurs $\overrightarrow{CB}$ et $\overrightarrow{BE}$ sont donc colinéaires et les points E, B et C sont alignés.

9 **1.** Pour que les vecteurs $\vec{u}$ et $\vec{v}$ soient colinéaires, il faut déterminer le nombre réel y tel que : $6y - 3 \times (-4) = 0$.

Cette équation est équivalente à : $6y + 12 = 0$, soit $y = -2$.

Pour $\vec{v}(3\,;-2)$, les vecteurs $\vec{u}$ et $\vec{v}$ sont colinéaires.

2. Pour que les vecteurs $\vec{u}$ et $\vec{w}$ soient colinéaires, il faut déterminer le nombre réel x tel que $6 \times 2 + 4 \times (x + 1) = 0$.

Cette équation est successivement équivalente à :

$$12 + 4x + 4 = 0\,;$$
$$16 + 4x = 0\,;$$
$$x = -4.$$

Le vecteur $\vec{w}$ a pour coordonnées $(-4 + 1\,;2)$, soit $(-3\,;2)$.

Pour $\vec{w}(-3\,;2)$, les vecteurs $\vec{u}$ et $\vec{w}$ sont colinéaires.

10 **1.** « Les droites (AB) et (CD) sont parallèles » équivaut à $\overrightarrow{AB}$ et $\overrightarrow{CD}$ colinéaires.

On a : $\overrightarrow{AB}(2\,;-5)$ et on sait que $\overrightarrow{CD}(x + 2\,;10)$.

On détermine alors le nombre réel x tel que : $2 \times 10 + 5(x + 2) = 0$.

Cette équation est successivement équivalente à :

$$20 + 5x + 10 = 0\,;$$
$$30 + 5x = 0\,;$$
$$x = -6.$$

Le vecteur $\overrightarrow{CD}$ a pour coordonnées (– 6 + 2 ; 10) ; soit (– 4 ; 10).

Pour $\overrightarrow{CD}$(– 4 ; 10), les vecteurs $\overrightarrow{AB}$ et $\overrightarrow{CD}$ sont colinéaires et les droites (AB) et (CD) sont parallèles.

Remarque
Voir la fiche Méthode.

2. « Les points A, B et E sont alignés » équivaut à $\overrightarrow{AB}$ et $\overrightarrow{AE}$ colinéaires.
On sait que : $\overrightarrow{AB}(2 ; -5)$ et $\overrightarrow{AE}(-2 ; 3 - y)$.

On détermine alors le nombre réel y tel que : $2 \times (3 - y) + 5 \times (-2) = 0$.
Cette équation est successivement équivalente à :

$$6 - 2y - 10 = 0 ;$$
$$-2y - 4 = 0 ;$$
$$2y = -4, \text{ soit } y = -2.$$

Le vecteur $\overrightarrow{AE}$ a pour coordonnées (– 2 ; 3 + 2) ; soit (– 2 ; 5).

Pour $\overrightarrow{AE}$(– 2 ; 5), les vecteurs $\overrightarrow{AB}$ et $\overrightarrow{AE}$ sont colinéaires et les points A, B et E sont alignés.

11 **1. Représentation graphique**

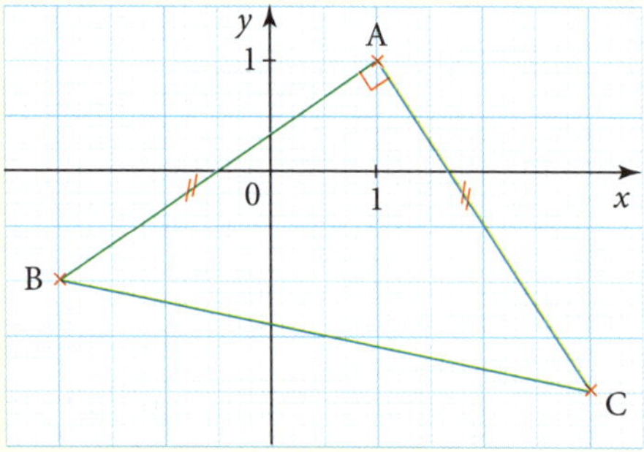

2. Calcul des distances AB, BC et AC :

$$AB = \sqrt{(x_B - x_A)^2 + (y_B - y_A)^2} ;$$
$$AB = \sqrt{(-3)^2 + (-2)^2} ;$$
$$AB = \sqrt{9 + 4},$$

soit $AB = \sqrt{13}$.

$$BC = \sqrt{(x_C - x_B)^2 + (y_C - y_B)^2}\ ;$$
$$BC = \sqrt{5^2 + (-1)^2}\ ;$$
$$BC = \sqrt{25 + 1},$$

soit $BC = \sqrt{26}$.

$$AC = \sqrt{(x_C - x_A)^2 + (y_C - y_A)^2}\ ;$$
$$AC = \sqrt{2^2 + (-3)^2}\ ;$$
$$AC = \sqrt{4 + 9},$$

soit $AC = \sqrt{13}$.

Les distances AB et AC sont égales donc le triangle ABC est isocèle en A.

De plus $AB^2 = 13$, $AC^2 = 13$ et $BC^2 = 26$.

Donc $BC^2 = AB^2 + AC^2$.

D'après la réciproque du théorème de Pythagore, le triangle ABC est rectangle en A.

12 1. Représentation graphique

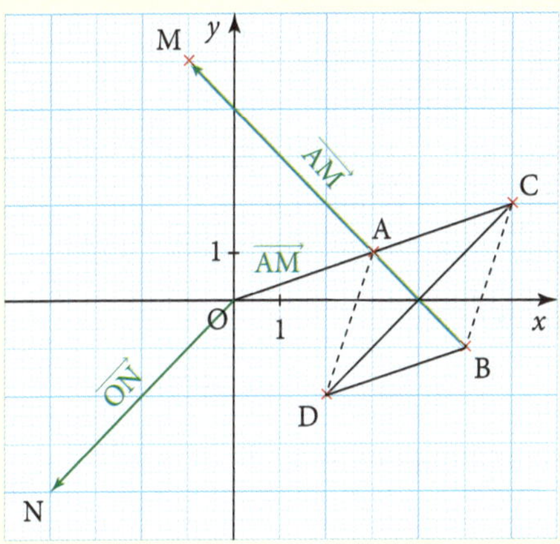

2. Le point C est le symétrique de O par rapport à A ; cela signifie que le point A est le milieu du segment [OC].

On a donc $x_A = \dfrac{x_O + x_C}{2}$ et $y_A = \dfrac{y_O + y_C}{2}$.

Or, O(0 ; 0) et A(3 ; 1), donc $x_C = 2x_A$ et $y_C = 2y_A$.

Le point C a pour coordonnées (6 ; 2).

3. Si ACBD est un parallélogramme, alors les vecteurs $\overrightarrow{AC}$ et $\overrightarrow{DB}$ sont égaux :

$$\overrightarrow{AC} = \overrightarrow{DB}.$$

On a $\overrightarrow{DB}(5 - x_D ; -1 - y_D)$ et $\overrightarrow{AC}(3 ; 1)$.

Deux vecteurs égaux ont les mêmes coordonnées : $\overrightarrow{AC} = \overrightarrow{DB}$ équivaut à :

$$\begin{cases} 5 - x_D = 3 \\ -1 - y_D = 1 \end{cases} ; \begin{cases} 5 - 3 = x_D \\ -1 - 1 = y_D \end{cases} ; \begin{cases} x_D = 2 \\ y_D = -2 \end{cases}.$$

Le point D a pour coordonnées (2 ; – 2).

4. On a $\overrightarrow{AM}(x_M - 3 ; y_M - 1)$ et $\overrightarrow{AB}(2 ; -2)$; soit $-2\overrightarrow{AB}(-4 ; 4)$.

Deux vecteurs égaux ont les mêmes coordonnées : $\overrightarrow{AM} = -2\overrightarrow{AB}$ équivaut à :

$$\begin{cases} x_M - 3 = -4 \\ y_M - 1 = 4 \end{cases} ; \begin{cases} x_M = 3 - 4 \\ y_M = 1 + 4 \end{cases} ; \begin{cases} x_M = -1 \\ y_M = 5 \end{cases}.$$

Le point M a pour coordonnées (– 1 ; 5).

5. On a $\overrightarrow{ON}(x_N ; y_N)$ et $\overrightarrow{CD}(-4 ; -4)$.

Deux vecteurs égaux ont les mêmes coordonnées, donc le point N a les mêmes coordonnées que le vecteur $\overrightarrow{CD}$, soit N(– 4 ; – 4).

13 **1.** On peut écrire par exemple :

$\overrightarrow{DA} = \overrightarrow{AB}$ ou $\overrightarrow{DA} + \overrightarrow{BA} = \vec{0}$ ou $\overrightarrow{DA} = \frac{1}{2}\overrightarrow{DB}$ ou $\overrightarrow{DB} = 2\overrightarrow{DA}$.

2. On peut écrire par exemple :

$\overrightarrow{EC} = \overrightarrow{CB}$ ou $\overrightarrow{EC} + \overrightarrow{BC} = \vec{0}$ ou $\overrightarrow{EC} = \frac{1}{2}\overrightarrow{EB}$ ou $\overrightarrow{EB} = 2\overrightarrow{EC}$.

3. On peut écrire par exemple : $\overrightarrow{AC} = \overrightarrow{BF}$ ou $\overrightarrow{CF} = \overrightarrow{AB}$.

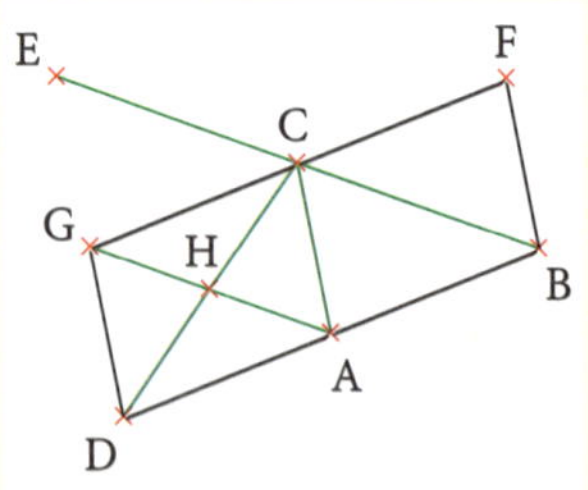

4. On peut écrire par exemple :

$\overrightarrow{GF} = \overrightarrow{DB}$ ou $\overrightarrow{DG} = \overrightarrow{BF}$.

5. On peut écrire par exemple :

$\overrightarrow{CH} = \overrightarrow{HD}$ ou $\overrightarrow{GH} = \overrightarrow{HA}$.

14 **1.** On place le point D tel que ACDB soit un parallélogramme.

2. $\overrightarrow{CE} + \overrightarrow{CA} = \vec{0}$ équivaut à $\overrightarrow{CE} = \overrightarrow{AC}$. On place le point E tel que C soit le milieu de [AE].

3. On sait d'après **1.** que $\overrightarrow{AC} = \overrightarrow{BD}$.

On sait d'après **2.** que $\overrightarrow{AC} = \overrightarrow{CE}$.

Des égalités $\overrightarrow{AC} = \overrightarrow{BD}$ et $\overrightarrow{AC} = \overrightarrow{CE}$,

on déduit :

$$\overrightarrow{BD} = \overrightarrow{CE}.$$

Or, l'égalité $\overrightarrow{BD} = \overrightarrow{CE}$ signifie que CEDB est un parallélogramme.

Remarque

L'égalité $\overrightarrow{BD} = \overrightarrow{CE}$ permet de déterminer la nature du quadrilatère CEDB.

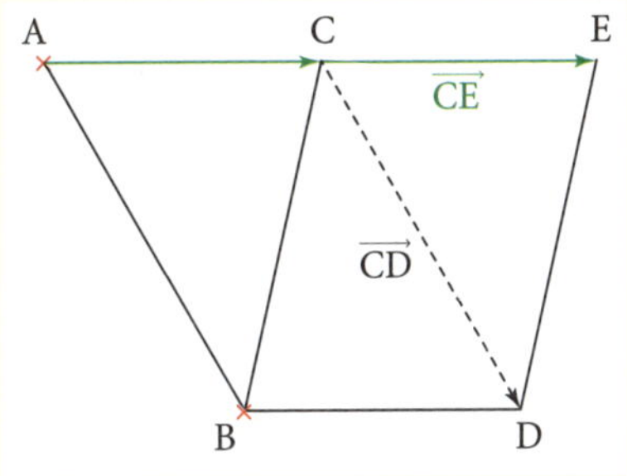

CHAPITRE

5 Résoudre des problèmes de géométrie

1 Configurations usuelles du plan

1 Théorème de Pythagore

- **Théorème**

Soit ABC un triangle rectangle en A.
On a : $BC^2 = AB^2 + AC^2$.

- **Réciproque**

Si ABC est un triangle tel que $BC^2 = AB^2 + AC^2$, alors le triangle est rectangle en A.

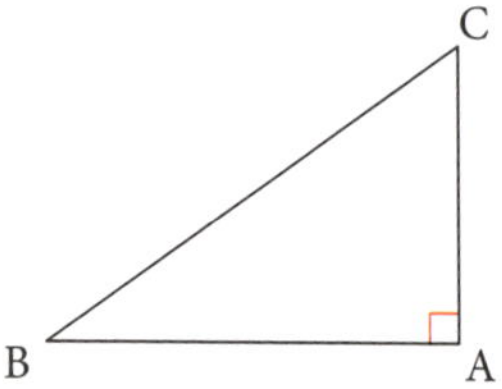

2 Théorème de Thalès appliqué au triangle

- **Théorème**

Les droites sécantes (AB) et (AC) sont coupées par les droites parallèles (ED) et (BC). Sur les droites (AB) et (AC) sécantes en A, les points A, E, B et A, D, C sont alignés dans le même ordre.

On a : $\frac{AE}{AB} = \frac{AD}{AC} = \frac{ED}{BC}$.

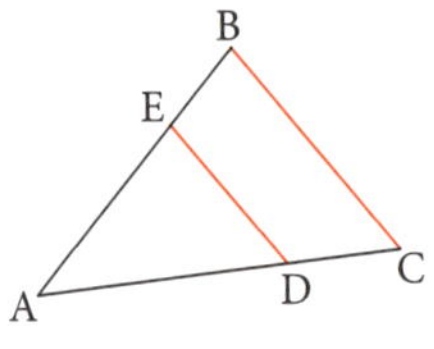

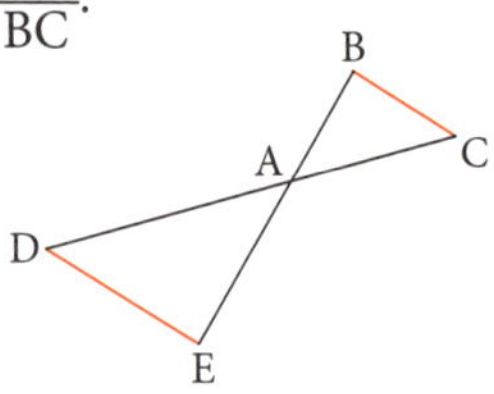

- **Réciproque**

Soit ABC et AED deux triangles tels que A, E, B et A, D, C soient alignés dans le même ordre. Si $\frac{AE}{AB} = \frac{AD}{AC}$, alors les droites (ED) et (BC) sont parallèles.

3 Théorème des milieux dans le triangle

Soit ABC un triangle.
Si I et J sont les milieux respectifs de [AB] et [AC], alors (IJ) et (BC) sont parallèles et : $IJ = \frac{1}{2}BC$.

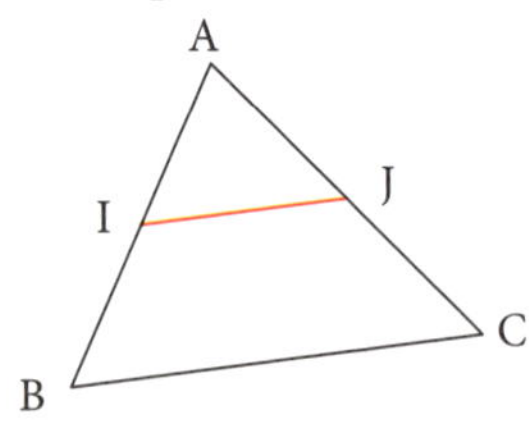

EXERCICE RÉSOLU

Utiliser le théorème des milieux

ÉNONCÉ

ABCD est un trapèze ; M, N, O et P sont les milieux respectifs des côtés [AB], [BC], [CD] et [AD].
Déterminer la nature du quadrilatère MNOP.

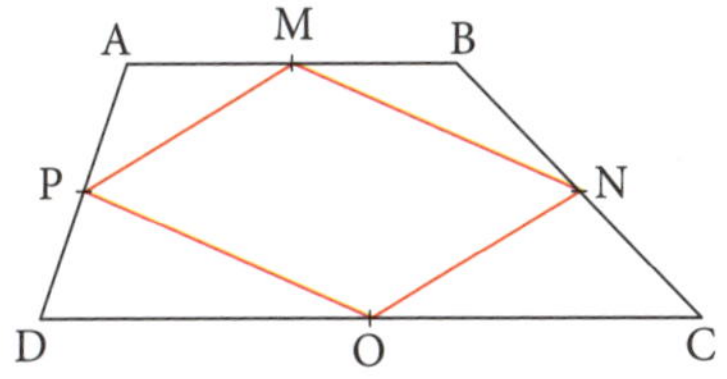

CORRIGÉ

• Les mots-clés sont « milieux des côtés » ; ce qui fait penser au théorème des milieux dans le triangle.
Dans le triangle ABD, M est le milieu de [AB], P est le milieu de [AD], donc d'après le théorème des milieux dans le triangle, on en déduit que les droites (MP) et (BD) sont parallèles et que :

$$MP = \frac{1}{2}BD.$$

Conseil
On repère les mots-clés de l'énoncé en observant la figure.

De même, dans le triangle CBD, N est le milieu de [BC], O est le milieu de [CD], donc (NO) est parallèle à (BD) et $NO = \frac{1}{2}BD$.

On a donc :

• (MP) parallèle à (BD) et $MP = \frac{1}{2}BD$;

• (NO) parallèle à (BD) et $NO = \frac{1}{2}BD$.

On en déduit que les droites (MP) et (NO) sont parallèles et que MP = NO.
Deux côtés opposés du quadrilatère MNOP sont parallèles et de même longueur ; le quadrilatère MNOP est donc un parallélogramme.

2 Projeté orthogonal d'un point sur une droite

Définition

- Le point M est un point extérieur à la droite Δ.
- On dit que le point H de la droite Δ est le projeté orthogonal du point M sur la droite Δ lorsque les droites (MH) et Δ sont perpendiculaires.

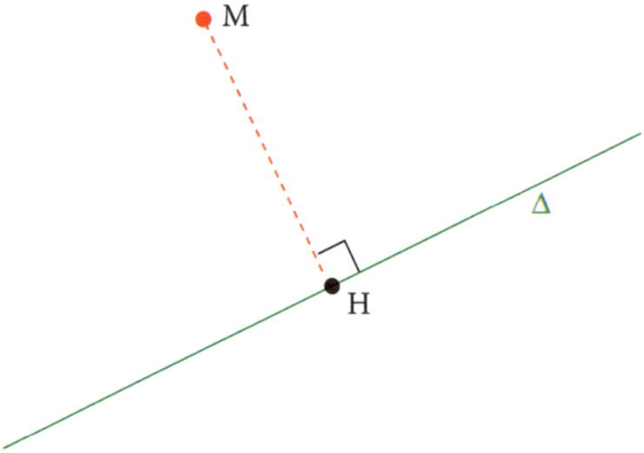

Remarque : MH est la plus courte distance séparant le point M et un point quelconque de la droite.

EXERCICE RÉSOLU

Utiliser les théorèmes de géométrie

ÉNONCÉ

ABC est un triangle rectangle en A.

H est le projeté orthogonal de A sur [BC].

On donne AB = 28 et BH = 12.

1. Tracer la figure.

2. Calculer, arrondies à 0,1 près, les longueurs AH, BC, CH et AC.

3. Déterminer $\widehat{B}$ et $\widehat{C}$.

4. Calculer, arrondie à l'unité, l'aire du triangle ABC de deux manières différentes.

CORRIGÉ

1.

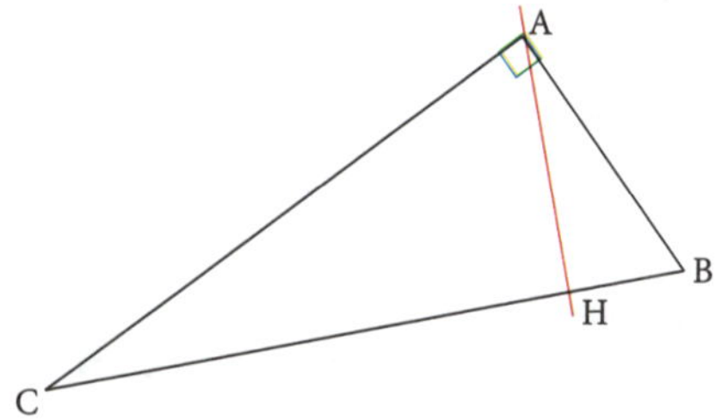

2. • On applique le théorème de Pythagore dans le triangle AHB rectangle en H :

On a : $AB^2 = AH^2 + BH^2$, on en déduit : $AH^2 = AB^2 - BH^2$,

soit $AH^2 = 28^2 - 12^2 = 640$.

Ainsi, $AH = \sqrt{640} \approx 25{,}3$.

• Dans le triangle AHB rectangle en H, on a : $\cos \widehat{B} = \frac{BH}{AB} = \frac{12}{28} = \frac{3}{7}$.

• Dans le triangle ABC rectangle en A, on a :

$$\cos \widehat{B} = \frac{AB}{BC}, \text{ soit } BC = \frac{AB}{\cos \widehat{B}} = \frac{28}{\frac{3}{7}} \approx 65{,}3.$$

• $CH = BC - HB \approx 65{,}3 - 12 \approx 53{,}3$.

• On applique enfin le théorème de Pythagore dans le triangle ABC rectangle en A :

On a : $BC^2 = AC^2 + AB^2$, on en déduit : $AC^2 = BC^2 - AB^2$,

soit $AC^2 = 65{,}3^2 - 28^2 = 3\,480{,}09$.

Ainsi, $AC = \sqrt{3\,480{,}09} \approx 59$.

3. • On a $\cos \widehat{B} = \frac{3}{7}$, on en déduit $\widehat{B} = 64{,}6°$.

• $\widehat{A} + \widehat{B} + \widehat{C} = 180°$, donc $\widehat{C} = 180° - (\widehat{A} + \widehat{B}) = 180° - (90° + 64{,}6°) = 25{,}4°$.

4. • L'aire du triangle ABC est égale à :

$\frac{1}{2}(AB \times AC) = \frac{1}{2}(28 \times 59) \approx 826$ (unités d'aire).

• L'aire du triangle ABC est égale à :

$\frac{1}{2}(BC \times AH) = \frac{1}{2}(65{,}3 \times 25{,}3) \approx 826$ (unités d'aire).

Repérer des configurations usuelles

ÉNONCÉ

On considère un triangle ABC tel que AB = 6 cm, AC = 9 cm et BC = $\sqrt{117}$ cm.

1. Quelle est la nature du triangle ABC ?

2. Le point E est le point du segment [AC] tel que AE = 4 cm. La médiatrice du segment [EC] coupe le segment [EC] en H, le segment [BC] en J et la droite (BE) en M.

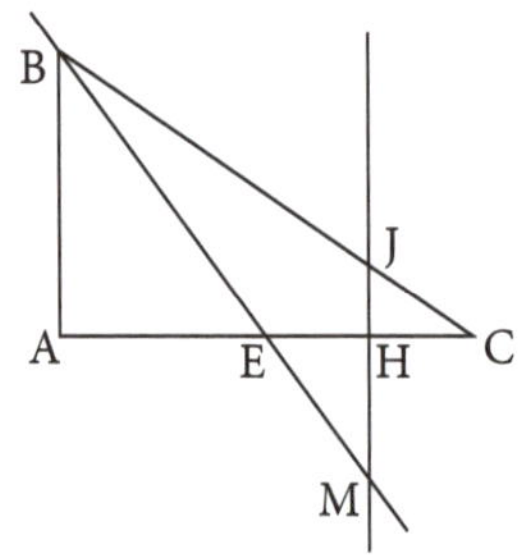

Prouver que :

a. les droites (JH) et (AB) sont parallèles ;

b. le segment [HC] mesure 2,5 cm.

3. Calculer la valeur exacte de la longueur JH.

4. Calculer la longueur HM.

MÉTHODE

1. Repérer les mots-clés et les configurations usuelles et faire le lien avec les théorèmes de géométrie.

2. Rédiger la réponse en détaillant les étapes du raisonnement et en nommant les figures dans lesquelles on applique les théorèmes.

CORRIGÉ

1. Dans le triangle ABC, on a :

$AB^2 + AC^2 = 6^2 + 9^2 = 36 + 81 = 117$ et $BC^2 = 117$.

On a donc $AB^2 + AC^2 = BC^2$.

D'après la réciproque du théorème de Pythagore, on en déduit que le triangle ABC est rectangle en A.

Conseil

La figure suggère que le triangle ABC est rectangle, on pense alors au théorème de Pythagore.

2. a. La médiatrice (JH) du segment [EC] est perpendiculaire à [EC] et donc à (AC) puisque E est un point de [AC]. La droite (AB) est perpendiculaire à (AC) puisque le triangle ABC est rectangle en A.
Deux droites perpendiculaires à une même troisième droite étant parallèles entre elles, on en déduit que les droites (JH) et (AB) sont parallèles.

> **Conseil**
> La médiatrice suggère l'idée de perpendicularité, le triangle rectangle aussi.

b. AE = 4 cm, donc EC = AC – AE = 9 – 4 = 5 cm.
La médiatrice (JH) du segment [EC] coupe [EC] en son milieu, donc H est le milieu de [EC] et HC = $\frac{5}{2}$ = 2,5 cm.

> **Conseil**
> La médiatrice doit faire penser à l'idée de milieu.

3. D'après le théorème de Thalès appliqué aux triangles CJH et CBA, où (JH) // (BA), on a :

$$\frac{CH}{CA} = \frac{CJ}{CB} = \frac{JH}{BA}, \text{ soit } \frac{2,5}{9} = \frac{CJ}{\sqrt{117}} = \frac{JH}{6}.$$

En considérant l'égalité $\frac{2,5}{9} = \frac{JH}{6}$, on a :

$9 \times JH = 2,5 \times 6$.

Ainsi, $JH = \frac{2,5 \times 6}{9} = \frac{5}{3}$ cm.

> **Conseil**
> Cette configuration doit faire penser au théorème de Thalès.

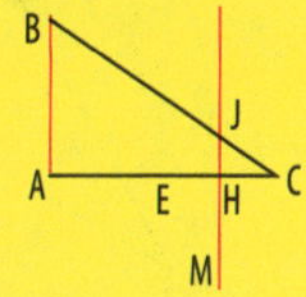

4. D'après le théorème de Thalès appliqué aux triangles EHM et EBA, où (HM) // (BA), on a :

$$\frac{EH}{EA} = \frac{EM}{EB} = \frac{HM}{BA}, \text{ soit } \frac{2,5}{4} = \frac{EM}{EB} = \frac{HM}{6}.$$

En considérant l'égalité $\frac{2,5}{4} = \frac{HM}{6}$, on a : $4 \times HM = 2,5 \times 6$.

Ainsi, $HM = \frac{2,5 \times 6}{4} = 3,75$ cm.

> **Conseil**
> On considère le graphique sous « un autre angle », qui fait penser au théorème de Thalès.

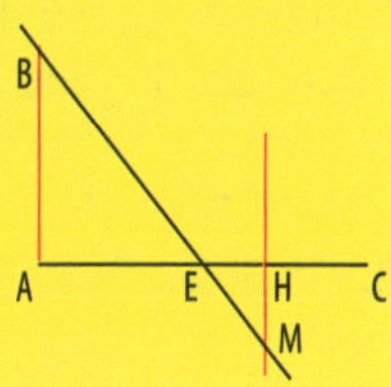

Exercices d'application

1 Configurations usuelles

Pour chaque cas, calculer la mesure de l'angle $\widehat{ABC}$.

Figure 1

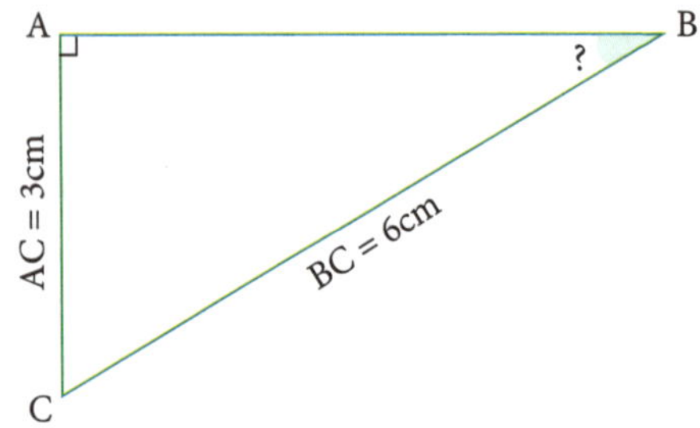

Figure 2

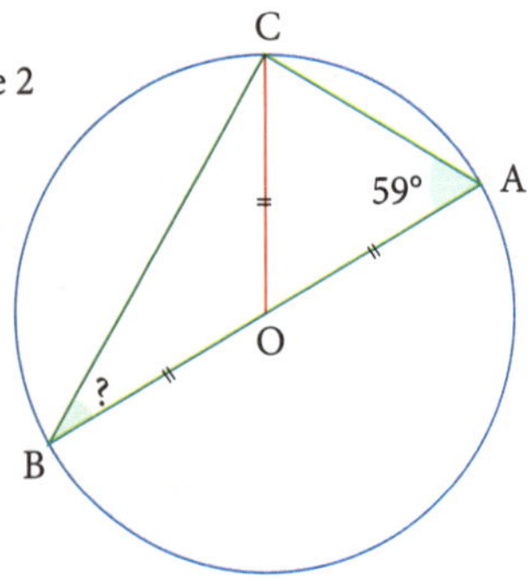

[AB] est un diamètre du cercle de centre O.

Figure 3

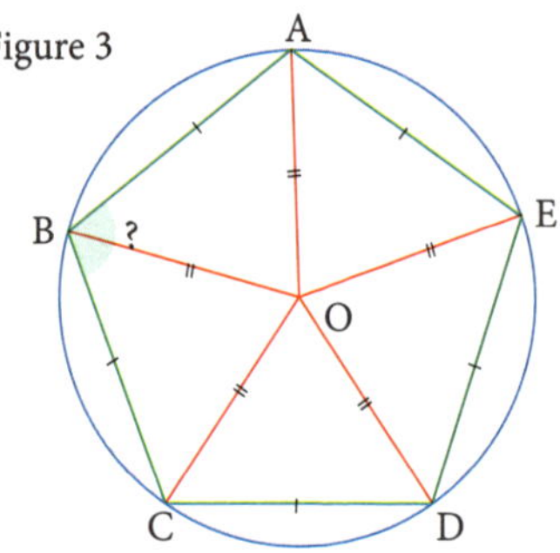

2 Jardinage

Pierre vient d'acheter un terrain dont on peut assimiler la forme à la figure ci-contre.
Il souhaite mettre du gazon sur tout le terrain. Pour cela, il veut acheter un produit qui se présente en sac de 15 kg où est écrit : « 1 kg pour 35 m² ».

1. Combien de sacs de gazon devra-t-il acheter ?

2. De plus, il voudrait grillager le contour de son terrain. Il dispose de 150 m de grillage, est-ce suffisant ? Justifier.

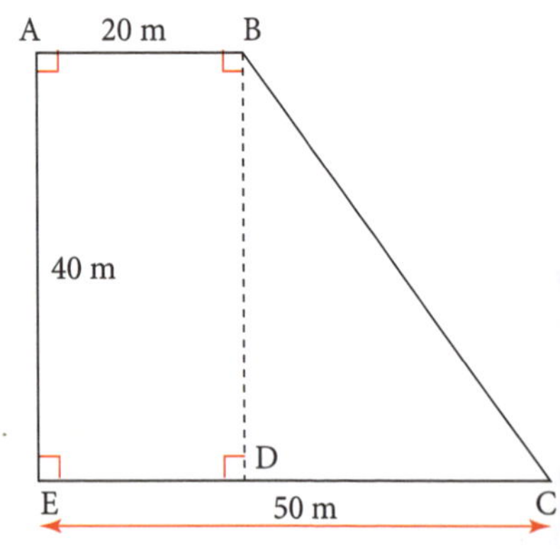

3 L'île

Deux bateaux sont au large d'une île et souhaitent la rejoindre pour y passer la nuit. On peut schématiser leurs positions A et B comme indiquées ci-contre.
Ils constatent qu'ils sont séparés de 800 m, et chacun voit l'île sous un angle différent.

Déterminer, au mètre près, la distance qui sépare chaque bateau de l'île.

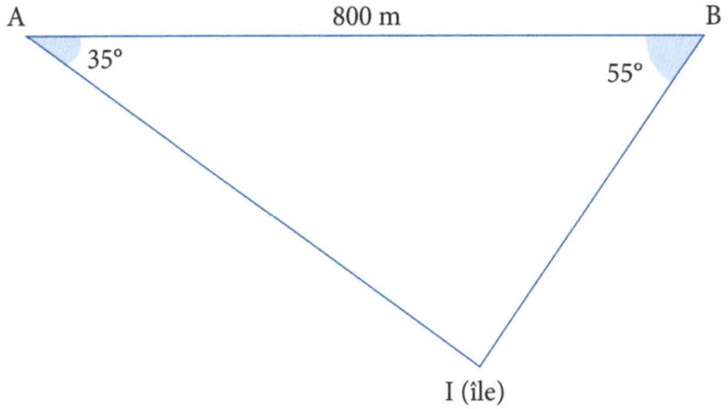

4 Géométrie

On considère la figure ci-dessous où les droites (EF) et (MN) sont parallèle, les droites (EN) et (FM) sont sécantes en A.
Déterminer la longueur MN.

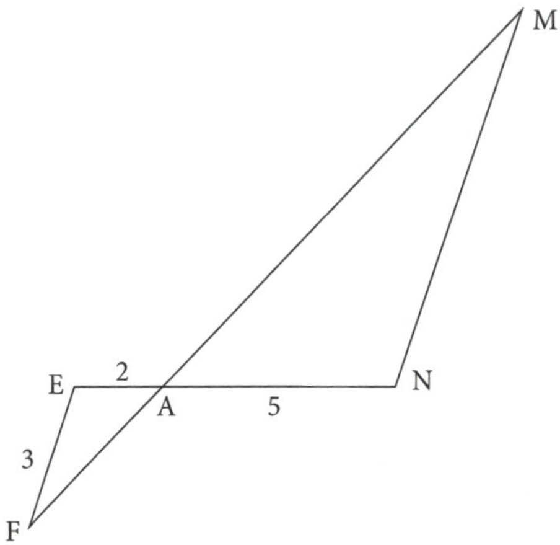

5 Configurations usuelles

On considère les figures suivantes.

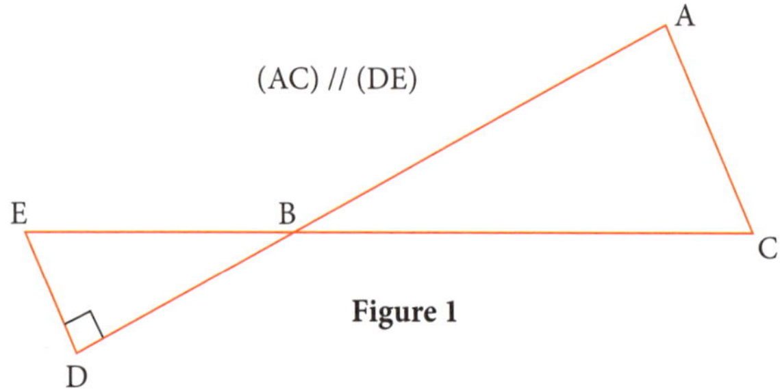

Figure 1

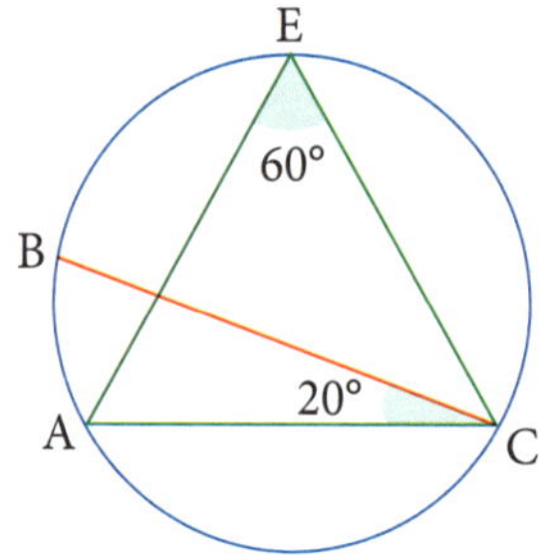

Figure 2

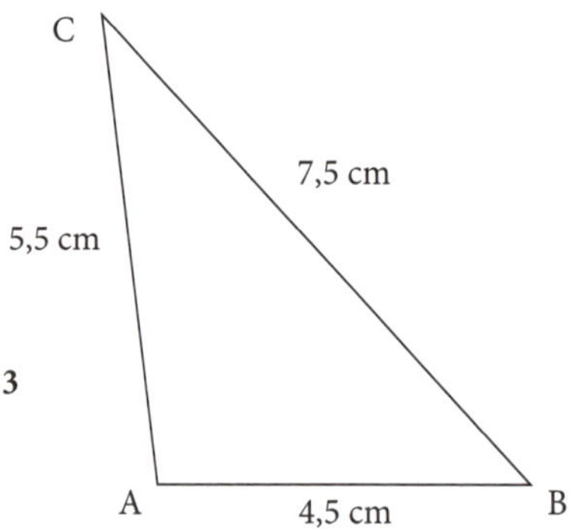

Figure 3

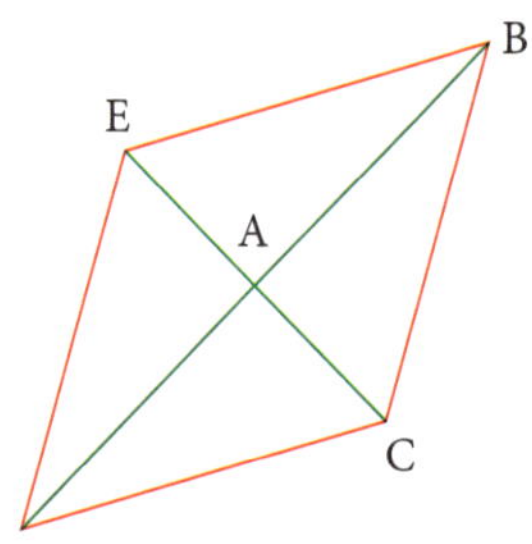

Figure 4

BCDE est un losange de centre A

Compléter le tableau ci-dessous.

	Figure 1	Figure 2	Figure 3	Figure 4
Le triangle ABC est-il rectangle en A ?				
Numéro(s) de la ou des propriétés permettant de le prouver				

Liste des propriétés :

1. Si un quadrilatère est un losange, alors ses diagonales ont le même milieu et sont perpendiculaires.

2. Si deux droites sont perpendiculaires à une même troisième, alors elles sont parallèles entre elles.

3. Si, dans un triangle, le carré de la longueur du plus grand côté n'est pas égal à la somme des carrés des longueurs des deux autres côtés, alors ce triangle n'est pas rectangle.

4. Dans un triangle, la somme des mesures des trois angles est égale à 180°.

5. Si deux droites sont parallèles et si une troisième est perpendiculaire à l'une, alors elle est perpendiculaire à l'autre.

6. Si un quadrilatère a ses quatre côtés de même longueur, alors c'est un losange.

7. Si deux angles dans un cercle interceptent le même arc, alors ils ont la même mesure.

8. Si, dans un triangle, le carré de la longueur du plus grand côté est égal à la somme des carrés des longueurs des deux autres côtés, alors ce triangle est rectangle et l'angle droit est l'angle opposé au plus grand côté.

Exercices d'entraînement

6 Géométrie

ABC est un triangle tel que AB = 6 cm, BC = 10 cm et $\widehat{ABC} = 120°$.
Soit H le projeté orthogonal de A sur (BC).

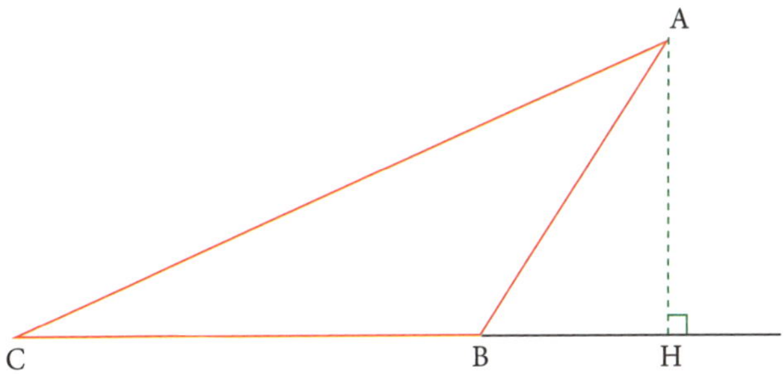

1. Tracer la figure en vraie grandeur.

2. a. Calculer la mesure de l'angle $\widehat{ABH}$. En déduire que BH = 3 cm.

b. Prouver que $AH = 3\sqrt{3}$ cm, puis calculer l'aire du triangle ACH (donner la valeur exacte).

c. Prouver que AC = 14 cm.

3. M est un point du segment [BC] tel que CM = 6,5 cm.
La parallèle à (AH) passant par M coupe le segment [AC] en N.

a. Compléter la figure.

b. Prouver que $NM = \dfrac{3\sqrt{3}}{2}$ cm.

c. Déterminer l'aire du trapèze AHMN. Donner une valeur approchée à l'unité près de cette aire.

7 À bicyclette !

Un cycliste se trouve sur un chemin [CB].

On donne AH = 100 m, HB = 400 m et $\widehat{ABC} = 10°$.

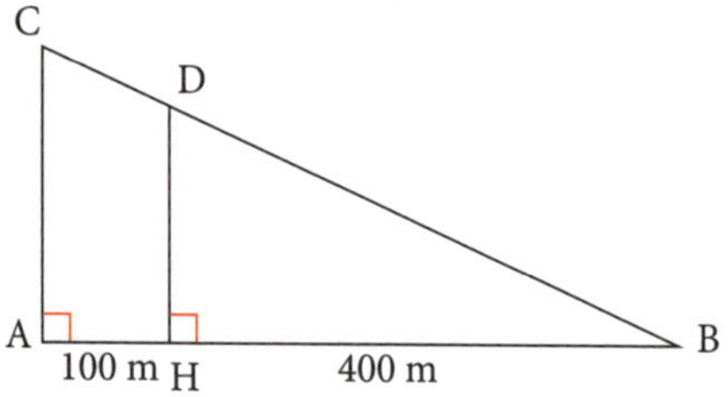

1. Calculer la mesure de l'angle $\widehat{BCA}$.

2. Calculer le dénivelé AC arrondi au mètre.

3. Calculer la longueur BC arrondie au mètre.

4. Le cycliste est arrêté au point D sur le chemin. Calculer la distance DB arrondie au mètre qu'il lui reste à parcourir.

Exercices d'application

1 Figure 1 : On a $\sin \widehat{ABC} = \frac{AC}{BC} = \frac{3}{6} = \frac{1}{2}$, donc $\widehat{ABC} = 30°$.

Figure 2 : $\widehat{ABC}$ est inscrit dans un cercle de diamètre l'un des côtés du triangle, donc ce triangle est rectangle et le diamètre est l'hypoténuse du triangle rectangle en C.

$$\widehat{ABC} = 180° - (90° + 59°) = 31°.$$

Figure 3 : ABCDE est un pentagone régulier. $\widehat{ABC} = 108°$.

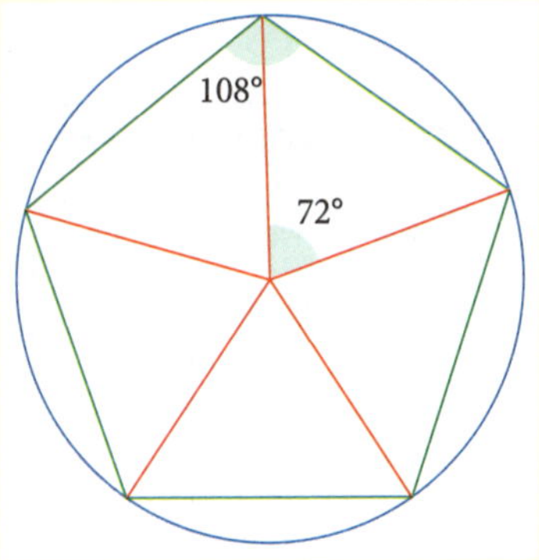

2 **1.** Aire du terrain = aire (ABDE) + aire (BDC)

$$= 20 \times 40 + \frac{(50-20)\times 40}{2}$$

$$= 1\,400 \text{ m}^2.$$

Aire, en m²	Gazon, en kg
35	1
1400	x

$x = \frac{1400}{35} = 40$ kg.

Il faudra donc $\frac{40}{15} \approx 2{,}7$, soit 3 sacs.

2. En appliquant le théorème de Pythagore dans le triangle BDC rectangle en D :

$BC = \sqrt{40^2 + 30^2} = 50$.

Périmètre du terrain : AB + AE + EC + CB = 20 + 40 + 50 + 50 = 160 m.
Pierre n'aura donc pas assez de grillage.

3 $\widehat{AIB} = 180° - (35° + 55°) = 90°$, le triangle ABI est donc rectangle en I.

On a $\sin AIB = \dfrac{IA}{AB}$, soit $IA = 800 \times \sin 55° \approx 655$ m.

On a $\sin \widehat{BAI} = \dfrac{IB}{AB}$, soit $IB = 800 \times \sin 35° \approx 459$ m.

4 D'après le théorème de Thalès appliqué aux triangles AEF et ANM, on a :

$\dfrac{AE}{AN} = \dfrac{AF}{AM} = \dfrac{EF}{MN}$, soit $\dfrac{2}{5} = \dfrac{3}{MN}$ et $MN = 7{,}5$.

5

	Figure 1	Figure 2	Figure 3	Figure 4
Le triangle ABC est-il rectangle en A ?	Oui	Non	Non	Oui
Numéro(s) de la ou des propriétés permettant de le prouver	5	7	3	1

Réflexe à avoir

Il faut reconnaître les configurations usuelles liées à Thalès :

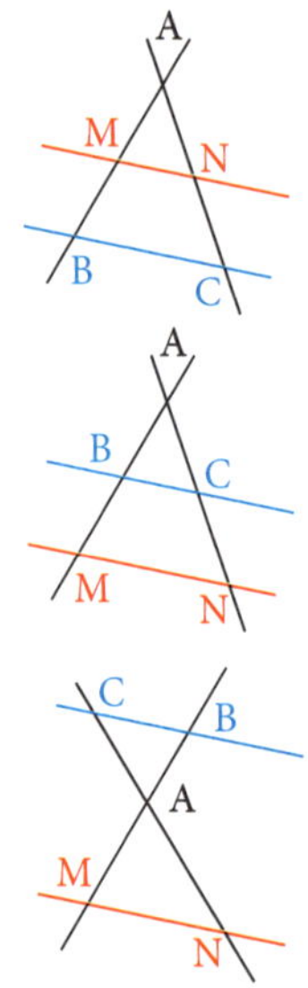

Exercices d'entraînement

6 **2. a.** $\widehat{ABH} = 180° - \widehat{ABC} = 60°$.

On a $\cos \widehat{ABH} = \dfrac{BH}{AB}$, soit $BH = AB \times \cos \widehat{ABH}$

$= 6 \times \cos 60° = 3$ cm.

b. $\sin \widehat{ABH} = \dfrac{AH}{AB}$, soit $AH = AB \times \sin \widehat{ABH}$

$= 6 \times \dfrac{\sqrt{3}}{2} = 3\sqrt{3}$ cm.

$\text{Aire (ACH)} = \dfrac{AH \times CH}{2} = \dfrac{3\sqrt{3} \times (10+3)}{2} = \dfrac{39\sqrt{3}}{2}$ cm².

c. D'après le théorème de Pythagore dans le triangle rectangle ACH :

$AC^2 = CH^2 + AH^2 = 13^2 + (3\sqrt{3})^2 = 196$, donc $AC = \sqrt{196} = 14$ cm.

3. a.

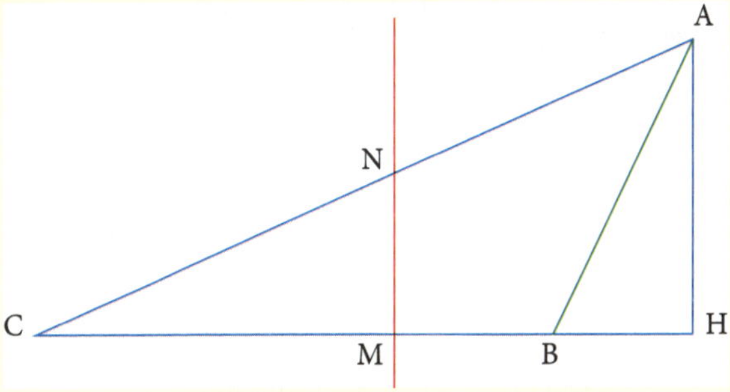

b. Les droites (MN) et (AH) sont parallèles.
D'après le théorème de Thalès appliqué aux triangles CNM et CAH, on a :

$$\frac{CM}{CH} = \frac{CN}{CA} = \frac{NM}{AH}, \text{ soit } \frac{6,5}{13} = \frac{CN}{14} = \frac{NM}{3\sqrt{3}}.$$

Ainsi, $NM = \dfrac{6,5 \times 3\sqrt{3}}{13} = \dfrac{6,5 \times 3}{13} \times \sqrt{3} = 1,5\sqrt{3} = \dfrac{3\sqrt{3}}{2}$ cm.

c. Aire du trapèze AHMN : $\dfrac{(MN + AH) \times MH}{2} = \dfrac{\left(\dfrac{3\sqrt{3}}{2} + 3\sqrt{3}\right) \times 6,5}{2} \approx 25 \text{ cm}^2$.

7 **1.** $\widehat{BCA} = 180° - (90° + \widehat{ABC}) = 80°$.

2. Dans le triangle ABC rectangle en A, on a :

$$\tan \widehat{BCA} = \frac{AB}{AC}, \text{ soit } \tan 80° = \frac{500}{AC}.$$

Ainsi, $AC = \dfrac{500}{\tan 80°} \approx 88$ m.

3. Dans le triangle ABC rectangle en A, on a :

$$\sin \widehat{BCA} = \frac{AB}{BC}, \text{ soit } \sin 80° = \frac{500}{BC}.$$

Ainsi, $BC = \dfrac{500}{\sin 80°} \approx 508$ m.

4. Dans le triangle DBH rectangle en H, on a :

$$\cos \widehat{DBH} = \cos \widehat{CBA} = \frac{HB}{DB}, \text{ soit } \cos 10° = \frac{400}{DB}.$$

Ainsi, $DB = \dfrac{400}{\cos 10°} \approx 406$ m.

CHAPITRE

6 Représenter et caractériser les droites du plan

1 Équation cartésienne d'une droite

1 Vecteur directeur d'une droite

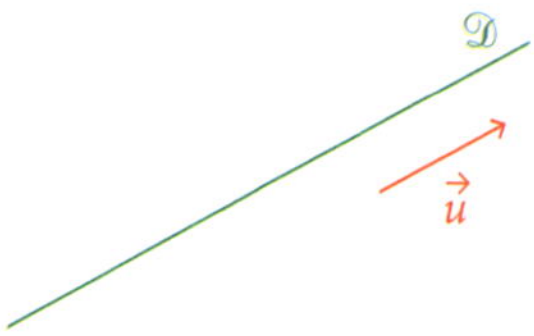

Soit $\mathscr{D}$ une droite du plan. On appelle vecteur directeur de $\mathscr{D}$, tout vecteur non nul $\vec{u}$ qui a la même direction que la droite $\mathscr{D}$.

2 Équation cartésienne d'une droite

Toute droite $\mathscr{D}$ admet une équation de la forme $ax + by + c = 0$, avec $(a\ ;\ b) \neq (0\ ;\ 0)$. Un vecteur directeur de $\mathscr{D}$ est $\vec{u}(-b\ ;\ a)$.

Cette équation est appelée **équation cartésienne** de $\mathscr{D}$.

3 Équation réduite d'une droite

- Si $b \neq 0$, alors l'**équation cartésienne** $ax + by + c = 0$ peut s'écrire $y = -\frac{a}{b}x - \frac{c}{b}$. Cette écriture est l'**équation réduite** de $\mathscr{D}$.
- $-\frac{a}{b}$ est le coefficient directeur (ou la pente) de $\mathscr{D}$ et $-\frac{c}{b}$ est son ordonnée à l'origine.
- $\vec{u}\left(1\ ;\ -\frac{a}{b}\right)$ est un vecteur directeur de $\mathscr{D}$.

- **Exemple**

Soit $\mathscr{D}$ une droite d'équation cartésienne $4x + 2y - 1 = 0$.

Son équation réduite est $y = -2x + \frac{1}{2}$, son coefficient directeur est -2, un vecteur directeur est $\vec{u}(1\ ;\ -2)$ ou encore $\vec{v}(-2\ ;\ 4)$, qui est colinéaire à $\vec{u}$.

EXERCICES RÉSOLUS

Le plan est rapporté à un repère orthonormé.

Déterminer l'équation cartésienne d'une droite connaissant un point et un vecteur directeur

ÉNONCÉ

Déterminer une équation cartésienne de la droite $\mathscr{D}$ passant par le point A(1 ; –2) et de vecteur directeur $\vec{u}(3\ ;\ 2)$.

CORRIGÉ

Soit M un point de $\mathscr{D}$ de coordonnées M(x ; y).

Les vecteurs $\overrightarrow{AM}(x-1\ ;\ y+2)$ et $\vec{u}(3\ ;\ 2)$ sont colinéaires.

Leur déterminant est donc nul, ce qui équivaut successivement à :

$$2(x-1)-3(y+2)=0\ ;\quad 2x-2-3y-6=0\ ;\quad 2x-3y-8=0.$$

Une équation cartésienne de $\mathscr{D}$ est donc $2x-3y-8=0$.

Déterminer l'équation cartésienne d'une droite connaissant deux points distincts

ÉNONCÉ

Déterminer une équation cartésienne de la droite $\mathscr{D}$ passant par les points A(–1 ; –3) et B(3 ; –2), puis le coefficient directeur de $\mathscr{D}$.

CORRIGÉ

A et B appartiennent à $\mathscr{D}$, donc $\overrightarrow{AB}$ est un vecteur directeur de $\mathscr{D}$.

$$\overrightarrow{AB}(3-(-1)\ ;\ -2-(-3)),\ \text{soit}\ \overrightarrow{AB}(4\ ;\ 1).$$

On peut alors procéder comme à l'exercice précédent, ou de la manière suivante :

• Une équation cartésienne de $\mathscr{D}$ est de la forme $ax+by+c=0$.

Or les coordonnées d'un vecteur directeur sont $(-b\ ;\ a)$, soit (4 ; 1), on peut donc remplacer a par 1 et b par –4. On obtient $x-4y+c=0$.

A(–1 ; –3) appartenant à $\mathscr{D}$, ses coordonnées vérifient l'équation de $\mathscr{D}$, soit $-1-4\times(-3)+c=0$, donc $c=1-12=-11$.

Une équation cartésienne de $\mathscr{D}$ est : $x-4y-11=0$.

• L'équation $x-4y-11=0$ est équivalente à $-4y=-x+11$, soit $y=\frac{1}{4}x-\frac{11}{4}$.

Le coefficient directeur de $\mathscr{D}$ est donc $\frac{1}{4}$.

2 Équation réduite d'une droite

1 Équation d'une droite non parallèle à l'axe des ordonnées

➜ Équation réduite d'une droite $\mathcal{D}$ de la forme $y = mx + p$

Dans le plan rapporté à un repère orthonormé, une droite $\mathcal{D}$ non parallèle à l'axe des ordonnées a pour équation réduite $y = mx + p$.

Le nombre réel m est appelé coefficient directeur de $\mathcal{D}$.

Si $m > 0$, alors la droite « monte » ; si $m < 0$, alors la droite « descend ».

Le nombre réel p est appelé ordonnée à l'origine ; $\mathcal{D}$ passe par le point de coordonnées $(0 ; p)$.

➜ Calcul du coefficient directeur

Soit $A(x_A ; y_A)$ et $B(x_B ; y_B)$ deux points distincts d'une droite $\mathcal{D}$ non verticale.

Le coefficient directeur m de $\mathcal{D}$ est :

$$m = \frac{y_B - y_A}{x_B - x_A}.$$

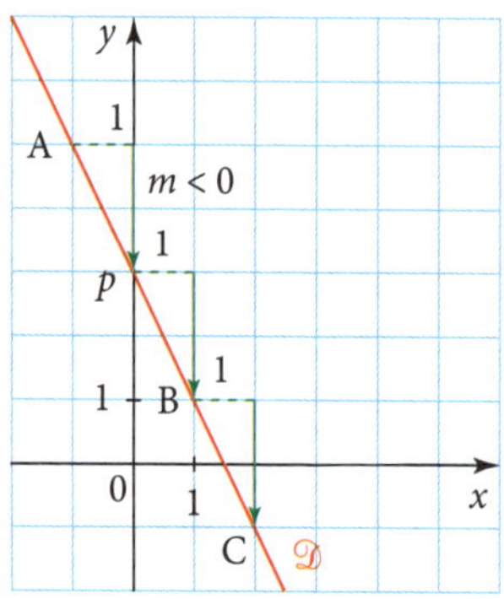

➜ Coordonnées d'un point de la droite $\mathcal{D}$ d'équation réduite $y = mx + p$

Un point $A(x_A ; y_A)$ est un point de $\mathcal{D}$ lorsque ses coordonnées vérifient l'équation de la droite. On peut alors écrire :

$$y_A = mx_A + p.$$

2 Équation d'une droite parallèle à l'axe des ordonnées

Dans le plan rapporté à un repère orthonormé une droite $\mathcal{D}$ parallèle à l'axe des ordonnées a pour équation :

$$x = c \, ; c \in \mathbb{R}.$$

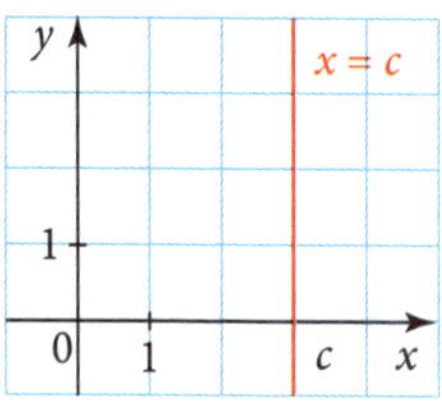

EXERCICE RÉSOLU

Déterminer une équation de droite

ÉNONCÉ

Le plan est rapporté à un repère orthonormé. Déterminer :

1. les équations des droites $\mathscr{D}_1$, $\mathscr{D}_2$ et $\mathscr{D}_3$;

2. l'équation de la droite passant par les points A(3 ; 1) et B(– 1 ; – 8).

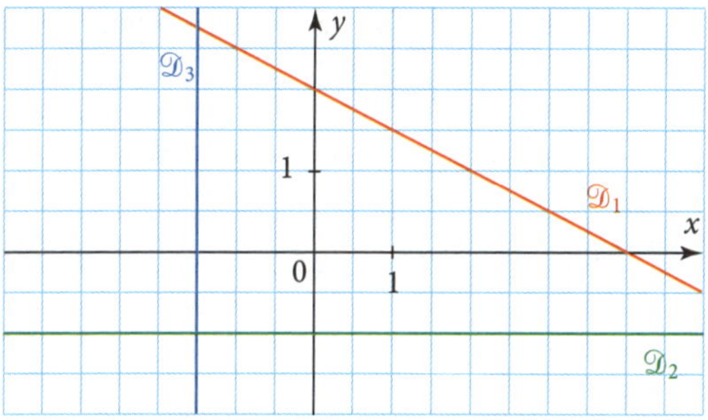

CORRIGÉ

1. • Le coefficient directeur de $\mathscr{D}_1$ est égal à – 0,5, son ordonnée à l'origine est égale à 2, donc l'équation réduite de $\mathscr{D}_1$ est $y = -0{,}5x + 2$.

> **Conseil**
> On lit sur le graphique les valeurs de *m* et de *p*.

• $\mathscr{D}_2$ est parallèle à l'axe des abscisses et passe par (0 ; – 1), donc son équation est $y = -1$.

• $\mathscr{D}_3$ est parallèle à l'axe des ordonnées et passe par $\left(-\frac{3}{2} ; 0\right)$, donc son équation est $x = -\frac{3}{2}$.

2. Le coefficient directeur de la droite (AB) est :

$$m = \frac{y_B - y_A}{x_B - x_A}, \quad \text{soit} \quad m = \frac{-8-1}{-1-3} = \frac{-9}{-4} = \frac{9}{4}.$$

Son équation réduite est de la forme $y = \frac{9}{4}x + p$; or A étant un point de (AB), on peut écrire : $1 = \frac{9}{4} \times 3 + p$, soit $1 = \frac{27}{4} + p$.

Ainsi $p = 1 - \frac{27}{4} = \frac{-23}{4}$ et (AB) : $y = \frac{9}{4}x - \frac{23}{4}$.

3 Systèmes d'équations linéaires

1 Système d'équations linéaires : résolution graphique

On considère le système $\begin{cases} ax + by + c = 0 \\ a'x + b'y + c' = 0 \end{cases}$

où a, b, c, a', b', c' sont des nombres réels donnés.

Résoudre un tel système revient à déterminer tous les couples $(x\,;y)$ qui vérifient les deux égalités considérées.

On écrit les deux équations sous la forme $y = mx + p$ puis on trace les droites $\mathcal{D}_1$ et $\mathcal{D}_2$ correspondant à ces deux équations.

Résoudre un tel système revient à déterminer les coordonnées du point d'intersection (s'il existe) des droites $\mathcal{D}_1$ et $\mathcal{D}_2$. Lorsque les droites $\mathcal{D}_1$ et $\mathcal{D}_2$ sont :

a) Sécantes en un point $A(x_A\,;y_A)$

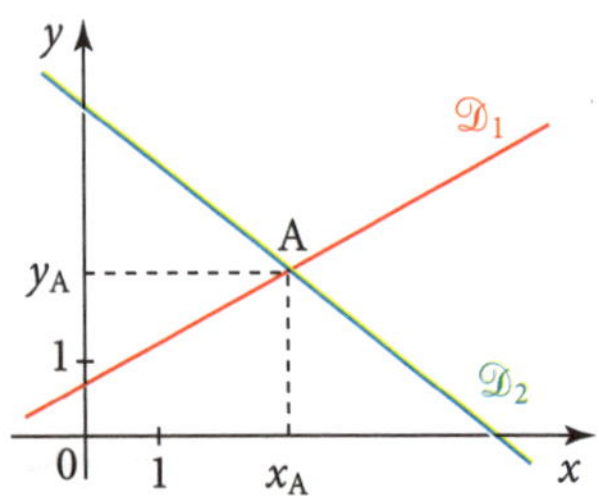

Le système admet un unique couple solution : $(x_A\,;y_A)$.

b) Confondues

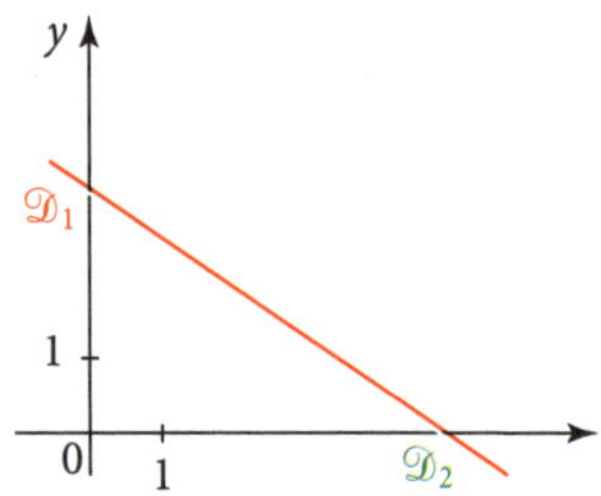

Le système admet une infinité de couples solutions : les couples $(x\,;y)$ vérifiant l'une des équations des droites.

c) Strictement parallèles

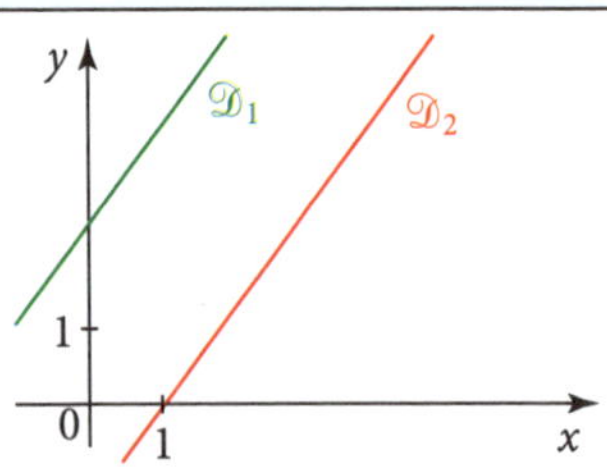

Le système n'admet pas de solution.

EXERCICE RÉSOLU

Résoudre graphiquement un système

ÉNONCÉ

On donne les représentations graphiques des droites d'équations :

$$y = 1 + x \,;\, y = -\frac{1}{2}x + \frac{5}{2} \text{ et } y = 1 - 2x.$$

À l'aide du graphique, résoudre les systèmes suivants :

$(S_1) : \begin{cases} -x + y = 1 \\ \frac{1}{2}x + y = \frac{5}{2} \end{cases}$

$(S_2) : \begin{cases} -x + y = 1 \\ 2x + y = 1 \end{cases}$

$(S_3) : \begin{cases} \frac{1}{2}x + y = \frac{5}{2} \\ 2x + y = 1 \end{cases}$

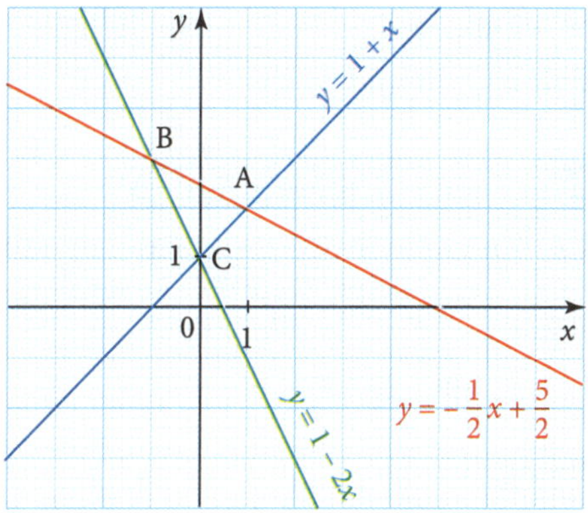

CORRIGÉ

(S_1) est équivalent à : $\begin{cases} y = 1 + x \\ y = \frac{5}{2} - \frac{1}{2}x \end{cases}$. Le point d'intersection de ces deux droites est le point A(1 ; 2), donc (S_1) a pour solution le couple (1 ; 2).

Méthode

On lit sur le graphique les coordonnées des points d'intersection des droites associées à chaque équation des systèmes.

(S_2) est équivalent à : $\begin{cases} y = 1 + x \\ y = 1 - 2x \end{cases}$. Le point d'intersection de ces deux droites est le point C(0 ; 1), donc (S_2) a pour solution le couple (0 ; 1).

(S_3) est équivalent à : $\begin{cases} y = \frac{5}{2} - \frac{1}{2}x \\ y = 1 - 2x \end{cases}$. Le point d'intersection de ces deux droites est le point B(– 1 ; 3), donc (S_3) a pour solution le couple (– 1 ; 3).

4 Parallélisme et perpendicularité de deux droites

Soit $\mathcal{D}_1$ et $\mathcal{D}_2$ deux droites d'équations réduites respectives :

$$y = mx + p \text{ et } y = m'x + p',$$

dans le plan rapporté à un repère.

1 Droites parallèles

Deux droites non verticales sont parallèles lorsque leurs coefficients directeurs sont égaux.

$\mathcal{D}_1 \,//\, \mathcal{D}_2$ équivaut à $m = m'$.

2 Droites perpendiculaires

Si le plan est rapporté à un repère **orthonormé**, alors deux droites non parallèles aux axes sont perpendiculaires lorsque le produit de leurs coefficients directeurs est égal à -1.

$\mathcal{D}_1 \perp \mathcal{D}_2$ équivaut à $m \times m' = -1$.

3 Exemple

Le plan est rapporté à un repère orthonormé.
On considère les droites $\mathcal{D}_1$, $\mathcal{D}_2$ et $\mathcal{D}_3$ d'équations réduites respectives :

$\mathcal{D}_1 : y = 2x - 1$; $\mathcal{D}_2 : y = -\frac{1}{2}x + \frac{3}{2}$;

$\mathcal{D}_3 : y = -\frac{1}{2}x - 1$.

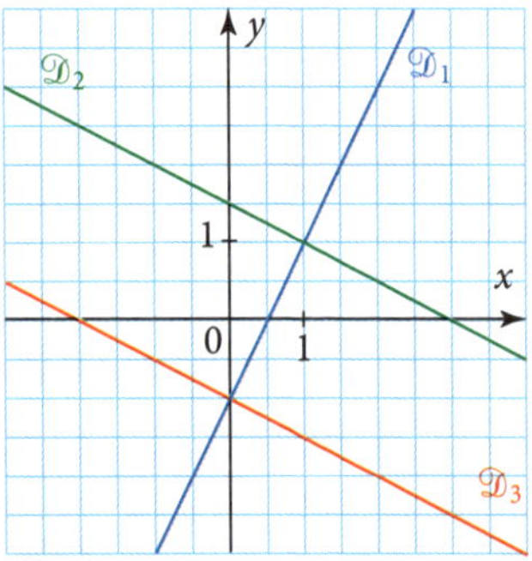

- Les droites $\mathcal{D}_2$ et $\mathcal{D}_3$ ont le même coefficient directeur $\left(m = -\frac{1}{2}\right)$: elles sont parallèles.

- Le repère est orthonormé. Le coefficient directeur de $\mathcal{D}_1$ est 2, le coefficient directeur de $\mathcal{D}_2$ est $-\frac{1}{2}$; on a $2 \times \left(-\frac{1}{2}\right) = -1$.

Les droites $\mathcal{D}_1$ et $\mathcal{D}_2$ sont perpendiculaires.
De plus $\mathcal{D}_3$ est parallèle à $\mathcal{D}_2$, donc $\mathcal{D}_3$ est perpendiculaire à $\mathcal{D}_1$; on peut vérifier que le produit de leur coefficient directeur est égal à -1.

EXERCICE RÉSOLU

Déterminer le parallélisme et l'orthogonalité

ÉNONCÉ

Dans le plan rapporté à un repère orthonormé, on considère les points A(2 ; – 1), B(2 ; 3), C(0 ; 5) et les droites $\mathscr{D}_1$ et $\mathscr{D}_2$ d'équations réduites respectives : $y = -x - 1$ et $y = x + 1$.

1. Que peut-on dire de la droite (AB) ? Montrer que les droites $\mathscr{D}_1$ et (CB) sont parallèles, puis que les droites $\mathscr{D}_1$ et $\mathscr{D}_2$ sont perpendiculaires.

2. Tracer ces droites.

CORRIGÉ

1. (AB) passe par les points A et B de même abscisse : $x_A = x_B = 2$. La droite (AB) a donc pour équation : $x = 2$.

Rappel
On détermine les équations des droites (AB) et (BC).

Elle est parallèle à l'axe des ordonnées.

• (BC) est une droite dont l'équation réduite est de la forme $y = mx + p$.
Soit m le coefficient directeur de (BC) :

$$m = \frac{y_C - y_B}{x_C - x_B}\ ;\ m = \frac{5-3}{0-2} = \frac{2}{-2} = -1.$$ (BC) s'écrit alors : $y = -x + p$.

$C \in (BC)$, donc $y_C = -x_C + p$ équivaut à $5 = 0 + p$; $p = 5$.
La droite (BC) a pour équation réduite $y = -x + 5$.

• Les coefficients directeurs des droites $\mathscr{D}_1$ et (BC) sont égaux et valent – 1, donc les droites $\mathscr{D}_1$ et (BC) sont parallèles.

• Le produit des coefficients directeurs des droites $\mathscr{D}_1$ et $\mathscr{D}_2$ est égal à – 1, donc les droites $\mathscr{D}_1$ et $\mathscr{D}_2$ sont perpendiculaires.

2.

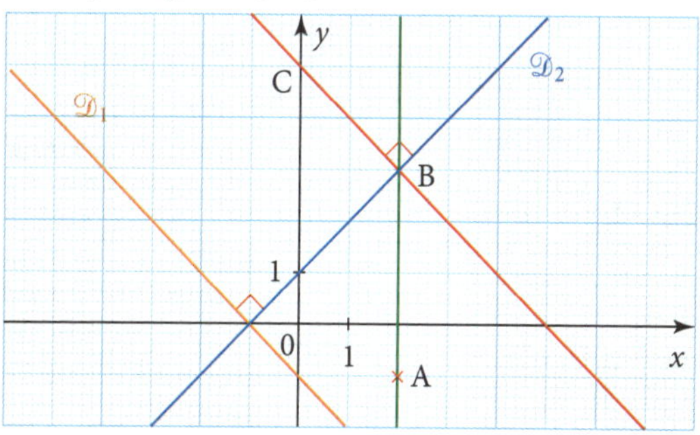

Déterminer le coefficient directeur et un vecteur directeur d'une droite

ÉNONCÉ

Le plan est rapporté à un repère orthonormé. On considère les droites $\mathcal{D}_1$ et $\mathcal{D}_2$ telles que :

- une équation cartésienne de $\mathcal{D}_1$ est : $-2x - 3y + 1 = 0$;
- l'équation réduite de $\mathcal{D}_2$ est $y = \frac{1}{2}x - 4$.

Déterminer le coefficient directeur et un vecteur directeur de $\mathcal{D}_1$ et $\mathcal{D}_2$.

MÉTHODE

1. À partir de son équation réduite $y = mx + p$:
le coefficient directeur est m et un vecteur directeur a pour coordonnées $(1 ; m)$.

2. À partir d'une équation cartésienne $ax + by + c = 0$:
le coefficient directeur est $-\frac{a}{b}$ et un vecteur directeur a pour coordonnées $(-b ; a)$.

CORRIGÉ

- Le coefficient directeur de $\mathcal{D}_1$ est $-\frac{a}{b}$, soit $-\frac{(-2)}{(-3)}$, c'est-à-dire $-\frac{2}{3}$ et un vecteur directeur de $\mathcal{D}_1$ est $(-b ; a)$, soit $(-(-3) ; -2)$, c'est-à-dire $(3 ; -2)$.
- Le coefficient directeur de $\mathcal{D}_2$ est $\frac{1}{2}$ et un vecteur directeur de $\mathcal{D}_2$ est $(1 ; m)$, soit $\left(1 ; \frac{1}{2}\right)$.

Remarque

Une droite parallèle à l'axe des abscisses (d'équation réduite $y = c$ ou dont une équation cartésienne est $y + c = 0$) a un coefficient directeur nul et un vecteur directeur de coordonnées égales à $(1 ; 0)$.

Remarque

Une droite parallèle à l'axe des ordonnées (pas d'équation réduite et dont une équation cartésienne est $x + c = 0$) n'a pas de coefficient directeur et a un vecteur directeur de coordonnées égales à $(0 ; 1)$.

Savoir lire le coefficient directeur d'une droite

ÉNONCÉ

Déterminer graphiquement le coefficient directeur de chacune des droites $\mathcal{D}_1$, $\mathcal{D}_2$ et $\mathcal{D}_3$.

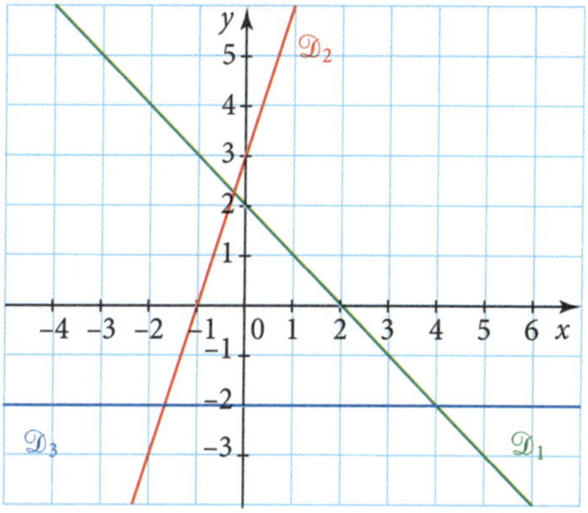

MÉTHODE

1. Se positionner sur un point de la droite (à coordonnées entières si possible).

2. Se déplacer horizontalement d'une unité vers la droite.

3. Lire le coefficient directeur qui est égal au nombre d'unités verticales nécessaires pour atteindre la droite ; le coefficient directeur est positif si on se déplace vers le haut, il est négatif si on se déplace vers le bas.

CORRIGÉ

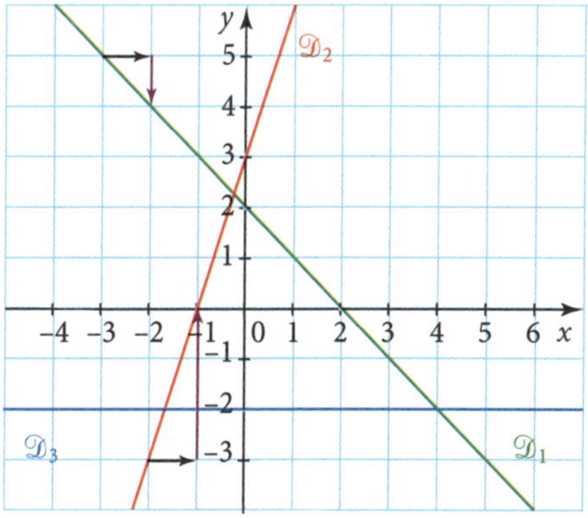

Rappel

Le coefficient directeur d'une droite horizontale est égal à 0.

On obtient par lecture graphique : le coefficient directeur de $\mathcal{D}_1$ est -1 ; celui de $\mathcal{D}_2$ est 3 ; celui de $\mathcal{D}_3$ est 0.

Exercices d'application

1 Équation réduite, équation cartésienne

Compléter le tableau suivant :

Équation réduite	Équation cartésienne	Coefficient directeur	Vecteur directeur
$y=\frac{1}{2}x-4$			
	$x-2y-2=0$		
	$-x-y+1=0$		
$y=x+2$			
$y=-2x-2$			
	$-2x+y+4=0$		
$y=-2$			

2 Équation réduite, équation cartésienne

A est un point de la droite $\mathscr{D}$. Compléter le tableau suivant :

Équation réduite de $\mathscr{D}$	Équation cartésienne de $\mathscr{D}$	Coordonnées de A	Vecteur directeur $\vec{u}$
		A(−2 ; 3)	$\vec{u}(1\ ;2)$
		A(3 ; 1)	$\vec{u}(-1\ ;1)$
		A(−1 ; −3)	$\vec{u}(2\ ;-1)$
		A(2 ; 3)	$\vec{u}(1\ ;0)$

3 Équation réduite, équation cartésienne

A est un point de la droite $\mathscr{D}$. Compléter le tableau suivant :

Équation réduite de $\mathscr{D}$	Équation cartésienne de $\mathscr{D}$	Coordonnées de A	Coefficient directeur m
		A(−2 ; −3)	$m=2$
		A(3 ; 1)	$m=-1$
		A(−1 ; −3)	$m=-2$
		A(−2 ; −3)	$m=0$

4 Équation réduite, équation cartésienne

A et B sont deux points de la droite $\mathcal{D}$.
Compléter le tableau suivant :

Équation réduite de $\mathcal{D}$	Équation cartésienne de $\mathcal{D}$	Coordonnées de A	Coordonnées de B
		A(2 ; –3)	B(–2 ; 0,5)
		A(–3 ; 1)	B(–1 ; 2)
		A(1 ; –3)	B(5 ; –1)

5 Droites et points

Déterminer si le point A appartient à la droite $\mathcal{D}$.

Équation réduite de $\mathcal{D}$	Équation cartésienne de $\mathcal{D}$	Coordonnées de A
$y = -x + 1$	$x + y - 1 = 0$	A(1 ; 0)
$y = 2x + 2$	$2x - y + 2 = 0$	A(–3 ; –3)
$y = 2x - 5$	$-2x + y + 5 = 0$	A(1 ; –3)
$y = -x - 4$	$x + y + 4 = 0$	A(1 ; 5)

6 Équations de droites

Dans le plan rapporté à un repère orthonormé, on considère le point A(– 2 ; 1) et la droite Δ d'équation réduite $y = -2x + 1$.

Déterminer les équations réduites des droites $\mathcal{D}_1$ et $\mathcal{D}_2$ passant par A et telles que Δ soit parallèle à $\mathcal{D}_1$ et perpendiculaire à $\mathcal{D}_2$.

7 Système d'équations

Résoudre graphiquement le système (S) :

$$(S) \begin{cases} 2x + y = 4 \\ 3x + 2y = 7 \end{cases}$$

Exercices d'entraînement

8 Équations de droites

Le plan est rapporté à un repère orthonormé.

Déterminer, pour chaque cas, une équation de la droite, puis la tracer.

1. $\mathcal{D}_1$ passe par les points de coordonnées (2 ; – 2) et (– 1 ; 7).

2. $\mathcal{D}_2$ passe par le point de coordonnées (2 ; 4) et a pour coefficient directeur $\frac{5}{2}$.

3. $\mathcal{D}_3$ passe par le point de coordonnées (2 ; 3) et est parallèle à la droite d'équation $y = \frac{1}{2}x - 1$.

4. $\mathcal{D}_4$ passe par le point de coordonnées (0 ; 2) et est perpendiculaire à la droite d'équation $y = \frac{1}{3}x + 3$.

9 Médianes d'un triangle

Dans le plan rapporté à un repère orthonormé, on considère les points A(– 4 ; – 3), B(– 1 ; 2) et C(2 ; 1).

1. Déterminer une équation des droites (AB), (AC) et (BC).

2. Calculer les coordonnées des points A′, B′ et C′, milieux respectifs des segments [BC], [AC] et [AB].

3. Déterminer une équation de chacune des médianes du triangle ABC.

4. Montrer que ces trois médianes se coupent en un point G et déterminer ses coordonnées.

10 Avec la géométrie

Dans le plan rapporté à un repère orthonormé, on considère trois points M, N et P.

1. Déterminer les coordonnées des points M, N et P sachant que :

– la droite (MN) a pour équation réduite $y = 3x + 8$;

– la droite (MP) a pour équation réduite $y = \frac{1}{3}x + \frac{8}{3}$;

– le point N a pour abscisse – 1 ;

– les droites (OM) et (PN) sont parallèles.

2. Montrer que le quadrilatère MNPO est un parallélogramme.

Exercices d'application

1

Équation réduite	Équation cartésienne	Coefficient directeur	Vecteur directeur
$y=\frac{1}{2}x-4$	$\frac{1}{2}x-y-4=0$ ou $x-2y-8=0$	$\frac{1}{2}$	$\vec{u}\left(1\,;\frac{1}{2}\right)$
$y=\frac{1}{2}x-1$	$x-2y-2=0$	$\frac{1}{2}$	$\vec{u}\left(1\,;\frac{1}{2}\right)$
$y=-x+1$	$-x-y+1=0$	-1	$\vec{u}(1\,;-1)$
$y=x+2$	$x-y+2=0$	1	$\vec{u}(1\,;1)$
$y=-2x-2$	$-2x-y-2=0$	-2	$\vec{u}(1\,;-2)$
$y=2x-4$	$-2x+y+4=0$	2	$\vec{u}(1\,;2)$
$y=-2$	$y+2=0$	0	$\vec{u}(1\,;0)$

2

Équation réduite de $\mathscr{D}$	Équation cartésienne de $\mathscr{D}$	Coordonnées de A	Vecteur directeur $\vec{u}$
$y=2x+7$	$2x-y+7=0$	A(−2 ; 3)	$\vec{u}(1\,;2)$
$y=-x+4$	$x+y-4=0$	A(3 ; 1)	$\vec{u}(-1\,;1)$
$y=-\frac{1}{2}x-\frac{7}{2}$	$-x-2y-7=0$	A(−1 ; −3)	$\vec{u}(2\,;-1)$
$y=3$	$y-3=0$	A(2 ; 3)	$\vec{u}(1\,;0)$

3

Équation réduite de $\mathscr{D}$	Équation cartésienne de $\mathscr{D}$	Coordonnées de A	Coefficient directeur m
$y=2x+1$	$2x-y+1=0$	A(−2 ; −3)	$m=2$
$y=-x+4$	$-x-y+4=0$	A(3 ; 1)	$m=-1$
$y=-2x-5$	$-2x-y-5=0$	A(−1 ; −3)	$m=-2$
$y=-3$	$y+3=0$	A(−2 ; −3)	$m=0$

4

Équation réduite de $\mathcal{D}$	Équation cartésienne de $\mathcal{D}$	Coordonnées de A	Coordonnées de B
$y=-\frac{7}{8}x-\frac{5}{4}$	$\frac{7}{2}x+4y+5=0$	A(2 ; – 3)	B(– 2 ; 0,5)
$y=\frac{1}{2}x+\frac{5}{2}$	$x-2y+5=0$	A(– 3 ; 1)	B(– 1 ; 2)
$y=\frac{1}{2}x-\frac{7}{2}$	$x-2y-7=0$	A(1 ; – 3)	B(5 ; – 1)

5

Équation réduite de $\mathcal{D}$	Équation cartésienne de $\mathcal{D}$	Coordonnées de A	Le point appartient à $\mathcal{D}$
$y=-x+1$	$x+y-1=0$	A(1 ; 0)	**oui**
$y=2x+2$	$2x-y+2=0$	A(– 3 ; – 3)	**non**
$y=2x-5$	$-2x+y+5=0$	A(1 ; – 3)	**oui**
$y=-x-4$	$x+y+4=0$	A(1 ; 5)	**non**

6 • $\mathcal{D}_1$ est une droite dont l'équation réduite est de la forme $y = mx + p$.

Les droites Δ et $\mathcal{D}_1$ sont parallèles donc $m = -2$.

La droite $\mathcal{D}_1$ s'écrit alors : $y = -2x + p$.

Le point $A \in \mathcal{D}_1$, donc ses coordonnées vérifient l'équation de la droite :

$y_A = -2x_A + p$. Ce qui équivaut à : $1 = -2 \times (-2) + p$; $p = -3$.

> **Rappel**
> Deux droites parallèles ont des coefficients directeurs égaux.

La droite $\mathcal{D}_1$ a pour équation réduite $y = -2x - 3$.

• $\mathcal{D}_2$ est une droite dont l'équation réduite est de la forme $y = mx + p$.

Les droites Δ et $\mathcal{D}_2$ sont perpendiculaires donc :

$-2 \times m = -1$;

soit $m = \frac{1}{2}$.

La droite $\mathcal{D}_2$ s'écrit alors : $y = \frac{1}{2}x + p$.

> **Rappel**
> Le produit des coefficients directeurs de deux droites perpendiculaires est égal à – 1.

Le point A $\in \mathscr{D}_2$, donc ses coordonnées vérifient l'équation de la droite :
$y_A = \frac{1}{2}x_A + p$ qui équivaut à : $1 = \frac{1}{2} \times (-2) + p$; $p = 2$.

La droite $\mathscr{D}_2$ a pour équation réduite $y = \frac{1}{2}x + 2$.

7 Résolution graphique

$2x + y = 4$ équivaut à : $y = -2x + 4$.

$3x + 2y = 7$ équivaut à : $y = -\frac{3}{2}x + \frac{7}{2}$.

Les droites $\mathscr{D}_1$ et $\mathscr{D}_2$ ont pour équations réduites respectives :

$$y = -2x + 4 \quad \text{et} \quad y = -\frac{3}{2}x + \frac{7}{2}.$$

On trace les droites $\mathscr{D}_1$ et $\mathscr{D}_2$ de sorte que : $\mathscr{D}_1$ passe par les points (2 ; 0) et (0 ; 4) ; $\mathscr{D}_2$ passe par les points (3 ; – 1) et (– 1 ; 5).

Les droites $\mathscr{D}_1$ et $\mathscr{D}_2$ sont sécantes au point A(1 ; 2).

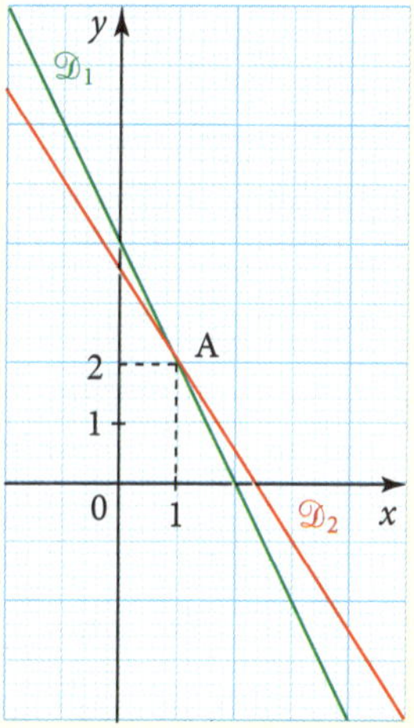

Remarque

Résoudre graphiquement un système revient à déterminer les coordonnées du ou des points d'intersection, s'ils existent, des droites associées aux équations du système.

Exercices d'entraînement

8 **1.** $\mathcal{D}_1$ est une droite dont l'équation réduite est de la forme $y = mx + p$.
Le coefficient directeur de $\mathcal{D}_1$ est :

$$m = \frac{7+2}{-1-2} = -3.$$

$(2\,;-2) \in \mathcal{D}_1 : -2 = -3 \times 2 + p$ équivaut à $p = 4$.

La droite $\mathcal{D}_1$ a pour équation $y = -3x + 4$.

Représentation graphique

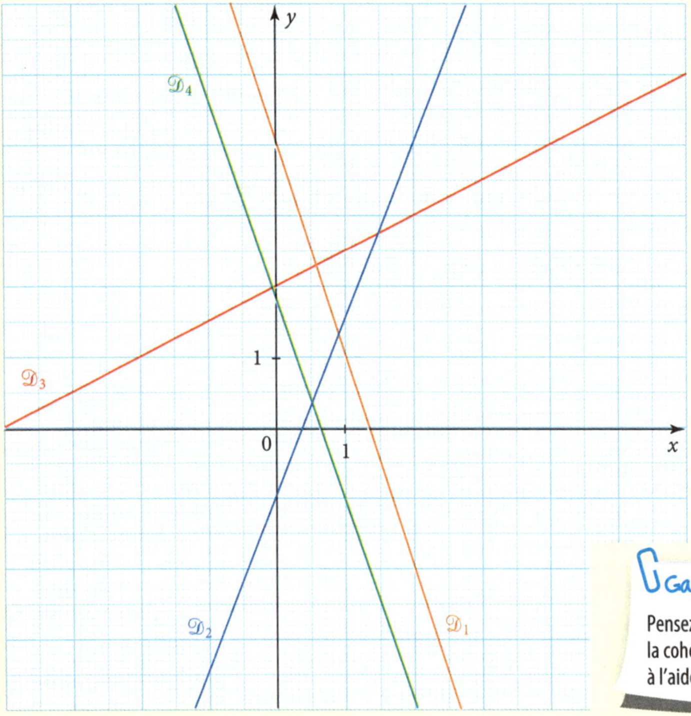

Gagnez des points !
Pensez à vérifier la cohérence des résultats à l'aide du graphique.

2. $\mathcal{D}_2$ est une droite dont l'équation réduite est de la forme $y = mx + p$.

Le coefficient directeur de $\mathcal{D}_2$ est $m = \frac{5}{2}$.

$(2\,;4) \in \mathcal{D}_2 : 4 = 2 \times \frac{5}{2} + p$ équivaut à $p = -1$.

La droite $\mathcal{D}_2$ a pour équation $y = \frac{5}{2}x - 1$.

3. $\mathscr{D}_3$ est une droite dont l'équation réduite est de la forme $y = mx + p$.
Le coefficient directeur de $\mathscr{D}_3$ est $m = \frac{1}{2}$.
$(2 ; 3) \in \mathscr{D}_3 : 3 = 2 \times \frac{1}{2} + p$ équivaut à $p = 2$.
La droite $\mathscr{D}_3$ a pour équation $y = \frac{1}{2}x + 2$.

4. $\mathscr{D}_4$ est une droite dont l'équation réduite est de la forme $y = mx + p$.
Le coefficient directeur de $\mathscr{D}_4$ est tel que : $m \times \frac{1}{3} = -1$, soit $m = -3$.
$(0 ; 2) \in \mathscr{D}_4 : 2 = 0 \times (-3) + p$ équivaut à $p = 2$.
La droite $\mathscr{D}_4$ a pour équation $y = -3x + 2$.

9 Représentation graphique

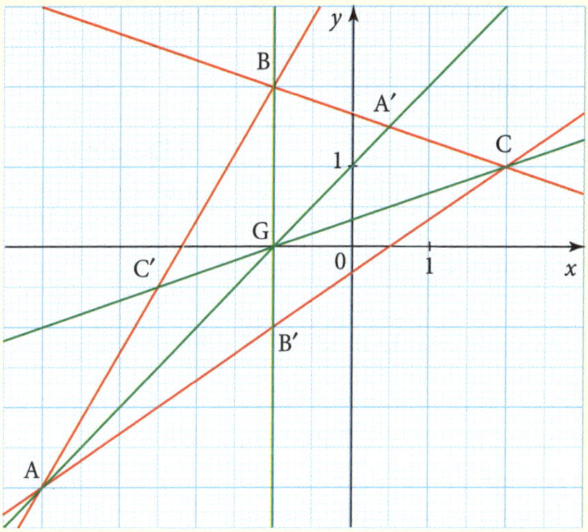

Rappel
La médiane passe par un sommet et par le milieu du côté opposé.

1. Comme $x_A \neq x_B \neq x_C$, les droites (AB), (AC) et (BC) sont de la forme $y = mx + p$.

• Le coefficient directeur de (AB) est :

$$m = \frac{2 + 3}{-1 + 4}, \text{ soit } m = \frac{5}{3}.$$

$B(-1 ; 2) \in (AB) : 2 = -1 \times \frac{5}{3} + p$ équivaut à $p = \frac{11}{3}$.

La droite (AB) a pour équation réduite $y = \frac{5}{3}x + \frac{11}{3}$.

• Le coefficient directeur de (AC) est :

$$m = \frac{1+3}{2+4}, \text{ soit } m = \frac{2}{3}.$$

$C(2\,;\,1) \in (AC) : 1 = 2 \times \frac{2}{3} + p$ équivaut à $p = -\frac{1}{3}$.

La droite (AC) a pour équation réduite $y = \frac{2}{3}x - \frac{1}{3}$.

• Le coefficient directeur de (BC) est : $m = \frac{1-2}{2+1}$, soit $m = -\frac{1}{3}$.

$C(2\,;\,1) \in (BC) : 1 = 2 \times \left(-\frac{1}{3}\right) + p$ équivaut $p = \frac{5}{3}$.

La droite (BC) a pour équation réduite $y = -\frac{1}{3}x + \frac{5}{3}$.

Remarque

N'oubliez pas que les coordonnées du milieu A′ de [BC] sont :

$$A'\left(\frac{x_B + x_C}{2}\,;\,\frac{y_B + y_C}{2}\right).$$

2. A′ est le milieu du segment [BC] donc $A'\left(\frac{1}{2}\,;\,\frac{3}{2}\right)$.

B′ est le milieu du segment [AC] donc $B'(-1\,;\,-1)$.

C′ est le milieu du segment [AB] donc $C'\left(-\frac{5}{2}\,;\,-\frac{1}{2}\right)$.

3. Équations des médianes (AA′), (BB′) et (CC′) du triangle ABC.

Comme $x_A \neq x_{A'}$ et $x_C \neq x_{C'}$, les droites (AA′) et (CC′) sont de la forme $y = mx + p$. Comme $x_B = x_{B'}$, la droite (BB′) est de la forme $x = c$.

• Le coefficient directeur de (AA′) est :

$$m = \frac{\frac{3}{2} + 3}{\frac{1}{2} + 4}, \text{ soit } m = 1.$$

$A(-4\,;\,-3) \in (AA') : -3 = -4 \times 1 + p$ équivaut à $p = 1$.

La droite (AA′) a pour équation réduite $y = x + 1$.

Rappel

N'oubliez pas que la médiane d'un triangle est la droite passant par un sommet et par le milieu du côté opposé à ce sommet.

Le coefficient directeur de (CC′) est :

$$m = \frac{-\frac{1}{2} - 1}{-\frac{5}{2} - 2}, \text{ soit } m = \frac{1}{3}.$$

$C(2\,;1) \in (CC') : 1 = 2 \times \frac{1}{3} + p$ équivaut à $p = \frac{1}{3}$.

La droite (CC′) a pour équation réduite $y = \frac{1}{3}x + \frac{1}{3}$.

- **La droite (BB′) a pour équation $x = -1$.**

4. Pour trouver le point d'intersection G de ces trois médianes, on résout le système suivant :

$$\begin{cases} x = -1 \\ y = x + 1 \\ y = \frac{1}{3}x + \frac{1}{3} \end{cases} \text{ équivalent à } \begin{cases} x = -1 \\ y = -1 + 1 \\ y = \frac{1}{3} \times (-1) + \frac{1}{3} \end{cases}$$

soit $\begin{cases} x = -1 \\ y = 0 \end{cases}$

Les trois médianes sont sécantes au point G(– 1 ; 0).

> **Remarque**
> Rappelez-vous que le point de concours des médianes d'un triangle s'appelle le centre de gravité du triangle.

10 Représentation graphique :

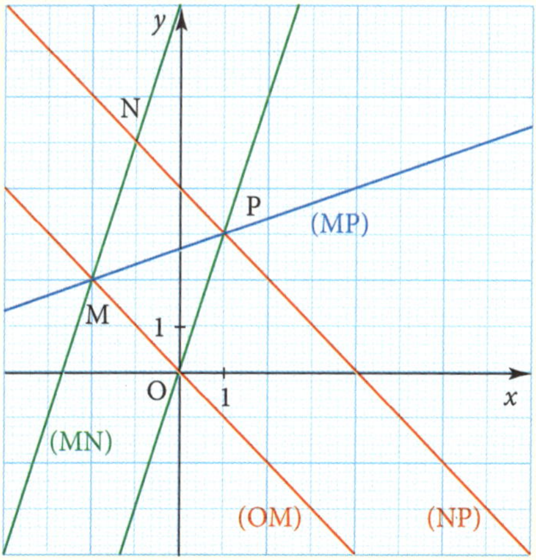

1. • M est le point d'intersection des droites (MN) et (MP).

On doit donc résoudre le système : $\begin{cases} y = 3x + 8 \\ y = \dfrac{1}{3}x + \dfrac{8}{3} \end{cases}$

En soustrayant membre à membre les deux équations, on obtient :

$$\frac{8}{3}x + \frac{16}{3} = 0, \text{ soit } x = -2.$$

En remplaçant x par -2 dans la première équation, on obtient :

$$y = -6 + 8, \text{ soit } \quad y = 2.$$

Les droites (MN) et (MP) sont sécantes au point M(– 2 ; 2).

• N(– 1 ; y) ∈ (MN) : $y = 3 \times (-1) + 8 = 5$.

Le point N a pour coordonnées (– 1 ; 5).

• On détermine une équation de (OM).

Comme $x_M \neq x_O$, la droite (OM) est de la forme $y = mx + p$.

Le coefficient directeur de (OM) est :

$$m = \frac{2 - 0}{-2 - 0} = -1.$$

O(0 ; 0) ∈ (OM) : $p = 0$.

La droite (OM) a pour équation réduite $y = -x$.

• Les droites (OM) et (PN) sont parallèles, donc l'équation réduite de (PN) est de la forme : $y = -x + p$.

De plus N(– 1 ; 5) ∈ (PN) : $5 = 1 + p$; soit $p = 4$.

La droite (PN) a pour équation réduite $y = -x + 4$.

P est le point d'intersection des droites (PN) et (MP).

On doit donc résoudre le système : $\begin{cases} y = -x + 4 \\ y = \dfrac{1}{3}x + \dfrac{8}{3} \end{cases}$

En soustrayant membre à membre les deux équations, on obtient :

$$-\frac{4}{3}x + \frac{4}{3} = 0, \text{ soit } x = 1.$$

En remplaçant x par 1 dans la première équation, on obtient :

$$y = -1 + 4 = 3.$$

Les droites (PN) et (MP) sont sécantes au point P(1 ; 3).

2. MNPO est un parallélogramme lorsque les vecteurs $\overrightarrow{OM}$ et $\overrightarrow{PN}$ sont égaux.

On a : $\overrightarrow{OM}(-2\,;2)$ et $\overrightarrow{PN}(-2\,;2)$.
$\overrightarrow{OM} = \overrightarrow{PN}$, donc MNPO est un parallélogramme.

CHAPITRE 7 Fonctions de référence

1 Fonctions carré, inverse, racine carrée et cube

1 Fonction carré

La fonction carré est la fonction définie sur $\mathbb{R}$ par $f(x) = x^2$.

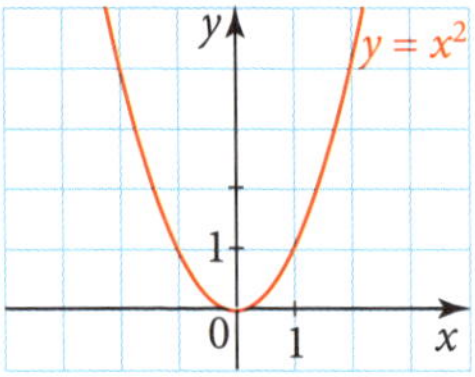

2 Fonction inverse

La fonction inverse est la fonction définie sur :

$$]-\infty\ ;0[\cup]0\ ;+\infty[\quad \text{par } f(x) = \frac{1}{x}.$$

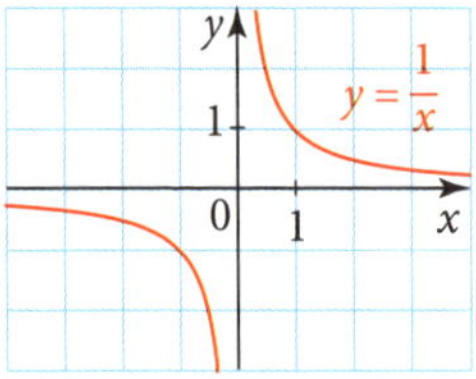

3 Fonction racine carrée

La fonction racine carrée est la fonction définie sur :

$$[0\ ;+\infty[\quad \text{par } f(x) = \sqrt{x}.$$

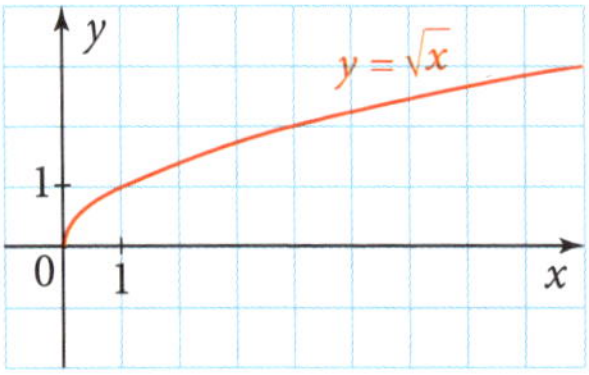

4 Fonction cube

La fonction cube est la fonction définie sur $\mathbb{R}$ par $f(x) = x^3$.

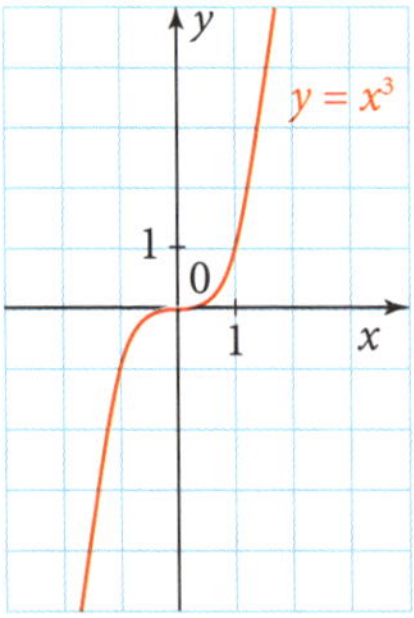

EXERCICE RÉSOLU

Résoudre une équation et une inéquation

ÉNONCÉ

1. Résoudre graphiquement l'équation $\frac{1}{x} = x$.

2. Résoudre dans $\mathbb{R}$ l'inéquation $x^2 > 1$.

CORRIGÉ

1.

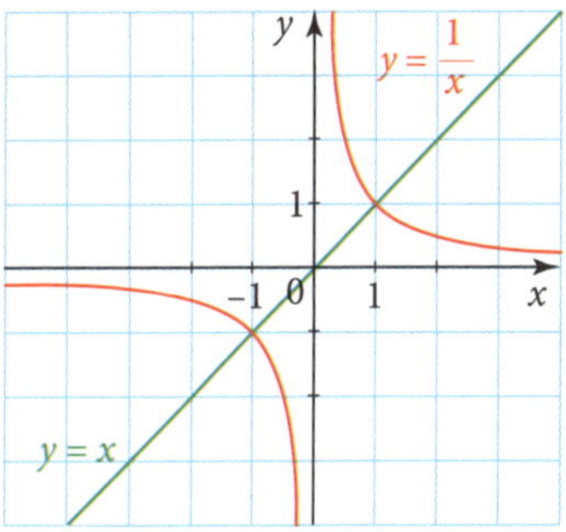

> **Méthode**
> On trace la courbe d'équation $y = \frac{1}{x}$ et la droite d'équation $y = x$ dans un repère bien choisi, puis on détermine les abscisses des points d'intersection de la courbe et de la droite.

Les solutions de l'équation $\frac{1}{x} = x$ sont les abscisses des points d'intersection de la courbe et de la droite. On lit : – 1 et 1.

2. $x^2 > 1$ équivaut à $x^2 - 1 > 0$, soit :
$(x - 1)(x + 1) > 0$.

> **Conseil**
> On étudie le signe de $x^2 - 1$ à l'aide d'un tableau.

x	$-\infty$		-1		1		$+\infty$
$x - 1$		–		–	0	+	
$x + 1$		–	0	+		+	
$x^2 - 1 = (x - 1)(x + 1)$		+	0	–	0	+	

L'ensemble des solutions de l'inéquation $x^2 > 1$ est :

$$]-\infty\,;-1[\ \cup\ ]1\,;+\infty[.$$

> **Conseil**
> On peut vérifier graphiquement ce résultat.

Savoir résoudre graphiquement une équation de la forme $f(x) = k$

ÉNONCÉ

Résoudre graphiquement l'équation $\frac{1}{x} = -0{,}5$.

MÉTHODE

1. Tracer la représentation graphique de la fonction f et la droite d'équation $y = k$.

2. Lire les abscisses des éventuels points d'intersection de la courbe de f et de la droite, ce sont les solutions de l'équation.
Conclure.

CORRIGÉ

1. On trace les courbes d'équations $y = \frac{1}{x}$ et $y = -0{,}5$.

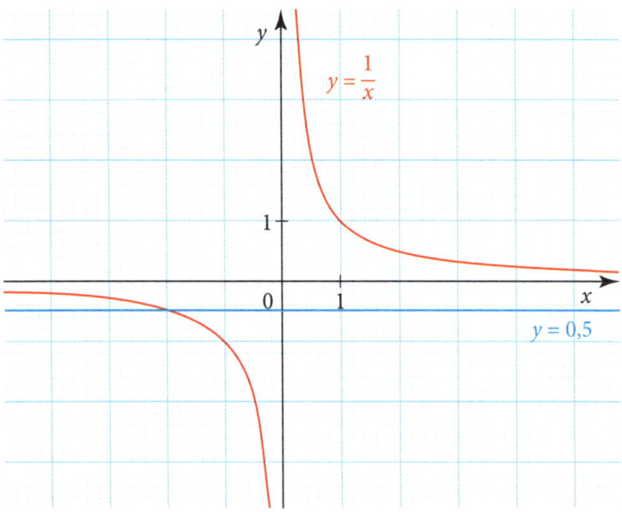

2. La courbe et la droite se coupent au point d'abscisse –2.

La solution de l'équation $\frac{1}{x} = -0{,}5$ est –2.

Savoir résoudre graphiquement une inéquation de la forme $f(x) < k$ ou $f(x) > k$

ÉNONCÉ

Résoudre graphiquement l'inéquation $x^2 < 4$.

MÉTHODE

1. Tracer la représentation graphique de la fonction f et la droite d'équation $y = k$.

2. Déterminer, en fonction de la position de la courbe et de la droite (au-dessus/au-dessous), les solutions de l'inéquation proposée.

Conclure.

CORRIGÉ

1. On trace la courbe d'équation $y = x^2$ et la droite d'équation $y = 4$.

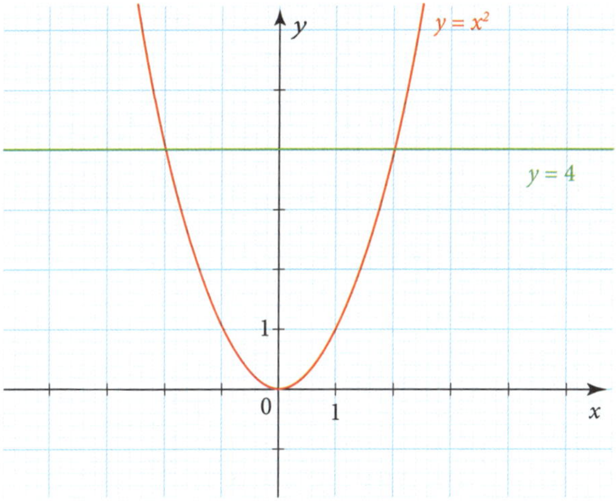

Réflexe à avoir

- Pour l'inéquation **$f(x) < k$**, on cherche les abscisses des points de $\mathcal{C}_f$ situés **au-dessous** de la droite d'équation $y = k$.
- Pour l'inéquation **$f(x) > k$**, on cherche les abscisses des points de $\mathcal{C}_f$ situés **au-dessus** de la droite d'équation $y = k$.

2. La courbe d'équation $y = x^2$ est située **au-dessous** de la droite d'équation $y = 4$ pour les valeurs de x telles que $-2 < x < 2$.
L'ensemble des solutions de l'inéquation $x^2 < 4$ est $]-2 ; 2[$.

Exercices d'application

1 Comparaison d'images

On donne les courbes représentatives des fonctions inverse (fonction f) et carré (fonction g).

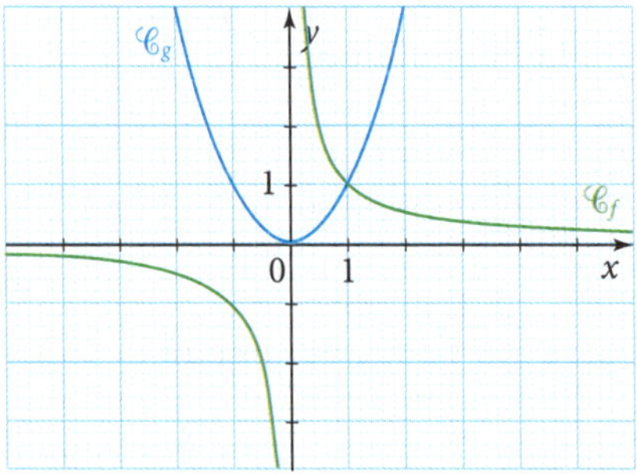

1. a. $f(2) \ldots f(3)$; **b.** $f(-2) \ldots f(-3)$; **c.** $f(-0{,}5) \ldots f(-1)$; **d.** $f(0{,}5) \ldots f(0{,}6)$.

2. a. $g(2) \ldots g(3)$; **b.** $g(-2) \ldots g(-3)$; **c.** $g(-0{,}5) \ldots g(-1)$; **d.** $g(0{,}5) \ldots g(0{,}6)$.

À partir de ces représentations graphiques, compléter par $>$ ou $<$.

2 Comparaison d'images

On donne les courbes représentatives des fonctions inverse (fonction f) et cube (fonction g).

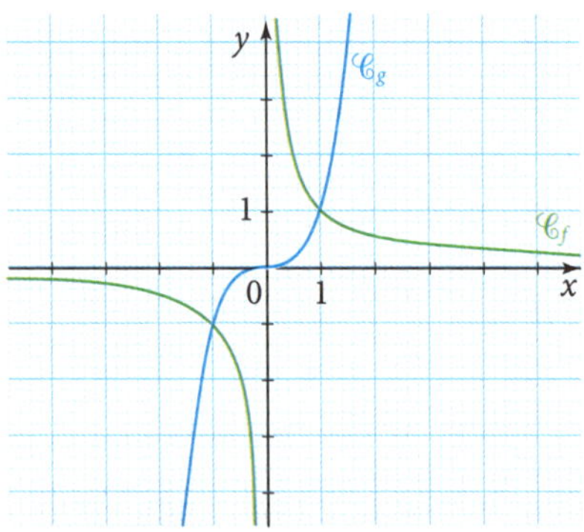

1. a. $f(1) \ldots f(2)$; **b.** $f(-3) \ldots f(-2)$; **c.** $f(-0{,}1) \ldots f(-0{,}2)$; **d.** $f(1) \ldots f(0{,}6)$.

2. a. $g(0) \ldots g(-1)$; **b.** $g(-1) \ldots g(1)$; **c.** $g(-0{,}5) \ldots g(1)$; **d.** $g(2) \ldots g(2{,}5)$.

À partir de ces représentations graphiques, compléter par $>$ ou $<$.

3 Comparaison de fonctions

On donne les représentations graphiques de la fonction f, fonction cube, et de la fonction g, fonction carré.

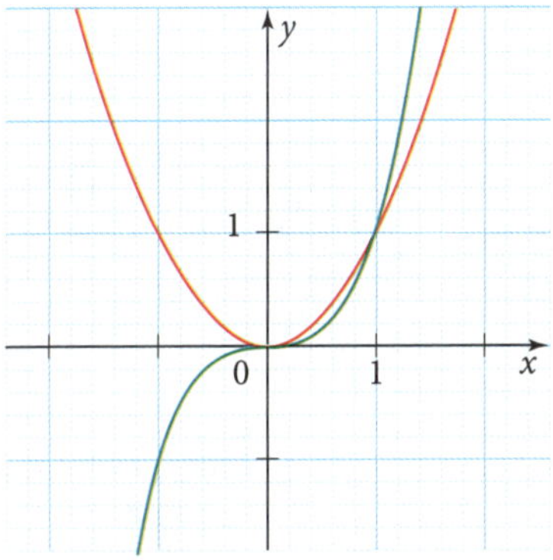

1. Comparer ces deux fonctions.

2. Retrouver ces résultats en étudiant le signe de $x^3 - x^2$.

4 Résolution d'équations et inéquations

On donne la représentation graphique de la fonction carré.

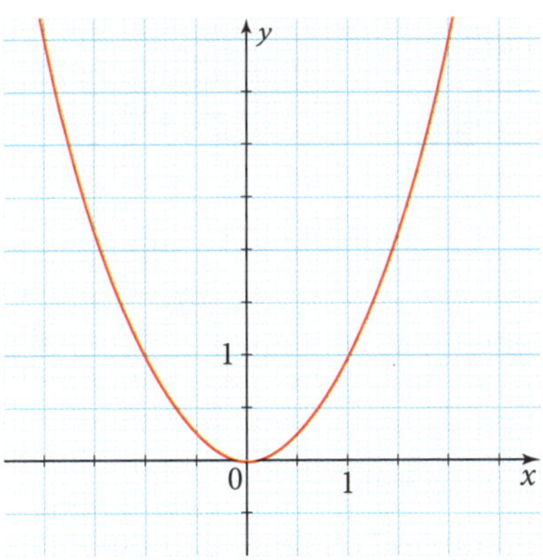

Résoudre graphiquement les équations et inéquations suivantes.

1. $x^2 = 1$; **2.** $x^2 = 2{,}5$; **3.** $x^2 = -0{,}5$; **4.** $x^2 = 4$; **5.** $x^2 > 1$; **6.** $x^2 \leqslant 4$.

5 Résolution d'équations et inéquations

On donne la représentation graphique de la fonction inverse.

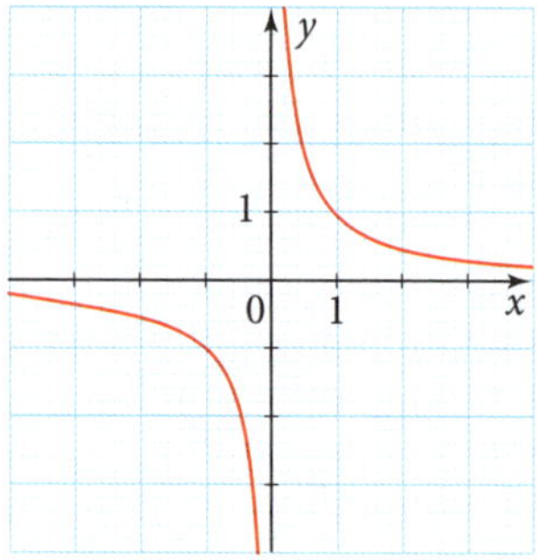

Résoudre graphiquement les équations et inéquations suivantes.

1. $\frac{1}{x} = -0{,}5$; **2.** $\frac{1}{x} = 0$; **3.** $\frac{1}{x} = 2$; **4.** $\frac{1}{x} > 1$; **5.** $\frac{1}{x} < -0{,}5$.

6 Résolution d'équations et inéquations

Résoudre graphiquement les équations et inéquations suivantes.

1. $x^3 = -1$; **2.** $\sqrt{x} \leqslant 2$; **3.** $x^3 = 2$; **4.** $x^3 < 1$; **5.** $\frac{1}{x} \geqslant -0{,}5$.

7 Comparaison de fonctions

On donne les représentations graphiques des fonctions f, g et h définies sur $\mathbb{R}$ par $f(x) = x^2$, $g(x) = x^3$ et $h(x) = x$.

1. À l'aide du graphique, comparer x^2, x^3 et x suivant les valeurs de $x \geqslant 0$.

2. Retrouver ces résultats algébriquement.

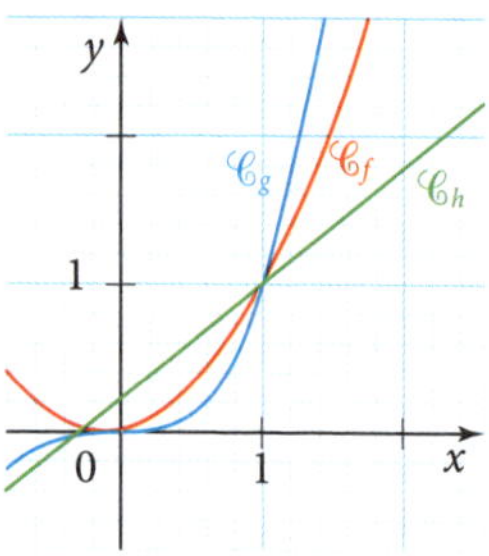

8 Résolutions graphiques et algébriques

Résoudre graphiquement puis algébriquement les équations et inéquations suivantes.

1. $x^2 = 1$; **2.** $x^2 \leqslant 4$; **3.** $\frac{1}{x} < -1$.

1 **1. a.** $f(2) > f(3)$; **b.** $f(-2) < f(-3)$; **c.** $f(-0{,}5) < f(-1)$; **d.** $f(0{,}5) > f(0{,}6)$.
2. a. $g(2) < g(3)$; **b.** $g(-2) < g(-3)$; **c.** $g(-0{,}5) < g(-1)$; **d.** $g(0{,}5) < g(0{,}6)$.

2 **1. a.** $f(1) > f(2)$; **b.** $f(-3) > f(-2)$; **c.** $f(-0{,}1) < f(-0{,}2)$; **d.** $f(1) < f(0{,}6)$.
2. a. $g(0) > g(-1)$; **b.** $g(-1) < g(1)$; **c.** $g(-0{,}5) < g(1)$; **d.** $g(2) < g(2{,}5)$.

3 **1.** • Si $x \leqslant 1$, alors $f(x) \leqslant g(x)$.
• Si $x > 1$, alors $f(x) > g(x)$.
2. $x^3 - x^2 = x^2(x-1) = f(x) - g(x)$.

x	$-\infty$		0		1		$+\infty$
x^2		+	0	+	|	+	
$(x-1)$		−	|	−	0	+	
$x^2(x-1) = f(x) - g(x)$		−	0	−	0	+	
Positions relatives	La courbe de la fonction cube est au-dessous de la courbe de la fonction carré.				La courbe de la fonction cube est au-dessus de la fonction carré.		

4

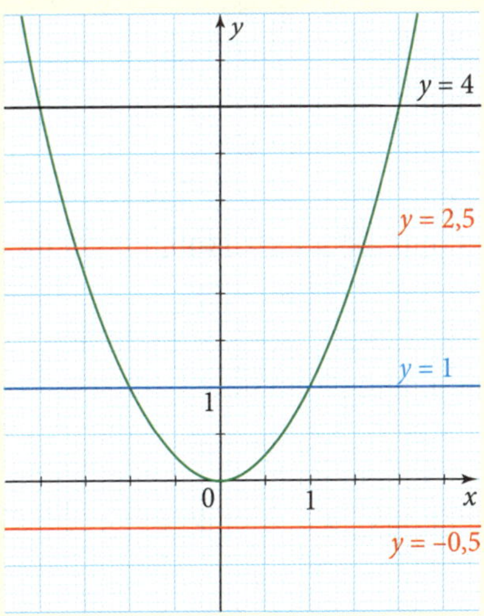

1. $x^2 = 1$. La droite d'équation $y = 1$ coupe la courbe aux points d'abscisses -1 et 1, donc $S = \{-1 ; 1\}$.

2. $x^2 = 2{,}5$. La droite d'équation $y = 2{,}5$ coupe la courbe aux points d'abscisses $-1{,}6$ et 1,6,
donc $S = \{-1{,}6 ; 1{,}6\}$.

3. $x^2 = -0{,}5$. La droite d'équation $y = -0{,}5$ ne coupe pas la courbe, donc l'équation n'a pas de solution.

4. $x^2 = 4$. La droite d'équation $y = 4$ coupe la courbe aux points d'abscisses -2 et 2, donc $S = \{-2 ; 2\}$.

5. $x^2 > 1$. La courbe est au-dessus de la droite d'équation $y = 1$ pour $x < -1$ et pour $x > 1$, donc $S =]-\infty ; -1[\cup]1 ; +\infty[$.

6. $x^2 \leqslant 4$. La courbe est au-dessous ou sur la droite d'équation $y = 4$
pour $-2 \leqslant x \leqslant 2$, donc $S = [-2 ; 2]$.

5

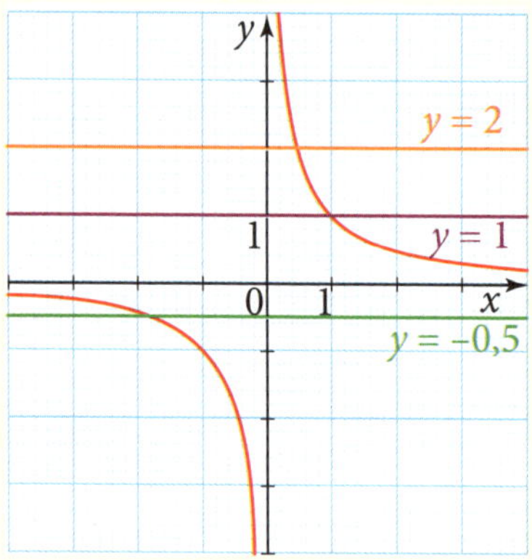

1. $\dfrac{1}{x} = -0{,}5$. La droite d'équation $y = -0{,}5$ coupe la courbe au point d'abscisse -2, donc $S = \{-2\}$.

2. $\dfrac{1}{x} = 0$. La droite d'équation $y = 0$ ne coupe pas la courbe, donc l'équation n'a pas de solution.

3. $\dfrac{1}{x} = 2$. La droite d'équation $y = 2$ coupe la courbe au point d'abscisse 0,5, donc $S = \{0{,}5\}$.

4. $\frac{1}{x} > 1$. La courbe est au-dessus de la droite d'équation $y = 1$ pour $0 < x < 1$, donc $S =]0 ; 1[$.

5. $\frac{1}{x} < -0,5$. La courbe est au-dessous de la droite d'équation $y = -0,5$ pour $-2 < x < 0$, donc $S =]-2 ; 0[$.

6 **1.** $x^3 = -1$. On trace sur une feuille ou sur l'écran de la calculatrice la courbe d'équation $y = x^3$ et la droite d'équation $y = -1$. La courbe coupe la droite au point d'abscisse -1, donc $S = \{-1\}$.

2. $\sqrt{x} \leqslant 2$. On trace sur une feuille ou sur l'écran de la calculatrice la courbe d'équation $y = \sqrt{x}$ et la droite d'équation $y = 2$. La courbe est au-dessous ou sur la droite pour $0 \leqslant x \leqslant 4$, donc $S = [0 ; 4]$.

3. $x^3 = 2$. On trace sur une feuille ou sur l'écran de la calculatrice la courbe d'équation $y = x^3$ et la droite d'équation $y = 2$. La courbe coupe la droite au point d'abscisse 1,3, donc $S = \{1,3\}$.

4. $x^3 < 1$. On trace sur une feuille ou sur l'écran de la calculatrice la courbe d'équation $y = x^3$ et la droite d'équation $y = 1$. La courbe est au-dessous de la droite pour $x < 1$ donc $S =]-\infty ; 1[$.

5. $\frac{1}{x} \geqslant -0,5$. On trace sur une feuille ou sur l'écran de la calculatrice la courbe d'équation $y = \frac{1}{x}$ et la droite d'équation $y = -0,5$. La courbe est au-dessus ou sur la droite pour $x \leqslant -2$ et pour $x > 0$, donc $S =]-\infty ; -2] \cup]0 ; +\infty[$.

Remarque

Une lecture graphique se fait « raisonnablement » au dixième près.

7 **1.** • Si $0 \leqslant x \leqslant 1$, alors $x^3 \leqslant x^2 \leqslant x$.

• Si $x \geqslant 1$, alors $x \leqslant x^2 \leqslant x^3$.

2. Comparaison de x^3 et x^2 : $x^3 - x^2 = x^2(x - 1)$.

x	0		1		$+\infty$
x^2	0	+	|	+	
$(x - 1)$		−	0	+	
$x^2(x - 1)$		−	0	+	
Comparaison		$x^3 < x^2$		$x^3 > x^2$	

Comparaison de x et x^2 : $x^2 - x = x(x - 1)$.

x	0		1		$+\infty$
x	0	+	|	+	
$(x - 1)$		−	0	+	
$x(x - 1)$		−	0	+	
Comparaison		$x^2 < x$		$x^2 > x$	

8 **1.** $x^2 = 1$.

Graphiquement, on trace sur une feuille ou sur l'écran de la calculatrice la courbe d'équation $y = x^2$ et la droite d'équation $y = 1$.

La courbe coupe la droite pour $x = -1$ et $x = 1$, donc $S = \{-1 ; 1\}$.

Algébriquement, $x^2 - 1 = 0$ équivaut successivement à :

$(x + 1)(x - 1) = 0$; $(x + 1) = 0$ ou $(x - 1) = 0$; $x = -1$ ou $x = 1$.

$S = \{-1 ; 1\}$

2. $x^2 \leqslant 4$.

Graphiquement, on trace sur une feuille ou sur l'écran de la calculatrice la courbe d'équation $y = x^2$ et la droite d'équation $y = 4$.

La courbe est au-dessous ou sur la droite pour $-2 \leqslant x \leqslant 2$, donc $S = [-2 ; 2]$.

Algébriquement, $x^2 \leqslant 4$ équivaut successivement à $x^2 - 4 \leqslant 0$; $(x + 2)(x - 2) \leqslant 0$.

x	$-\infty$		-2		2		$+\infty$
$x + 2$		−	0	+	|	+	
$x - 2$		−	|	−	0	+	
$(x + 2)(x - 2)$		+	0	−	0	+	

L'ensemble des solutions de l'inéquation est $[-2 ; 2]$.

3. $\frac{1}{x} < -1$.

Graphiquement, on trace sur une feuille ou sur l'écran de la calculatrice la courbe d'équation $y = \frac{1}{x}$ et la droite d'équation $y = -1$.

La courbe est au-dessous de la droite pour $-1 < x < 0$,
donc $S =]-1\,;0[$.

Algébriquement, $\frac{1}{x} < -1$ équivaut successivement à $\frac{1}{x} + 1 < 0$; $\frac{1+x}{x} < 0$.

x	$-\infty$		-1		0		$+\infty$
$1+x$		$-$	0	$+$	|	$+$	
x		$-$	|	$-$	0	$+$	
$\frac{1+x}{x}$		$+$	0	$-$	||	$+$	

Remarque

La double barre signifie que 0 est une valeur « interdite ».

L'ensemble des solutions de l'inéquation $\frac{1}{x} < -1$ est $]-1\,;0[$.

CHAPITRE

8 Fonctions, courbes représentatives

1 Fonction à valeurs réelles

- Soit I une partie de $\mathbb{R}$.

Une fonction définie sur I est un « dispositif mathématique » qui à chaque valeur x de I associe un unique nombre réel noté $f(x)$.

Une fonction mathématique permet de modéliser, d'analyser, de prévoir et d'interpréter des phénomènes scientifiques, économiques et techniques.

- **Exemple**

On modélise la vente de tee-shirts par la fonction f définie sur $[5; 30]$ par $f(x) = -3x + 100$ où x désigne le prix en euros d'un tee-shirt.

On a, par exemple, $f(20) = -3 \times 20 + 100 = 40$, ce qui signifie que si le prix du tee-shirt est fixé à 20 €, alors on en vendra 40.

On peut utiliser cette fonction pour répondre à la question suivante : « Quel doit être le prix du tee-shirt si on veut en vendre au moins 61 ? »

Pour répondre à cette question, on pose l'inéquation $f(x) \geqslant 61$.

On a alors $f(x) \geqslant 61$ équivalent successivement à :

$$-3x + 100 \geqslant 61$$

$$-3x \geqslant 61 - 100$$

$$-3x \geqslant -39$$

$$x \leqslant \frac{-39}{-3}$$

$$x \leqslant 13$$

On en conclut que pour vendre au moins 61 tee-shirts, le prix doit être au plus de 13 €.

Le modèle proposé est une fonction affine dont le coefficient -3 est négatif (voir page 166), on en conclut que le nombre de tee-shirts vendus est une fonction décroissante du prix.

EXERCICE RÉSOLU

Modéliser avec une fonction

ÉNONCÉ

Dans une entreprise, trois grilles de rémunération mensuelle sont proposées :

	Fixe	Par produit vendu
Grille A	1 800 €	0,20 €
Grille B	2 000 €	0,15 €
Grille C	2 200 €	0,10 €

1. Déterminer les fonctions associées à chacune des grilles de rémunération.

2. Déterminer le salaire obtenu pour les trois grilles si 1 200 produits ont été vendus un mois donné.

3. Combien de produits a vendu un salarié de la grille B qui a gagné 2 420 € ?

CORRIGÉ

1. Soient les fonctions f, g et h associées respectivement aux salaires mensuels des grilles A, B et C. x désigne le nombre de produits vendus chaque mois.
Grille A : fixe 1 800 € et 0,20 € par produit vendu ;
on a $f(x) = 0{,}20x + 1\,800$.
Grille B : fixe 2 000 € et 0,15 € par produit vendu ;
on a $g(x) = 0{,}15x + 2\,000$.
Grille C : fixe 2 200 € et 0,10 € par produit vendu ;
on a $h(x) = 0{,}10x + 2\,200$.

Méthode
On définit ce que représentent x et les fonctions modélisant la situation.

2. On a $f(1\,200) = 0{,}20 \times 1\,200 + 1\,800 = 2\,040$;
$g(1\,200) = 0{,}15 \times 1\,200 + 2\,000 = 2\,180$ et $h(1\,200) = 0{,}10 \times 1\,200 + 2\,200 = 2\,320$.
Le salaire mensuel pour 1 200 produits vendus est de 2 040 € avec la grille A, 2 180 € avec la grille B et 2 320 € avec la grille C.

3. La fonction associée à la grille B est la fonction g. On résout l'équation $g(x) = 2\,420$. Cette équation est successivement équivalente à :

$$0{,}15x + 2\,000 = 2\,420$$
$$0{,}15x = 2\,420 - 2\,000$$
$$0{,}15x = 420$$
$$x = \frac{420}{0{,}15} = 2\,800$$

Un salarié de la grille B qui a gagné 2 420 € a vendu 2 800 produits.

Conseil
Pensez à conclure en reprenant les termes de la question.

2 Courbe représentative d'une fonction

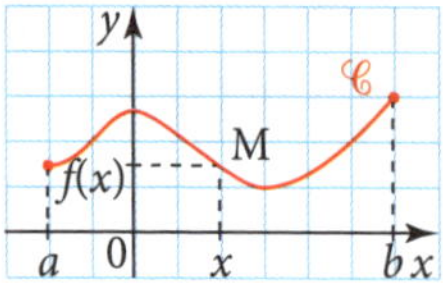

- Soit f une fonction définie sur $I = [a ; b]$.

La courbe représentative $\mathscr{C}$ de la fonction f est l'ensemble des points $M(x ; y)$ tels que :

$$x \in I \quad \text{et} \quad y = f(x).$$

- **Exemple**

Soit f une fonction définie sur $[0 ; 5]$ dont on donne la représentation graphique dans le plan rapporté à un repère.

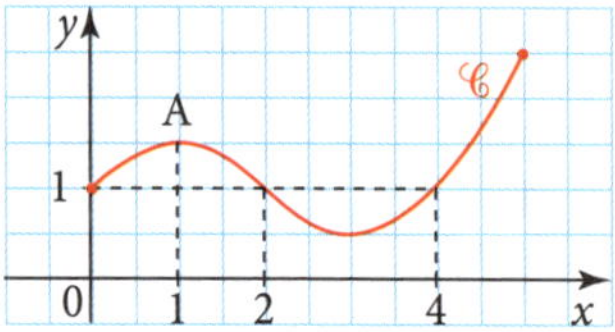

On peut lire sur le graphique :

• $A\left(1 ; \dfrac{3}{2}\right)$ appartient à $\mathscr{C}$ ou encore $f(1) = \dfrac{3}{2}$: l'image de 1 par f est $\dfrac{3}{2}$.

• $f(0) = 1$, $f(2) = 1$ et $f(4) = 1$; 1 a pour antécédents par f : 0, 2 et 4.

EXERCICES RÉSOLUS

Lire sur un graphique

ÉNONCÉ

On donne la représentation graphique d'une fonction f définie sur $[-3 ; 4]$ dans le plan rapporté à un repère.

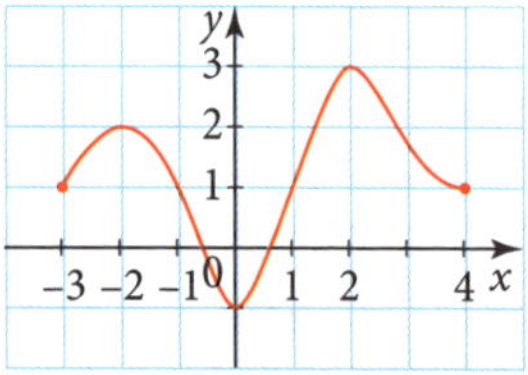

1. Déterminer graphiquement $f(-2)$ et $f(2)$.

2. Déterminer graphiquement les antécédents de 1 par f.

CORRIGÉ

1. L'ordonnée du point de la courbe d'abscisse -2 est 2. Donc $f(-2) = 2$.

L'ordonnée du point de la courbe d'abscisse 2 est 3. Donc $f(2) = 3$.

> **Conseil**
> On se positionne en -2 sur l'axe des abscisses et on cherche le point de la courbe d'abscisse -2 ; on lit alors son ordonnée $f(-2)$.

2. Il existe quatre points de la courbe dont l'ordonnée est 1. Leurs abscisses respectives sont -3 ; -1 ; 1 et 4.

Conseil
On se positionne en 1 sur l'axe des ordonnées et on cherche les points de la courbe d'ordonnée 1. On lit alors leurs abscisses.

Ainsi 1 a quatre antécédents par f : -3 ; -1 ; 1 et 4.

Méthode
Pour faire cette lecture graphique, on peut tracer la droite d'équation $y = 1$.

Résoudre graphiquement un problème

ÉNONCÉ

À l'instant $t = 0$, on lance un projectile à partir du sol. La hauteur y (en m) du projectile en fonction du temps t (en s) est donnée par la courbe.

1. Quelle est la hauteur atteinte par le projectile au bout de 2 s ?

2. Au bout de combien de temps le projectile retombe-t-il au sol ?

3. Entre quels instants la hauteur du projectile est-elle au moins égale à 80 m ?

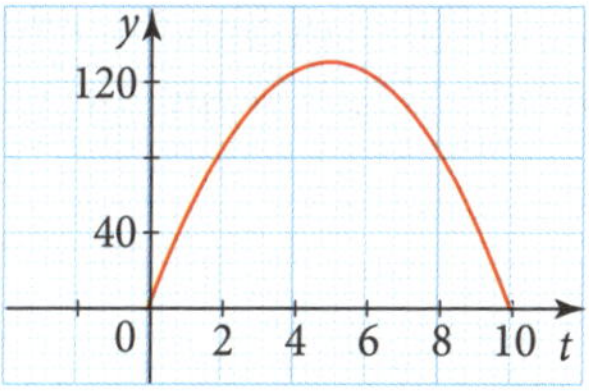

CORRIGÉ

1. L'ordonnée du point de la courbe d'abscisse 2 est 80.
Au bout de 2 s, le projectile atteint une hauteur de 80 m.

Conseil
Lire sur la courbe l'ordonnée du point d'abscisse 2.

2. Il y a deux points de la courbe dont l'ordonnée est nulle.
Ces points ont pour abscisses 0 et 10.
Or le point de coordonnées (0; 0) correspond au lancement du projectile, donc le projectile retombe au sol au bout de 10 s.

Conseil
Lire sur la courbe le point d'ordonnée égale à 0.

3. Tous les points dont l'abscisse est comprise entre 2 et 8 ont une ordonnée supérieure ou égale à 80. Ainsi le projectile aura atteint une hauteur supérieure ou égale à 80 m entre les instants $t = 2$ et $t = 8$.

Conseil
Lire sur la courbe les abscisses des points dont l'ordonnée est supérieure ou égale à 80.

3 Fonction paire, impaire

• Une fonction f définie sur un ensemble D symétrique par rapport à 0 est **paire** si et seulement si pour tout $x \in D : f(-x) = f(x)$.

La courbe représentative d'une fonction paire est symétrique par rapport à l'axe des ordonnées.

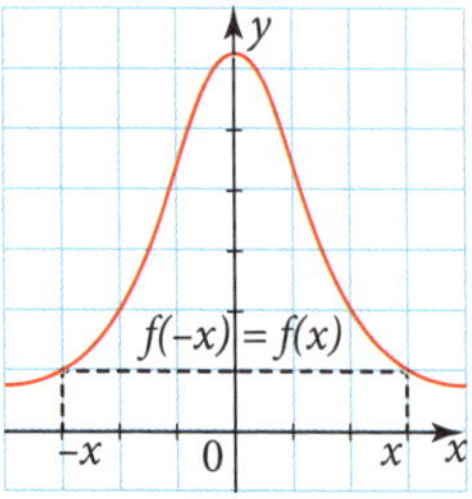

• Une fonction f définie sur un ensemble D symétrique par rapport à 0 est **impaire** si et seulement si pour tout $x \in D : f(-x) = -f(x)$.

La courbe représentative d'une fonction impaire est symétrique par rapport à l'origine du repère.

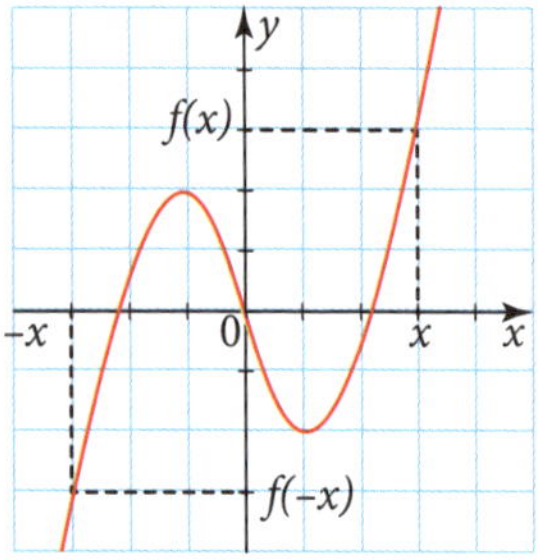

EXERCICES RÉSOLUS

Étudier la parité d'une fonction

ÉNONCÉ

Les fonctions suivantes sont-elles paires, impaires ou ni l'un ni l'autre ?

1. f est définie sur $\mathbb{R}$ par $f(x) = x^2 + x$.

2. f est définie sur $]-\infty ; 0[\cup]0 ; +\infty[$ par $f(x) = 1 - \frac{1}{x^2}$.

3. f est définie sur $]-\infty ; 1[\cup]1 ; +\infty[$ par $f(x) = \frac{1}{1-x}$.

4. f est définie sur $\mathbb{R}$ par $f(x) = -x^3$.

CORRIGÉ

1. $\mathbb{R}$ est symétrique par rapport à 0, mais $f(-x) = (-x)^2 + (-x) = x^2 - x$, donc $f(-x) \neq f(x)$ et $f(-x) \neq -f(x)$. f n'est ni paire, ni impaire.

2. $]-\infty\,;0[\cup]0\,;+\infty[$ est symétrique par rapport à 0 et
$f(-x) = 1 - \dfrac{1}{(-x)^2} = 1 - \dfrac{1}{x^2} = f(x)$, donc f est paire.

3. $]-\infty\,;1[\cup]1\,;+\infty[$ n'est pas symétrique par rapport à 0, donc f n'est ni paire, ni impaire.

4. $\mathbb{R}$ est symétrique par rapport à 0 et $f(-x) = -(-x)^3 = -(-x^3) = x^3 = -f(x)$, donc f est impaire.

Utiliser un graphique

ÉNONCÉ

Les courbes suivantes représentent-elles des fonctions paires, impaires ou ni l'un ni l'autre ?

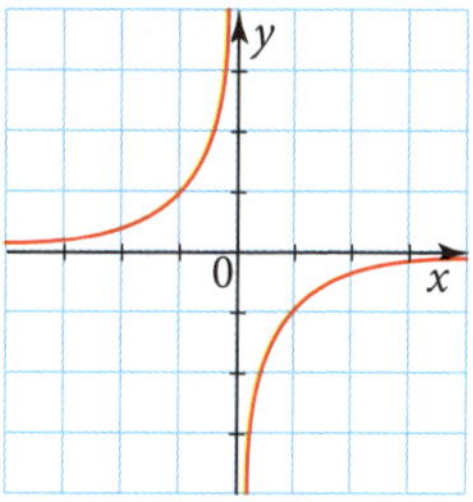

Courbe 1

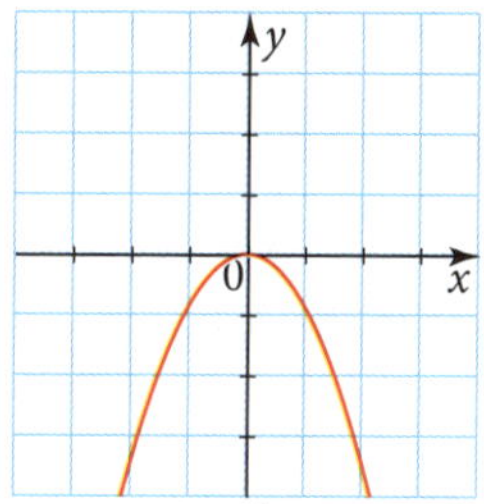

Courbe 2

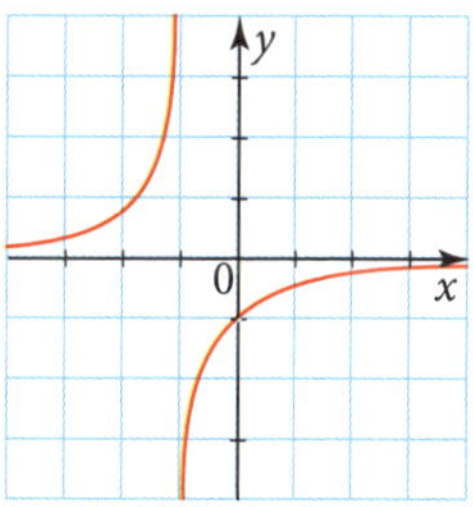

Courbe 3

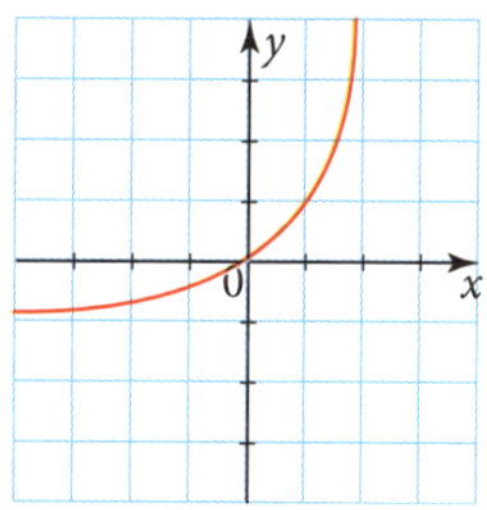

Courbe 4

CORRIGÉ

Courbe 1 : fonction impaire.
Courbe 2 : fonction paire.
Courbe 3 : ni paire, ni impaire.
Courbe 4 : ni paire, ni impaire.

Modéliser avec une fonction

ÉNONCÉ

Pour chacun des cas, modéliser la situation avec une fonction mathématique.

1. Soit f la fonction qui associe au rayon d'un cercle son aire.

2. Soit f la fonction qui associe au prix d'un objet son nouveau prix après une réduction de 10 %.

3. Le tarif d'une voiture en autopartage compte un abonnement de 10 € par mois + 4 € de l'heure.
Soit f la fonction qui associe à la durée d'utilisation le coût mensuel en euros.

4. On considère un rectangle dont la longueur en centimètres est égale à sa largeur augmentée de 5 cm.
Soit f la fonction qui associe à la largeur du rectangle son aire en cm^2.

MÉTHODE

1. Définir la variable x.

2. Expliciter mathématiquement ce qui est écrit en langage usuel en donnant l'expression algébrique de la fonction, ainsi que son ensemble de définition.

CORRIGÉ

1. Soit x le rayon du cercle.

f est la fonction définie sur $[0 ; +\infty[$ par $f(x) = \pi x^2$.

2. Soit x le prix initial de l'objet. Il subit une baisse de 10 %, son nouveau prix est :

$$x - 10\ \%\ x = x - \frac{10}{100}x = x - 0{,}1x = x(1 - 0{,}1) = 0{,}9x.$$

f est la fonction définie sur $[0 ; +\infty[$ par $f(x) = 0{,}9x$.

3. Soit x la durée d'utilisation en heures.

f est la fonction définie sur $[0 ; +\infty[$ par $f(x) = 10 + 4x$.

4. Soit x la largeur du rectangle. Sa longueur correspond à sa largeur augmentée de 5 cm, c'est-à-dire $x + 5$. L'aire du rectangle est ainsi égale à $x \times (x + 5) = x^2 + 5x$.
f est la fonction définie sur $[0 ; +\infty[$ par $f(x) = x^2 + 5x$.

Étudier la parité d'une fonction

ÉNONCÉ

Étudier la parité des fonctions suivantes.

1. f définie sur $\mathbb{R}$ par $f(x) = -3x$;

2. f définie sur $]-\infty\,;0[\cup]0\,;+\infty[$ par $f(x) = 2 - \dfrac{2}{x^2}$;

3. f définie sur $[0\,;+\infty[$ par $f(x) = x^2$;

4. f définie sur $\mathbb{R}/\{-1\,;1\}$ par $f(x) = \dfrac{2}{x^2-1}$;

5. f définie sur $\mathbb{R}/\{-1\}$ par $f(x) = \dfrac{2}{x+1}$.

MÉTHODE

1. Vérifier que l'ensemble de définition de la fonction est bien centré en 0.

2. Déterminer l'expression de $f(-x)$:

- si $f(-x) = f(x)$, alors on conclut que la fonction est paire ;
- si $f(-x) = -f(x)$, alors on conclut que la fonction est impaire ;
- sinon, on conclut que la fonction n'est ni paire, ni impaire.

CORRIGÉ

1. $\mathbb{R}$ est un ensemble centré en 0 ; $f(-x) = -3(-x) = 3x = -(-3x) = -f(x)$.
f est impaire.

2. $]-\infty\,;0[\cup]0\,;+\infty[$ est un ensemble centré en 0 ;
$f(-x) = 2 - \dfrac{2}{(-x)^2} = 2 - \dfrac{2}{x^2} = f(x)$. f est paire.

3. $[0\,;+\infty[$ n'est pas un ensemble centré en 0 ; f n'est ni paire, ni impaire.

4. $\mathbb{R}/\{-1\,;1\}$ que l'on peut encore écrire $]-\infty\,;-1[\cup]-1\,;1[\cup]1\,;+\infty[$ est un ensemble centré en 0.

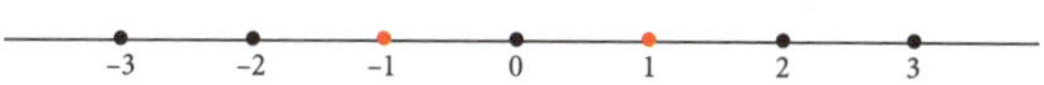

$f(-x) = \dfrac{2}{(-x)^2-1} = \dfrac{2}{x^2-1} = f(x)$. f est paire.

5. $\mathbb{R}/\{-1\}$ n'est pas un ensemble centré en 0 ; f n'est ni paire, ni impaire.

> **Piège à éviter**
> Un intervalle centré en 0 est symétrique par rapport à 0.

Exercices d'application

1 Lecture graphique

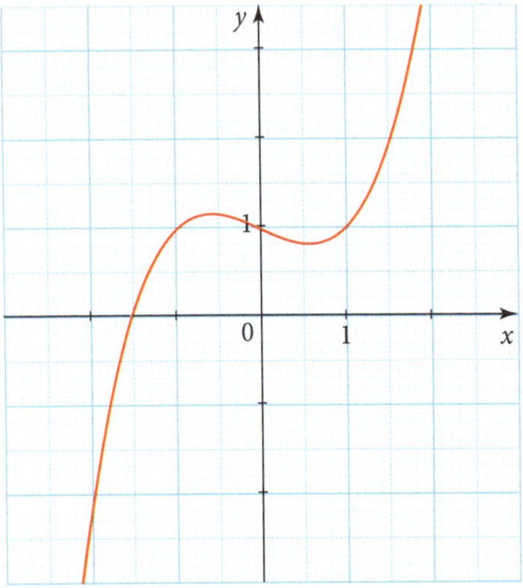

On donne la courbe représentative d'une fonction f définie sur $\mathbb{R}$.

1. Déterminer l'image de 1 par f.

2. Déterminer les éventuels antécédents de -4 par f.

3. Déterminer une valeur approchée au dixième de la solution x_0 de l'équation $f(x) = 0$.

4. Déterminer le signe de $f(x)$ suivant les valeurs de x.

5. Déterminer $f(0)$.

6. Résoudre graphiquement l'équation $f(x) = 2$.

2 Calculs d'images et d'antécédents

Soit f la fonction définie sur $]-1\,;+\infty[$ par :

$$f(x) = \frac{2x+1}{x+1}.$$

1. Déterminer les images par f des nombres réels x suivants :

$$x = 0\,; \quad x = -\frac{1}{2}\,; \quad x = 3 \quad \text{et} \quad x = \frac{1}{4}.$$

2. Déterminer les antécédents de 1 par f.

3 Tableau de valeurs d'une fonction

On donne un tableau de valeurs d'une fonction f définie sur $[-5\,;2]$.

x	-5	-4	-3	-2	-1	0	1	2
$f(x)$	11,5	7	3,5	1	$-0{,}5$	-1	$-0{,}5$	1

1. Déterminer l'image par f des nombres réels suivants : -5 ; -1 ; 1.

2. Déterminer un antécédent de 7 par f.

3. Déterminer des antécédents de 1 par f.

4 Détermination graphique d'images et d'antécédents

On donne la courbe représentative, dans le plan rapporté à un repère, d'une fonction f définie sur $[-2 ; 5]$.

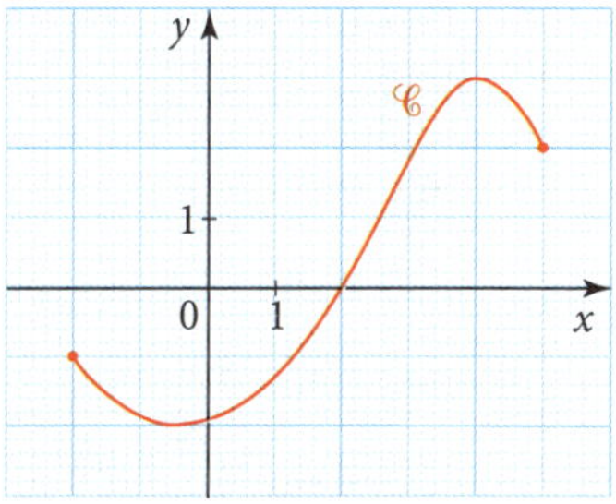

1. Déterminer graphiquement l'image de -2 par f.

2. Déterminer $f(2)$ et $f(5)$.

3. Déterminer les antécédents éventuels de 0 et -3 par f.

4. Déterminer le nombre réel a tel que $f(a) = 3$.

5 Lectures graphiques

Une étude montre que la distance de freinage (en m) d'une voiture de marque M, en fonction de la vitesse (en km/h), est donnée par la fonction :

$$d(v) = 0{,}006v^2 \; ; \; 0 \leqslant v \leqslant 200.$$

1. Tracer, sur une calculatrice, la courbe d'équation $y = 0{,}006x^2$.

2. Déterminer la vitesse à partir de laquelle la distance de freinage est supérieure à 60 m.

6 Modélisation

Pour chaque cas, déterminer la fonction mathématique permettant de modéliser la situation décrite.

1. Le patron propose à Énora deux types de contrat pour un job étudiant :

- **contrat 1 :** 13 € de l'heure ;
- **contrat 2 :** 100 € fixe pour le mois et 10 € de l'heure.

Soit f la fonction associée au salaire mensuel avec le contrat 1 et g la fonction associée au salaire mensuel avec le contrat 2.

2. ABC est un triangle rectangle en B tel que AB = 3 et BC = x où BC $\leqslant$ 12 cm.
Soit f la fonction permettant de calculer la longueur de l'hypoténuse du triangle.

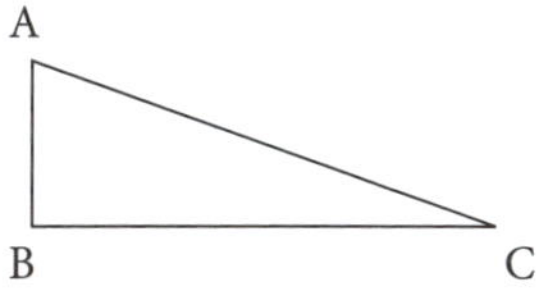

3. Le poids d'un animal augmente de 400 g chaque mois depuis sa naissance jusqu'à ses 3 ans. Il a aujourd'hui 1 an et pèse 7,8 kg.

Soit f la fonction affine qui associe le poids à l'âge de l'animal.

4. Soit f la fonction qui associe au côté d'un carré la longueur de sa diagonale.

7 Parité d'une fonction

Étudier la parité des fonctions suivantes.

1. f est définie sur $\mathbb{R}$ par $f(x) = -5x + 1$.

2. f est définie sur $]-\infty ; 0[\cup]0 ; +\infty[$ par $f(x) = x - \dfrac{1}{x^2}$.

3. f est définie sur $[-10 ; +\infty[$ par $f(x) = 1 + x^2$.

4. f est définie sur $\mathbb{R}$ par $f(x) = \dfrac{2}{x^2+1}$.

5. f est définie sur $\mathbb{R}$ par $f(x) = x$.

8 Parité d'une fonction

Les courbes suivantes représentent-elles des fonctions paires, impaires ou ni l'un ni l'autre ?

1.

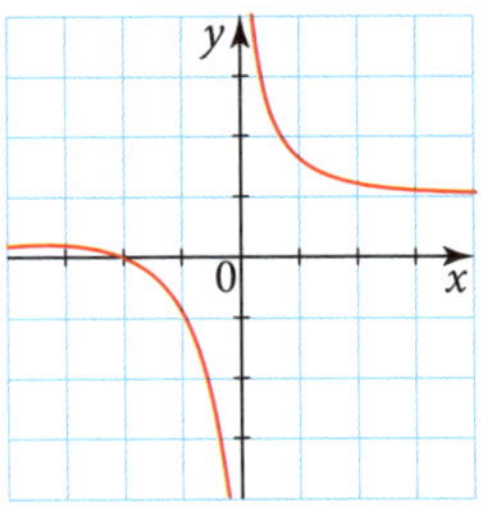

2.

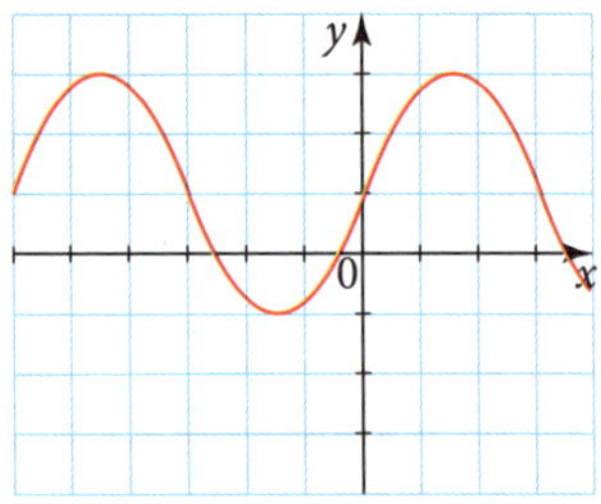

3.

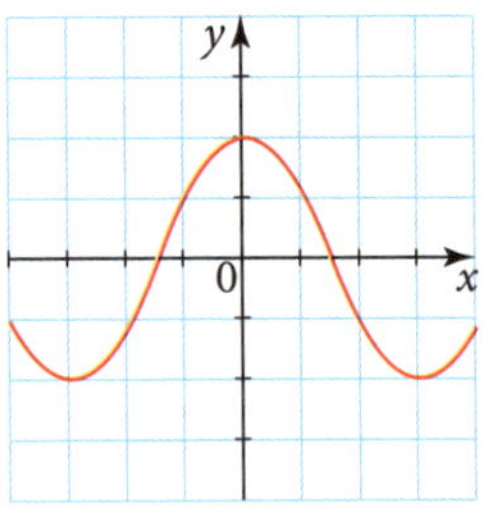

4.

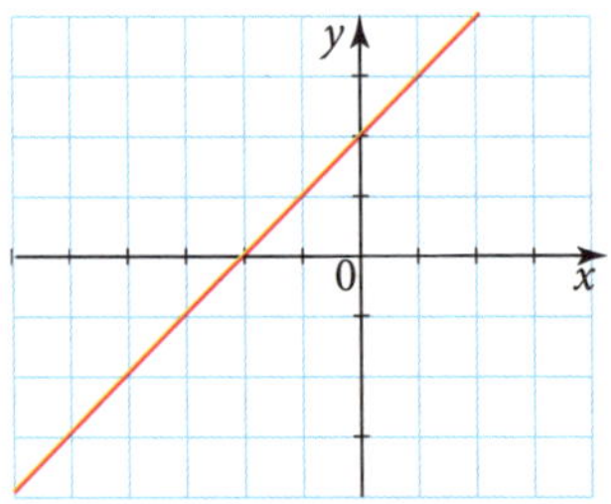

Exercices d'entraînement

9 Calcul d'images

Soit f la fonction définie sur $\mathbb{R}$ par :

$$f(x) = -x^3 + 2x^2 - 3x + 1.$$

Compléter le tableau suivant :

x	-5	-1	$-\frac{1}{2}$	0	2	$\frac{1}{3}$	10
$f(x)$							

10 Calculs d'images et d'antécédents

Soit g la fonction définie sur $]-\infty\,; 2[\cup]2\,; +\infty[$ par :

$$g(x) = \frac{2x+4}{-x+2}.$$

1. Déterminer : $g(-10)$; $g(-6)$; $g(2{,}01)$; $g(1{,}99)$; $g(0)$ et $g(3)$.

2. Déterminer l'antécédent de 0 par g.

11 Lectures graphiques

Soit h la fonction définie sur $]-\infty\,; -3[\cup]-3\,; +\infty[$ par :

$$h(x) = \frac{2}{x+3}.$$

1. Tracer, avec une calculatrice, la courbe représentative de h.

2. À l'aide du graphique ou par le calcul, déterminer :

a. L'ordonnée du point de la courbe d'abscisse -1.

b. L'abscisse du point de la courbe d'ordonnée 6.

c. Les abscisses des points de la courbe dont l'ordonnée est négative.

d. Les ordonnées des points de la courbe dont l'abscisse est positive.

e. L'antécédent de 0 par h.

f. L'image de 0 par h.

(Les réponses seront graphiques ou numériques selon la lisibilité de la courbe sur la calculatrice.)

12 Utilisation du langage mathématique

Traduire les énoncés suivants en utilisant les symboles des fonctions.

1. L'image de – 2 par f est 3.

2. – 3 a pour image 0 par g.

3. Les antécédents de – 1 par f sont 2 et 4.

4. La courbe représentative de h passe par les points A(– 1 ; 3) et B(0 ; 1).

5. La courbe représentative de f coupe l'axe des ordonnées au point d'ordonnée – 2.

6. La courbe représentative de g coupe l'axe des abscisses aux points d'abscisses – 3 et 0.

7. La courbe représentative de f est située au-dessus de l'axe des abscisses pour tout nombre réel x strictement positif.

13 Calculs d'antécédents

Soit f la fonction définie sur $\mathbb{R}$ par $f(x) = x^2 - 6x + 8$.

Déterminer l'antécédent de – 1 par f.

14 Calcul d'antécédents

Soit g la fonction définie sur $\mathbb{R}$ par $f(x) = x^2 + 2x - 4$.

1. Développer l'expression $(x + 3)(x - 1)$.

2. En déduire les antécédents de – 1 par g.

Exercices d'application

1 **1.** L'image de 1 par f est 2.

2. L'antécédent de −4 par f est −2.

3. $-1{,}6 < x_0 < -1{,}5$.

4.

x	$-\infty$		x_0		$+\infty$
$f(x)$		$-$	0	$+$	

5. $f(0) = 2$.

6. Les solutions de l'équation $f(x) = 2$ sont −1, 0 et 1.

2 **1.** $f(0) = \dfrac{2 \times 0 + 1}{0 + 1}$; $f(0) = 1$.

$$f\left(-\frac{1}{2}\right) = \frac{2\left(-\frac{1}{2}\right) + 1}{-\frac{1}{2} + 1} ; \quad f\left(-\frac{1}{2}\right) = 0.$$

$$f(3) = \frac{2 \times 3 + 1}{3 + 1} ; \quad f(3) = \frac{7}{4}.$$

$$f\left(\frac{1}{4}\right) = \frac{2 \times \frac{1}{4} + 1}{\frac{1}{4} + 1} ; \quad f\left(\frac{1}{4}\right) = \frac{\frac{3}{2}}{\frac{5}{4}} ;$$

d'où $f\left(\frac{1}{4}\right) = \frac{3}{2} \times \frac{4}{5}$; $f\left(\frac{1}{4}\right) = \frac{6}{5}$.

Les images par f de 0 ; $-\frac{1}{2}$; 3 et $\frac{1}{4}$ sont respectivement 1 ; 0 ; $\frac{7}{4}$ et $\frac{6}{5}$.

2. On résout l'équation $f(x) = 1$.

Cette équation est successivement équivalente à :

$$\frac{2x + 1}{x + 1} = 1 ; \qquad 2x + 1 = x + 1 ; \qquad x = 0.$$

L'antécédent de 1 par f est 0.

Remarque

On peut vérifier les calculs avec la calculatrice.

Rappel

Chercher l'image d'un nombre réel revient à effectuer un calcul ; chercher un antécédent revient à résoudre une équation.

3 **1.** $f(-5) = 11{,}5$; $f(-1) = -0{,}5$; $f(1) = -0{,}5$.

2. Un antécédent de 7 par f est -4.

3. Des antécédents de 1 par f sont -2 et 2.

4 **1.** L'image de -2 par f est $f(-2)$, soit -1.

2. $f(2) = 0$; $f(5) = 2$.

3. L'antécédent de 0 par f est 2.
-3 n'a pas d'antécédent par f.

4. a est l'antécédent de 3 par f, soit $a = 4$.

Rappel

Un nombre réel peut avoir zéro, un ou plusieurs antécédents par une fonction.

5 **1.** Graphique ci-après.

2. On trace la droite d'équation $y = 60$. La valeur cherchée est celle à partir de laquelle la courbe est au-dessus de la droite. On lit $x = 100$.

La distance de freinage est supérieure à 60 m à partir de 100 km/h.

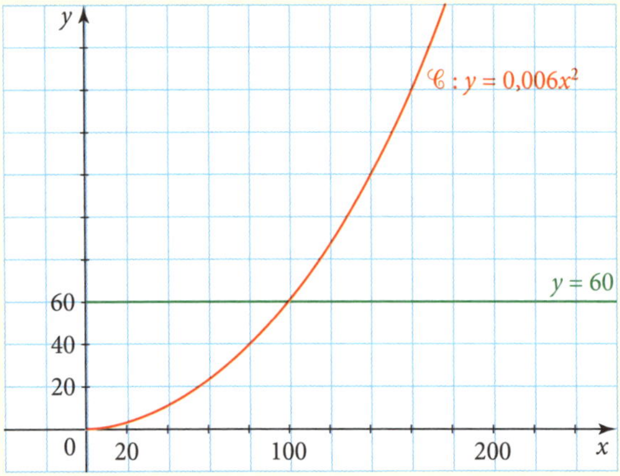

Piège à éviter

Il faut bien choisir la fenêtre de tracé sur la calculatrice.

6 Modélisation

1. Soit x le nombre d'heures de travail chaque mois.

Contrat 1 : f est définie sur $[0 ; +\infty[$ par $f(x) = 13x$;

Contrat 2 : g est définie sur $[0 ; +\infty[$ $g(x) = 100 + 10x$.

2. f est définie sur [0 ; 12] par $f(x) = \sqrt{9+x^2}$.

3. Soit x l'âge en mois de l'animal. f est de la forme $f(x) = 400x + b$.
On a $f(12) = 400 \times 12 + b = 7\,800$, soit $b = 3\,000$.
f est définie sur [0 ; 36] par $f(x) = 400x + 3\,000$.

4. Soit x la longueur du côté du carré. D'après le théorème de Pythagore :
$d^2 = x^2 + x^2$, soit $d^2 = 2x^2$; ainsi, $d = \sqrt{2x^2} = x\sqrt{2}$.
f est définie sur $[0 ; +\infty[$ par $f(x) = x\sqrt{2}$.

7 **1.** $\mathbb{R}$ est un ensemble centré en 0 ; $f(-x) = -5(-x) + 1 = 5x + 1$.
$f(-x) \neq f(x)$ et $f(-x) \neq -f(x)$, donc f n'est ni paire, ni impaire.

2. $]-\infty ; 0[\cup]0 ; +\infty[$ est un ensemble centré en 0 ; $f(-x) = -x - \dfrac{1}{(-x)^2} = -x - \dfrac{1}{x^2}$.
$f(-x) \neq f(x)$ et $f(-x) \neq -f(x)$, donc f n'est ni paire, ni impaire.

3. $[-10 ; +\infty[$ n'est pas un ensemble centré en 0, donc f n'est ni paire, ni impaire.

4. $\mathbb{R}$ est un ensemble centré en 0 ; $f(-x) = \dfrac{2}{(-x)^2+1} = f(x)$, donc f est paire.

5. $\mathbb{R}$ est un ensemble centré en 0 ; $f(-x) = -x = -f(x)$, donc f est impaire.

8 **1.** Fonction ni paire, ni impaire.

2. Fonction ni paire, ni impaire.

3. Fonction paire.

4. Fonction ni paire, ni impaire.

Exercices d'entraînement

9

x	−5	−1	$-\frac{1}{2}$	0	2	$\frac{1}{3}$	10
$f(x)$	191	7	$\frac{25}{8}$	1	−5	$\frac{5}{27}$	−829

10 **1.** $g(-10) = \dfrac{2(-10)+4}{10+2}$; $g(-10) = -\dfrac{4}{3}$.

$g(-6) = \dfrac{2(-6)+4}{6+2}$; $g(-6) = -1$.

$g(2{,}01) = \dfrac{2 \times 2{,}01 + 4}{-2{,}01 + 2}$; d'où $g(2{,}01) = \dfrac{8{,}02}{-0{,}01}$; $g(2{,}01) = -802$.

$g(1{,}99) = \dfrac{2 \times 1{,}99 + 4}{-1{,}99 + 2}$; d'où $g(1{,}99) = \dfrac{7{,}98}{0{,}01}$; $g(1{,}99) = 798$.

$g(0) = \dfrac{2 \times 0 + 4}{-0 + 2}$; $g(0) = 2$.

$g(3) = \dfrac{2 \times 3 + 4}{-3 + 2}$; $g(3) = -10$.

2. On résout l'équation $\dfrac{2x+4}{-x+2} = 0$; elle est équivalente à :

$$2x + 4 = 0, \text{ soit } x = -2.$$

L'antécédent de 0 par g est – 2.

Rappel
Chercher un antécédent revient à résoudre une équation.

11 **1.**

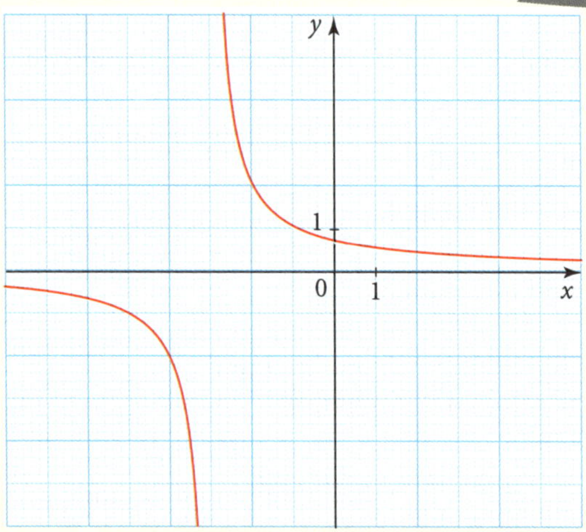

2. a. On peut répondre à cette question graphiquement ou numériquement.
L'ordonnée du point de la courbe d'abscisse – 1 est $h(-1)$. On a $\boldsymbol{h(-1) = 1}$.

b. Réponse numérique : l'abscisse du point de la courbe d'ordonnée 6 est l'antécédent de 6 par h.

On résout l'équation $\frac{2}{x+3} = 6$, successivement équivalente à :

$2 = 6(x + 3)$, soit $2 = 6x + 18$; $6x = -16$; $x = \frac{-16}{6}$, soit $x = -\frac{8}{3}$.

c. Réponse graphique : on détermine les abscisses des points de la courbe situés au-dessous de l'axe des abscisses.

On lit : $x < -3$.

Remarque

On peut retrouver ce résultat par le calcul en résolvant l'inéquation $\frac{2}{x+3} < 0$.

d. Réponse graphique : on détermine les ordonnées des points de la courbe dont l'abscisse est positive ($x \geqslant 0$).

On a : $h(0) = \frac{2}{3}$.

On lit : $0 < y \leqslant \frac{2}{3}$.

e. Réponse graphique : la courbe ne coupe pas l'axe des abscisses, donc 0 n'a pas d'antécédent par h.

f. Réponse numérique : $h(0) = \frac{2}{3}$; l'image de 0 par h est $\frac{2}{3}$.

12 **1.** $f(-2) = 3$.

2. $g(-3) = 0$.

3. $f(2) = -1$ et $f(4) = -1$.

4. $h(-1) = 3$ et $h(0) = 1$.

5. $f(0) = -2$.

6. $g(-3) = 0$ et $g(0) = 0$.

7. $f(x) > 0$ pour $x > 0$.

Piège à éviter

Il ne faut pas confondre strictement positive et strictement croissante.

13 On résout l'équation $f(x) = -1$.

Cette équation est successivement équivalente à :
$x^2 - 6x + 8 = -1$, soit $x^2 - 6x + 9 = 0$;
$(x - 3)^2 = 0$, soit $x = 3$.

L'antécédent de -1 par f est 3.

Rappel

Il faut bien connaître les identités remarquables.

14 **1.** $(x + 3)(x - 1) = x^2 + 2x - 3$.

2. On résout l'équation $x^2 + 2x - 4 = -1$.

Cette équation est successivement équivalente à : $x^2 + 2x - 3 = 0$; $(x + 3)(x - 1) = 0$;
$x + 3 = 0$ ou $x - 1 = 0$, soit $x = -3$ ou $x = 1$.

Les antécédents de -1 par g sont -3 et 1.

CHAPITRE 9

Variations et extremums

1 Sens de variation d'une fonction

1 Définition et propriétés

- Soit f une fonction définie sur un intervalle I = $[a\,; b]$.

On dit que f est strictement **croissante** sur I lorsque pour tout nombre réel x_1 et x_2 de I tels que $x_1 < x_2$, on a :

$$f(x_1) < f(x_2).$$

On dit que f est strictement **décroissante** sur I lorsque pour tout nombre réel x_1 et x_2 de I tels que $x_1 < x_2$, on a :

$$f(x_1) > f(x_2).$$

On dit que f est **constante** sur I lorsque pour tout nombre réel x de I, on a :

$$f(x) = k\,; k \in \mathbb{R}.$$

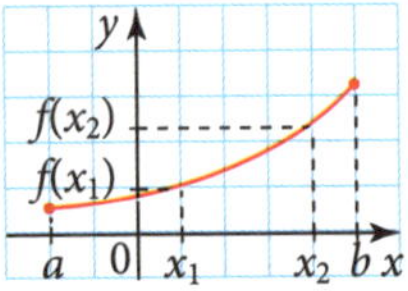

f est strictement croissante sur I.
La courbe « monte » sur I.

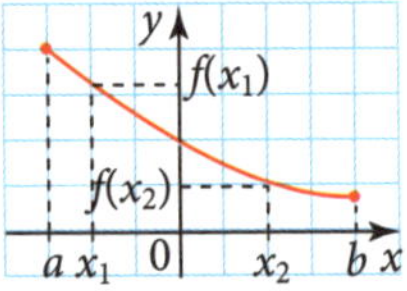

f est strictement décroissante sur I.
La courbe « descend » sur I.

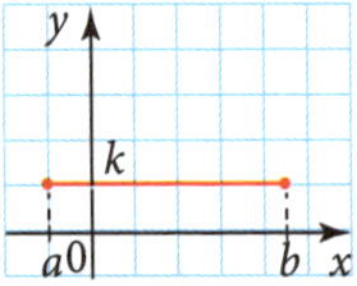

f est constante sur I.
La courbe est « horizontale » sur I.

- Une fonction strictement croissante sur I conserve l'ordre : si deux nombres réels de I sont rangés dans un certain ordre, leurs images sont rangées dans le même ordre.
- Une fonction strictement décroissante sur I renverse l'ordre : si deux nombres réels de I sont rangés dans un certain ordre, leurs images sont rangées dans l'ordre contraire.

2 Tableau de variation

Le sens de variation d'une fonction se résume dans un tableau de variation : on détermine les intervalles sur lesquels la fonction est strictement croissante, strictement décroissante ou constante.

EXERCICES RÉSOLUS

Déterminer le sens de variation d'une fonction

ÉNONCÉ

On donne la représentation graphique $\mathscr{C}$ d'une fonction f définie sur $[-5 ; 6]$.
Déterminer le sens de variation de f et dresser son tableau de variation.

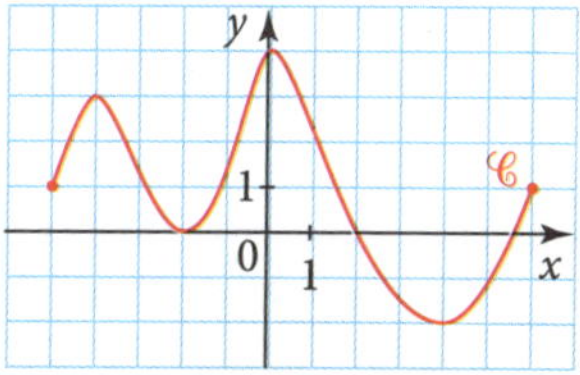

CORRIGÉ

• La courbe $\mathscr{C}$ monte sur les intervalles $[-5 ; -4]$; $[-2 ; 0]$ et $[4 ; 6]$.
La courbe $\mathscr{C}$ descend sur les intervalles $[-4 ; -2]$ et $[0 ; 4]$.

• f est strictement croissante sur $[-5 ; -4]$; $[-2 ; 0]$ et $[4 ; 6]$.
f est strictement décroissante sur $[-4 ; -2]$ et $[0 ; 4]$.

x	-5		-4		-2		0		4		6
$f(x)$	1	↗	3	↘	0	↗	4	↘	-2	↗	1

Méthode

On détermine les intervalles sur lesquels $\mathscr{C}$ « monte » ou « descend », et on écrit alors son sens de variation.

Tracer une courbe

ÉNONCÉ

Tracer, dans un repère orthonormal du plan, une représentation graphique $\mathscr{C}$ correspondant au tableau de variation et au tableau de valeurs suivant :

x	-1		1		3		5
$f(x)$	-3	↗	0	↘	-2	↗	1

x	0	2	4	$4{,}5$
$f(x)$	-1	$-0{,}8$	-1	0

CORRIGÉ

Le tableau de variation permet de placer les points de coordonnées : $(-1 ; -3)$; $(1 ; 0)$; $(3 ; -2)$ et $(5 ; 1)$.

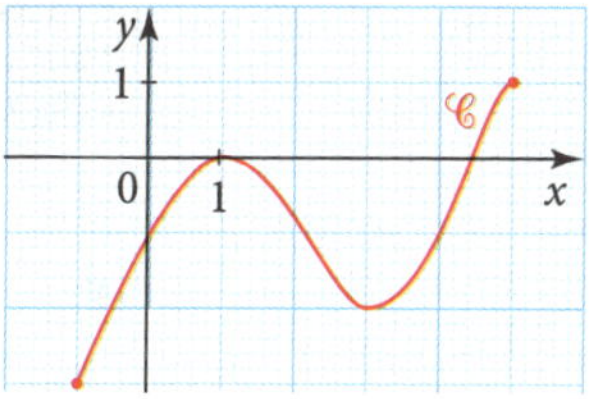

Conseil

On se positionne sur le point de coordonnées $(-1 ; -3)$ et on joint harmonieusement tous les points en respectant le sens de variation indiqué dans le tableau de variation.

2 Minimum, maximum d'une fonction

Soit f une fonction définie sur un intervalle I et x_0 un nombre réel appartenant à I.

- $f(x_0)$ est le **minimum** de f sur I si pour tout nombre réel x de I, on a $f(x) \geqslant f(x_0)$.
- $f(x_0)$ est le **maximum** de f sur I si pour tout nombre réel x de I, on a $f(x) \leqslant f(x_0)$.

Remarque : • f peut ne pas avoir de minimum ou de maximum.
• Le même nombre $f(x_0)$ peut être minimum (ou maximum) pour plusieurs valeurs de x_0.

EXERCICES RÉSOLUS

Déterminer des extremums

ÉNONCÉ

Soit f une fonction définie sur $[-5; 4]$, dont on donne la courbe représentative $\mathscr{C}$ dans le plan rapporté à un repère.

1. Déterminer le maximum et le minimum de f sur $[0; 4]$.

2. Déterminer le maximum et le minimum de f sur $[-5; 4]$.

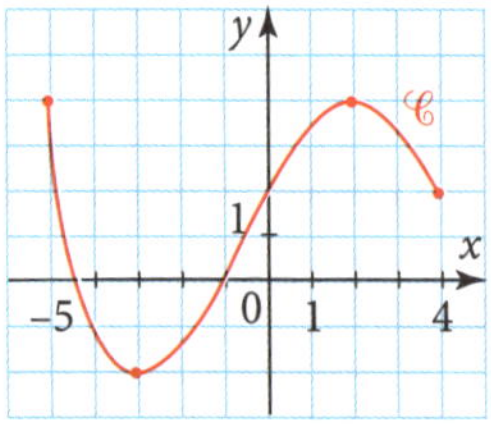

CORRIGÉ

1. • Sur l'intervalle $[0; 4]$, l'ordonnée du point le plus « haut » de la courbe est $f(2) = 4$. Ainsi pour tout $x \in [0; 4]$, $f(x) \leqslant 4$, donc le maximum de f sur $[0; 4]$ est égal à 4, atteint en $x = 2$.

• Sur l'intervalle $[0; 4]$, l'ordonnée du point le plus « bas » de la courbe est $f(0) = f(4) = 2$. Ainsi pour tout $x \in [0; 4]$, $f(x) \geqslant 2$, donc le minimum de f sur $[0; 4]$ est égal à 2, atteint en $x = 0$ et $x = 4$.

Méthode

Pour déterminer le maximum (ou le minimum), lire l'ordonnée du ou des points les plus « hauts » (ou les plus « bas ») de la courbe, pour les abscisses appartenant à l'intervalle indiqué.

2. • Sur l'intervalle $[-5; 4]$, l'ordonnée du point le plus « haut » de la courbe est $f(-5) = f(2) = 4$. Ainsi pour tout $x \in [-5; 4]$, $f(x) \leqslant 4$, donc le maximum de f sur $[-5; 4]$ est égal à 4, atteint en $x = -5$ et $x = 2$.

• Sur l'intervalle $[-5\,;4]$, l'ordonnée du point le plus « bas » de la courbe est $f(-3) = -2$. Ainsi pour tout $x \in [-5\,;4]$, $f(x) \geqslant -2$, donc le minimum de f sur $[-5\,;4]$ est égal à -2, atteint en $x = -3$.

Déterminer des extremums

ÉNONCÉ

Soit f une fonction définie sur $[-3\,;5]$, dont on donne le tableau de variation :

x	-3		-1		0		2		5
$f(x)$	4	↘	-3	↗	1	→	1	↘	0

Déterminer le maximum et le minimum de f sur $[-3\,;5]$.

CORRIGÉ

Toutes les valeurs de $f(x)$ sont supérieures ou égales à -3 et inférieures ou égales à 4 : le minimum est égal à -3, atteint en $x = -1$, et le maximum est égal à 4, atteint en $x = -3$.

Conseil
On détermine, si elles existent, la plus petite et la plus grande des valeurs réelles inscrites aux extrémités des flèches du tableau.

Utiliser l'extremum

ÉNONCÉ

On donne le tableau de variation d'une fonction f définie sur $\mathbb{R}$.

Montrer que pour tout nombre réel x, $f(x) > 0$.

x	$-\infty$		3		$+\infty$
$f(x)$		↘	1	↗	

CORRIGÉ

Toutes les valeurs de $f(x)$ sont supérieures ou égales à 1 : le minimum est égal à 1, atteint en $x = 3$.

On a donc, pour tout nombre réel x, $f(x) \geqslant 1$.
Or $1 > 0$ donc, pour tout nombre réel x, $f(x) > 0$.

Rappel
C'est la définition du minimum qui permet de répondre à la question.

3 Fonctions affines

1 Fonction affine : $x \mapsto ax + b$

Cette fonction est définie sur $\mathbb{R}$.

- $a > 0$

x	$-\infty$	$\frac{-b}{a}$	$+\infty$
$ax + b$	$-\infty$ ↗	0	↗ $+\infty$
signe de $ax + b$	$-$	0	$+$

$a > 0\,;\, b \neq 0$

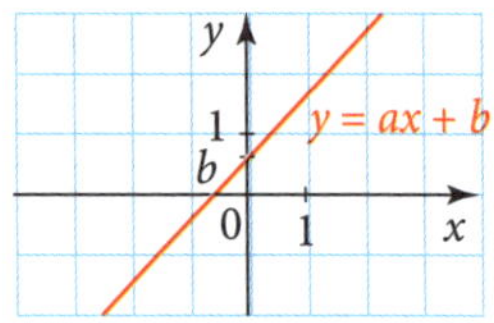

- $a < 0$

x	$-\infty$	$\frac{-b}{a}$	$+\infty$
$ax + b$	$+\infty$ ↘	0	↘ $-\infty$
signe de $ax + b$	$+$	0	$-$

$a < 0\,;\, b \neq 0$

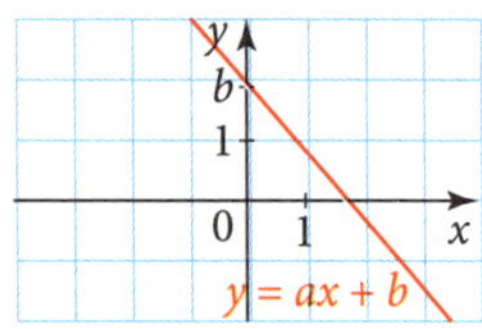

2 Coefficient directeur d'une droite

- La représentation graphique d'une fonction affine f définie par $f(x) = ax + b$ est la droite d'équation $y = ax + b$; a est le coefficient directeur de la droite.

Soit x_A et x_B deux nombres réels, le taux d'accroissement de la fonction affine de x_A à x_B est :

$$\frac{f(x_B) - f(x_A)}{x_B - x_A} = \frac{(ax_B + b) - (ax_A + b)}{x_B - x_A} = \frac{ax_B + b - ax_A - b}{x_B - x_A} = \frac{a(x_B - x_A)}{x_B - x_A} = a.$$

Le coefficient directeur de la droite correspond ainsi au taux d'accroissement de la fonction affine de x_A à x_B.

EXERCICE RÉSOLU

Déterminer une équation de droite

ÉNONCÉ

Le plan est rapporté à un repère orthonormé. Déterminer :

1. les équations des droites $\mathcal{D}_1$, $\mathcal{D}_2$ et $\mathcal{D}_3$;

2. l'équation de la droite passant par les points A(3 ; 1) et B(– 1 ; – 8).

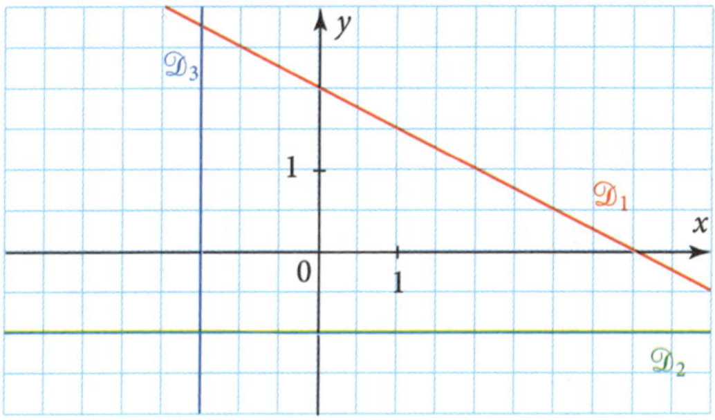

CORRIGÉ

1. • Le coefficient directeur de $\mathcal{D}_1$ est égal à – 0,5, son ordonnée à l'origine est égale à 2, donc l'équation réduite de $\mathcal{D}_1$ est $y = -0{,}5x + 2$.

• $\mathcal{D}_2$ est parallèle à l'axe des abscisses et passe par (0 ; – 1), donc son équation est $y = -1$.

• $\mathcal{D}_3$ est parallèle à l'axe des ordonnées et passe par $\left(-\frac{3}{2} ; 0\right)$, donc son équation est $x = -\frac{3}{2}$.

Conseil
On lit sur le graphique les valeurs de *a* et de *b*.

2. Le coefficient directeur de la droite (AB) est :

$$a = \frac{y_B - y_A}{x_B - x_A}, \quad \text{soit} \quad a = \frac{-8-1}{-1-3} = \frac{-9}{-4} = \frac{9}{4}.$$

Son équation réduite est de la forme $y = \frac{9}{4}x + b$; or A étant un point de (AB), on peut écrire : $1 = \frac{9}{4} \times 3 + b$, soit $1 = \frac{27}{4} + b$.

Ainsi $b = 1 - \frac{27}{4} = \frac{-23}{4}$ et (AB) : $y = \frac{9}{4}x - \frac{23}{4}$.

4 Variation des fonctions carré, inverse, racine carrée et cube

1 Fonction carré

Cette fonction est définie sur $\mathbb{R}$.

x	$-\infty$		0		$+\infty$
x^2	$+\infty$	↘	0	↗	$+\infty$
signe de x^2		+	0	+	

2 Fonction inverse

Cette fonction est définie sur $]-\infty\,;0[\,\cup\,]0\,;+\infty[$.

x	$-\infty$		0		$+\infty$
$\frac{1}{x}$	0	↘	$-\infty$ ‖ $+\infty$	↘	0
signe de $\frac{1}{x}$		$-$	‖	+	

3 Fonction racine carrée

x	0		$+\infty$
$\sqrt{x}$	0	↗	$+\infty$
Signe de $\sqrt{x}$	0	+	

4 Fonction cube

x	$-\infty$		0		$+\infty$
x^3	$-\infty$		↗		$+\infty$
Signe de x^3		$-$	0	+	

EXERCICES RÉSOLUS

Utiliser le sens de variation d'une fonction

ÉNONCÉ

Comparer les deux nombres sans utiliser la calculatrice.

1. $(-3{,}4)^2$ et $(-3{,}8)^2$; **2.** $\dfrac{1}{3}$ et $\dfrac{1}{\pi}$; **3.** $5{,}2^3$ et $5{,}4^3$; **4.** $\sqrt{21}$ et $\sqrt{22}$.

CORRIGÉ

1. La fonction carré est strictement décroissante sur $]-\infty\ ;0]$ et $-3{,}4 > -3{,}8$, donc $(-3{,}4)^2 < (-3{,}8)^2$.

2. La fonction inverse est strictement décroissante sur $]0\ ;+\infty[$ et $3 < \pi$, donc $\dfrac{1}{3} > \dfrac{1}{\pi}$.

3. La fonction cube est strictement croissante sur $\mathbb{R}$ et $5{,}2 < 5{,}4$, donc $5{,}2^3 < 5{,}4^3$.

4. La fonction racine carrée est strictement croissante sur $[0\ ;+\infty[$ et $21 < 22$, donc $\sqrt{21} < \sqrt{22}$.

Encadrer un inverse et un carré

ÉNONCÉ

Donner un encadrement de $\dfrac{1}{x}$ et de x^2 pour chaque cas.

1. $-0{,}5 < x < -0{,}4$; **2.** $x > 0{,}1$.

CORRIGÉ

1. La fonction inverse et la fonction carré sont strictement décroissantes respectivement sur $]-\infty\ ;0[$ et sur $]-\infty\ ;0]$, donc $\dfrac{1}{-0{,}5} > \dfrac{1}{x} > \dfrac{1}{-0{,}4}$, soit $-2 > \dfrac{1}{x} > -2{,}5$ ou encore $-2{,}5 < \dfrac{1}{x} < -2$ et $(-0{,}5)^2 > x^2 > (-0{,}4)^2$, soit $0{,}25 > x^2 > 0{,}16$, ou encore $0{,}16 < x^2 < 0{,}25$.

2. La fonction inverse est strictement décroissante sur $]0\ ;+\infty[$ et la fonction carré est strictement croissante sur $[0\ ;+\infty[$,

donc $\dfrac{1}{x} < \dfrac{1}{0{,}1}$, soit $\dfrac{1}{x} < 10$ et $x^2 > 0{,}1^2$, soit $x^2 > 0{,}01$.

Savoir dresser un tableau de variation à partir d'une courbe représentative

ÉNONCÉ

On donne un tracé de la courbe représentative d'une fonction f définie sur $[-2\,;6]$.
Dresser le tableau de variation de f.

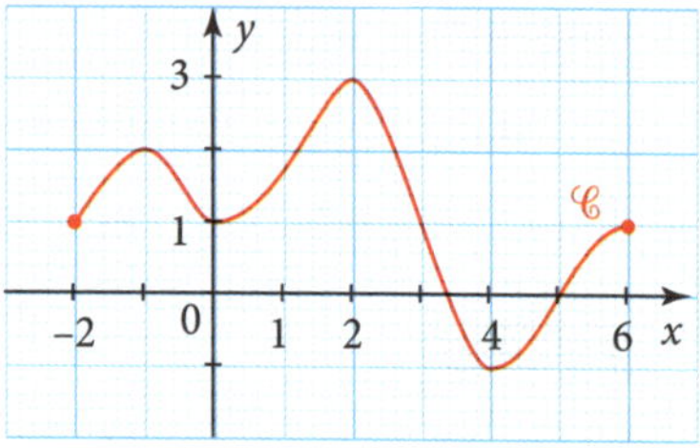

MÉTHODE

1. Chercher :
- les intervalles sur lesquels $\mathcal{C}$ monte : f est strictement croissante sur chacun de ces intervalles ;
- les intervalles sur lesquels $\mathcal{C}$ descend : f est strictement décroissante sur chacun de ces intervalles.

2. Dresser le tableau de variation de f en notant les valeurs de x pour lesquelles f change de sens de variation.

CORRIGÉ

1. • La courbe monte sur les intervalles $[-2\,;-1]$, $[0\,;2]$ et $[4\,;6]$.
Donc f est strictement croissante sur $[-2\,;-1]$, $[0\,;2]$ et $[4\,;6]$.

• La courbe descend sur les intervalles $[-1\,;0]$ et $[2\,;4]$.
Donc f est strictement décroissante sur $[-1\,;0]$ et $[2\,;4]$.

Piège à éviter

On dit qu'une courbe monte ou descend sur un intervalle, mais que la fonction est strictement croissante ou décroissante sur un intervalle.

2. Tableau de variation de f :

x	-2		-1		0		2		4		6
$g(x)$	1	↗	2	↘	1	↗	3	↘	-1	↗	1

Interpréter le tableau de variation d'une fonction

ÉNONCÉ

On donne le tableau de variation des fonctions f et g.

x	0		2		$+\infty$
$f(x)$	‖	↘	1	↗	

x	$-\infty$		0		$+\infty$
$g(x)$		↗	-1	↘	

À savoir

La double barre dans le tableau de variation signifie que la fonction n'est pas définie en 0.

1. Déterminer l'ensemble de définition des fonctions f et g.

2. Expliquer pourquoi l'inéquation $f(x) < 0$ n'a pas de solution.

3. Résoudre l'inéquation $g(x) < 0$.

MÉTHODE

1. Lire sur la première ligne du tableau l'ensemble de définition de la fonction.

2. Interpréter les informations du tableau de variation et la signification des éventuels minimums et maximums.

CORRIGÉ

1. L'ensemble de définition de la fonction f est $]0\,;+\infty[$, celui de g est $\mathbb{R}$.

2. Le minimum de f sur $]0\,;+\infty[$ est 1.
Ainsi, pour tout nombre réel x appartenant à $]0\,;+\infty[$, $f(x) \geqslant 1$. On en conclut que $f(x) > 0$ et que l'inéquation $f(x) < 0$ n'a pas de solution.

3. Le maximum de g sur $\mathbb{R}$ est -1.
Ainsi pour tout nombre réel x appartenant à $\mathbb{R}$, $g(x) \leqslant -1$. On en conclut que $g(x) < 0$ et que l'ensemble des solutions de l'inéquation $g(x) < 0$ est $\mathbb{R}$.

Conseil

C'est la lecture et l'interprétation du tableau de variation qui permet de résoudre les inéquations.

Exercices d'application

1 Détermination du sens de variation d'une fonction définie à partir d'un tableau de variation

On donne le tableau de variation d'une fonction f définie sur $[-10 ; 10]$.

x	-10	-8	0	2	10
$f(x)$	4 ↘	0 ↗	1 ↘	-3 ↗	2

Compléter les phrases suivantes :

- f est strictement .... sur $[2 ; 10]$.
- f est strictement .... sur $[-10 ; -8]$.
- L'image de -8 par f est ...
- $f(0) =$ ....
- 2 est .... de -3 par f.
- 2 est .... de 10 par f.
- $f(...) = 4$.

2 Détermination du sens de variation d'une fonction définie par une courbe

On donne la représentation graphique $\mathscr{C}$, dans le plan rapporté à un repère, d'une fonction f définie sur $[-3 ; 6]$.

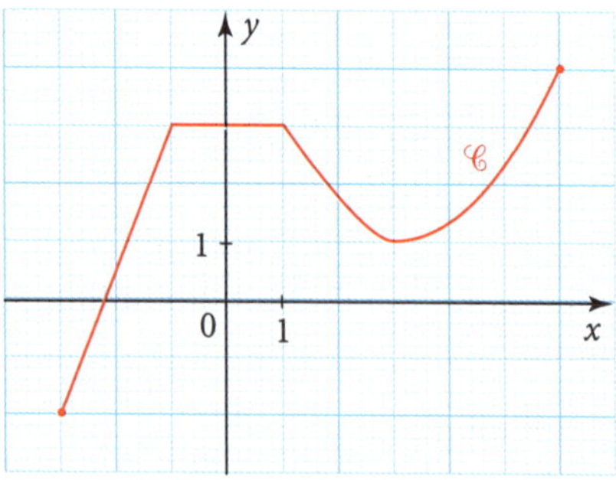

1. Déterminer le sens de variation de f.

2. Dresser le tableau de variation de f.

3 Tracé d'une courbe représentative d'une fonction à partir de son tableau de variation

Soit une fonction f correspondant au tableau de variation et au tableau de valeurs suivants :

x	−2		−1		1		2		4		5,5		7
$f(x)$	3	↘	1	→	1	↘	−1	↗	4	↘	2	↗	3

x	−1,5	2,5	3	4,5
$f(x)$	2	0	1,8	3

Tracer, dans le plan rapporté à un repère orthonormal, une représentation graphique $\mathscr{C}_f$ de cette fonction f.

4 Détermination des extremums d'une fonction

Soit f une fonction définie sur [−4 ; 8], dont on donne la courbe représentative $\mathscr{C}$ dans le plan rapporté à un repère.

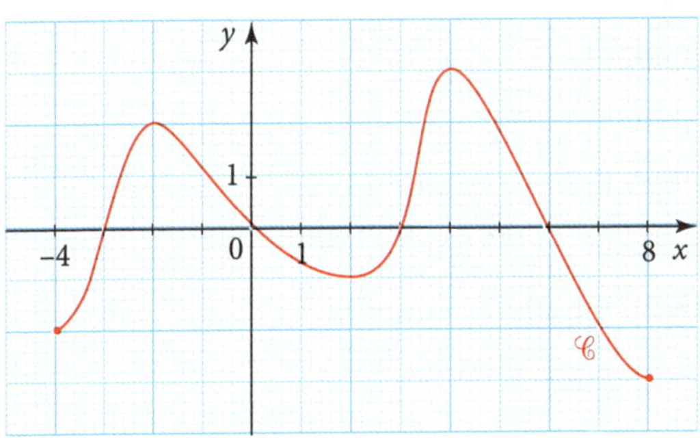

Déterminer le maximum et le minimum de f sur les intervalles suivants :

1. [−3 ; 0] ; **2.** [0 ; 2] ; **3.** [0 ; 3] ; **4.** [−4 ; 8].

5 Détermination des extremums

Soit f une fonction définie sur $[-4\,;3]$, dont on donne le tableau de variation.

x	-4		-2		0		1		3
$f(x)$	0	↗	5	↘	-1	↗	5	↘	0

Déterminer le maximum et le minimum de f sur $[-4\,;3]$.

6 Détermination du signe d'une fonction

On donne le tableau de variation d'une fonction g définie sur $\mathbb{R}$.

x	$-\infty$		-1		$+\infty$
$g(x)$		↗	-5	↘	

1. Déterminer le maximum de la fonction g sur $\mathbb{R}$ et en déduire que, pour tout nombre réel x, $g(x) < 0$.

2. Résoudre l'inéquation $g(x) > -0{,}5$.

7 Formuler la négation d'une proposition

Soit f une fonction définie sur $\mathbb{R}$.

Pour chaque proposition A, écrire sa négation $\overline{\text{A}}$.

1. A : « Pour tout nombre réel x, $f(x) > 2$ ».

2. A : « Il existe au moins un nombre réel x tel que $f(x) \leqslant 0$ ».

3. A : « f est strictement croissante sur $\mathbb{R}$ ».

4. A : « f est strictement décroissante sur $\mathbb{R}$ ».

5. A : « $f(x_0)$ est le minimum de f sur $\mathbb{R}$ ».

6. A : « $f(x_1)$ est le maximum de f sur $\mathbb{R}$ ».

Exercices d'entraînement

8 Tracé de la courbe représentative d'une fonction

Tracer, dans le plan rapporté à un repère orthonormal, une courbe représentative de la fonction f sachant que :

- f est définie sur $[-2\,;8]$;
- f est strictement décroissante sur les intervalles $[-2\,;0]$ et $[3\,;8]$;
- f est strictement croissante sur l'intervalle $[0\,;3]$;
- $f(0)=0$; $f(5)=0$; $f(-2)=2$;
- le maximum de f est atteint en $x=3$ et vaut 4 ;
- le minimum de f est atteint en $x=8$ et vaut -2.

9 Maximum et minimum d'une fonction

On donne le tableau de variation d'une fonction f définie sur $[-5\,;5]$.

x	-5		-1		2		5
$f(x)$	0	↘	-3	↗	3	↘	-6

1. Déterminer les maximum et minimum de la fonction f et les valeurs de x pour lesquels ils sont atteints.

2. Comparer les nombres suivants :

a. $f(-4)$ et $f(-3)$;

b. $f(0)$ et $f(1)$;

c. $f(-0{,}5)$ et $f(1)$;

d. $f(3)$ et $f(4{,}5)$.

10 Une fonction et son tableau de variation

On donne le tableau de variation d'une fonction f définie sur $[2\,;8]$.

x	2		4		8
$f(x)$	-1	↗	3	↘	0

1. Décrire avec un vocabulaire adapté le sens de variation de f.

2. Déterminer l'image par f de chacun des nombres : 2 ; 4 ; 8.

3. Déterminer le maximum de f sur $[2\,;8]$.

4. Tracer une représentation graphique de f correspondant au tableau de variation.

11 Une fonction et son tableau de variation

On donne le tableau de variation d'une fonction g définie sur [0 ; 12].

x	0		10		12
$g(x)$	2	↘	-1	↗	0

1. Décrire en langage usuel le sens de variation de g.

2. Que représente $g(10)$ pour la fonction g ?

3. Laquelle des deux affirmations suivantes est vraie ?

Pour tout x de $[0 ; 12]$, $g(x) \geqslant -1$.

Pour tout x de $[0 ; 12]$, $g(x) \leqslant -1$.

12 Étude graphique d'une fonction

Soit f la fonction définie sur $[-3 ; 3]$ par $f(x) = x^3 - 3x + 1$.

1. Tracer sur une calculatrice, la courbe représentative de f.

2. Dresser son tableau de variation.

3. Déterminer les maximum et minimum de f.

13 Sens de variation d'une fonction

Déterminer le sens de variation et dresser le tableau de variation de la fonction g définie sur $[-3 ; 8]$, dont on donne ci-dessous la courbe représentative $\mathscr{C}$ dans le plan rapporté à un repère.

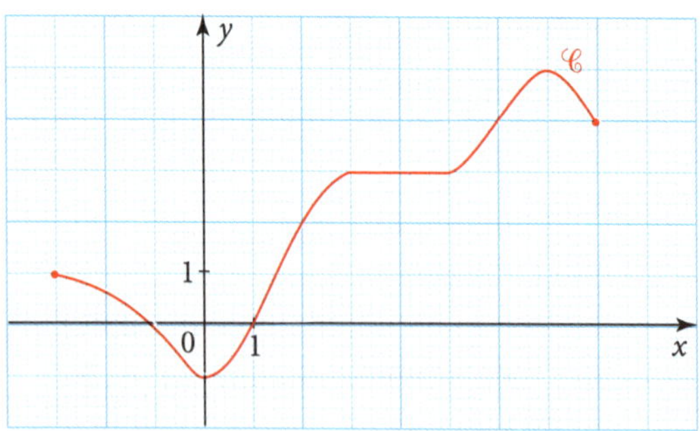

Exercices d'application

1 f est strictement croissante sur [2 ; 10].
- f est strictement décroissante sur [– 10 ; – 8].
- L'image de – 8 par f est 0.
- $f(0) = 1$.
- 2 est un antécédent de – 3 par f.
- 2 est l'image de 10 par f.
- $f(-10) = 4$.

Rappel

Soit une fonction f et deux réels a et b tels que $b = f(a)$.
On dit que b est l'image de a et que a est un antécédent de b.

Piège à éviter

Il faut bien faire la distinction entre image et antécédent.

2 **1.** Sens de variation de f :
- f est strictement croissante sur [– 3 ; – 1] et sur [3 ; 6] ;
- f est constante sur [– 1 ; 1] ;
- f est strictement décroissante sur [1 ; 3].

2. Tableau de variation de f.

x	– 3		– 1		1		3		6
$f(x)$	– 2	↗	3	→	3	↘	1	↗	4

3 Tracé de $\mathscr{C}_f$ en prenant en compte les données fournies par le tableau de variation et le tableau de valeurs.

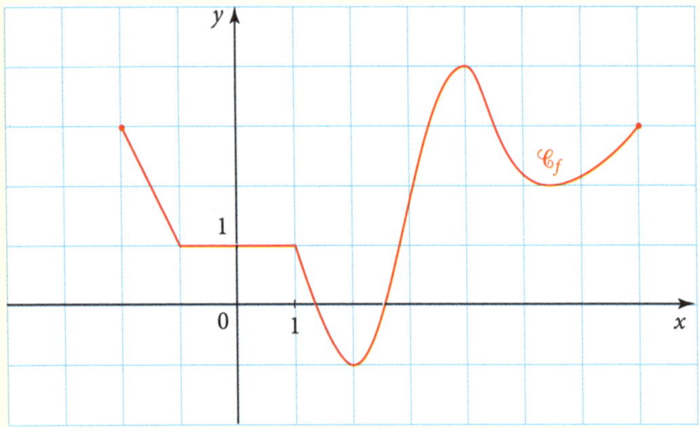

4 **1.** Sur [– 3 ; 0] : f admet un maximum égal à 2, en $x = -2$, et un minimum égal à 0, en $x = -3$ et $x = 0$.

2. Sur [0 ; 2] : f admet un maximum égal à 0, en $x = 0$, et un minimum égal à – 1, en $x = 2$.

3. Sur [0 ; 3] : f admet un maximum égal à 0, en $x = 0$ et $x = 3$, et un minimum égal à – 1, en $x = 2$.

4. Sur [– 4 ; 8] : f admet un maximum égal à 3, en $x = 4$, et un minimum égal à – 3, en $x = 8$.

5 Pour tout $x \in [-4 ; 3]$, $f(x) \leqslant 5$ et $f(x) \geqslant -1$.

Ainsi, f présente un maximum égal à 5, en $x = -2$ et $x = 1$; f présente un minimum égal à – 1 en $x = 0$.

6 **1.** Pour tout $x \in \mathbb{R}$, $g(x) \leqslant -5$, donc g présente un maximum égal à – 5 en $x = -1$.

Or, $-5 < 0$; donc, pour tout nombre réel x, $g(x) < 0$.

2. Pour tout nombre réel x, on a $g(x) \leqslant -5$, donc l'inéquation $g(x) > -0{,}5$ n'a pas de solution.

7 **1.** $\overline{A}$: « Il existe au moins un nombre réel x tel que $f(x) \leqslant 2$ ».

2. $\overline{A}$: « Pour tout nombre réel x, $f(x) > 0$ ».

3. $\overline{A}$: « Il existe au moins deux nombres réels x_1 et x_2 tels que $x_1 < x_2$ et $f(x_1) > f(x_2)$ ».

4. $\overline{A}$: « Il existe au moins deux nombres réels x_1 et x_2 tels que $x_1 < x_2$ et $f(x_1) < f(x_2)$ ».

5. $\overline{A}$: « Il existe au moins un nombre réel x tel que $f(x) < f(x_0)$ ».

6. $\overline{A}$: « Il existe au moins un nombre réel x tel que $f(x) > f(x_1)$ ».

Piège à éviter

Dans la notion de « contraire », il faut éviter le lieu commun qui consiste à penser que le contraire de « grand » est « petit »…

Exercices d'entraînement

8

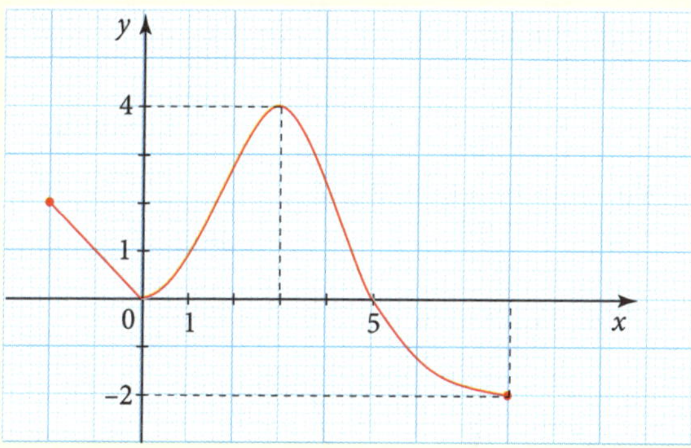

Rappel

Le maximum est l'ordonnée du point le plus haut de la courbe. Le minimum est l'ordonnée du point le plus bas de la courbe.

9 **1.** f admet un minimum égal à -6 en $x = 5$.
f admet un maximum égal à 3 en $x = 2$.

2. a. f est strictement décroissante sur $[-5 ; -1]$; $-4 < -3$, donc $f(-4) > f(-3)$.

b. f est strictement croissante sur $[-1 ; 2]$; $0 < 1$, donc $f(0) < f(1)$.

c. f est strictement croissante sur $[-1 ; 2]$; $-0{,}5 < 1$, donc $f(-0{,}5) < f(1)$.

d. f est strictement décroissante sur $[2 ; 5]$; $3 < 4{,}5$, donc $f(3) > f(4{,}5)$.

10 **1.** f est strictement croissante sur $[2 ; 4]$ et strictement décroissante sur $[4 ; 8]$.

2. $f(2) = -1$; $f(4) = 3$ et $f(8) = 0$.

3. Le maximum de f sur $[2 ; 8]$ est 3.

4.

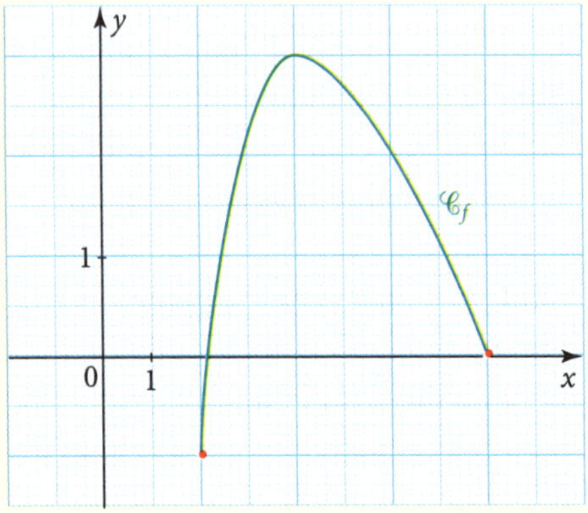

11 **1.** g est strictement décroissante sur [0 ; 10] et strictement croissante sur [10 ; 12].

2. $g(10)$ est le minimum de g sur [0 ; 12].

3. La 1re affirmation est vraie : pour tout x de [0 ; 12], $g(x) \geqslant -1$.

> **Remarque**
> -1 est le minimum de g sur [0 ; 12].

12 **1.** Voici la courbe qui s'affiche à l'écran de la calculatrice :

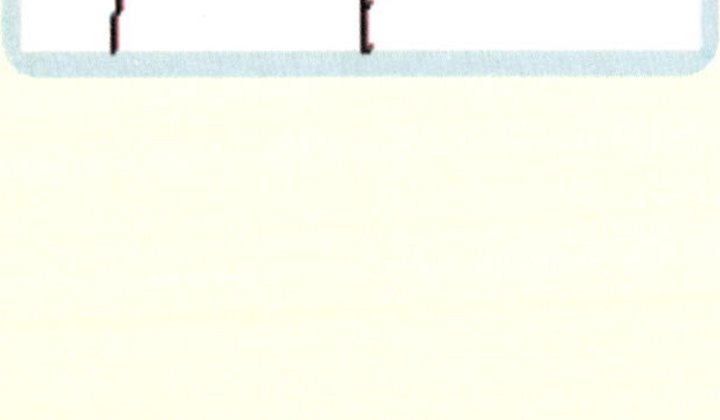

2. Tableau de variation de f sur [– 3 ; 3] :

x	−3		−1		1		3
$f(x)$	−17	↗	3	↘	−1	↗	19

3. Le minimum de f sur [– 3 ; 3] est – 17, atteint pour $x = -3$.
Le maximum de f sur [– 3 ; 3] est 19, atteint pour $x = 3$.

13 g est strictement décroissante sur l'intervalle [– 3 ; 0].
g est strictement croissante sur l'intervalle [0 ; 3].
g est constante sur l'intervalle [3 ; 5].
g est strictement croissante sur l'intervalle [5 ; 7].
g est strictement décroissante sur l'intervalle [7 ; 8].

x	−3		0		3		5		7		8
$g(x)$	1	↘	−1	↗	3	→	3	↗	5	↘	4

CHAPITRE 10

Information chiffrée et statistique descriptive

1 Proportion, pourcentage d'une sous-population dans une population

1 Proportion

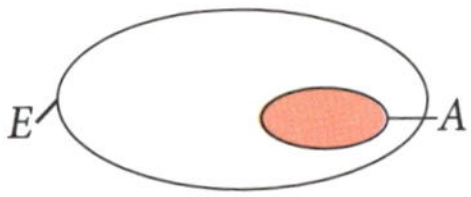

- Considérons une population E d'effectif n_E et une sous-population de E, notée A, d'effectif n_A.

La **proportion** de A dans E est le nombre réel p tel que : $\boldsymbol{p = \frac{n_A}{n_E}}$.

Une proportion peut s'écrire sous forme fractionnaire, sous forme décimale ou sous forme de pourcentage (par exemple, $\frac{3}{5} = 0,6 = 60\ \%$).

Propriétés : $0 \leqslant n_A \leqslant n_E$ et $0 \leqslant p \leqslant 1$.

- De l'égalité $\boldsymbol{p = \frac{n_A}{n_E}}$, on déduit : $\boldsymbol{n_A = p \times n_E}$ et $\boldsymbol{n_E = \frac{n_A}{p}}$.

2 Comparaisons de proportions et d'effectifs

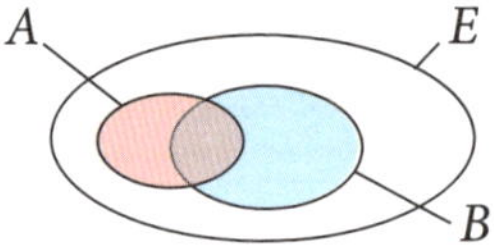

- Lorsque deux sous-populations appartiennent à une même population de référence, leurs proportions et leurs effectifs sont rangés dans le même ordre et on peut les comparer.

Si $p_A < p_B$ alors $n_A < n_B$.

- **Exemples**

• Dans une classe de Seconde, 30 % des élèves pratiquent un sport et 20 % jouent d'un instrument de musique.

La population de référence étant **la même** pour les deux proportions données, on peut donc affirmer qu'il y a plus d'élèves qui pratiquent un sport que d'élèves qui jouent d'un instrument de musique.

• 75 % des élèves de la classe de 2nde 1 et 80 % des élèves de la classe de 2nde 2 pratiquent un sport.

On ne sait pas dans quelle classe le **nombre** d'élèves qui pratiquent un sport est le plus élevé car les proportions données ne correspondent pas à des sous-populations du même ensemble de référence.

EXERCICES RÉSOLUS

Utiliser une proportion

ÉNONCÉ

Une entreprise de 120 employés compte 15 % de cadres, 60 % de techniciens et 25 % d'ouvriers. 75 employés de cette entreprise sont des femmes.

1. Calculer l'effectif des cadres.

2. Calculer la proportion de femmes dans l'entreprise.

CORRIGÉ

1. Soit E la population des employés et C la sous-population des cadres.

$$p = \frac{n_C}{n_E}\text{, donc } n_C = p \times n_E\text{, soit } n_C = 15\ \% \times 120 = 0{,}15 \times 120 = 18.$$

L'entreprise compte 18 cadres.

2. Soit E la population des employés et F la sous-population des femmes.

$$p = \frac{n_F}{n_E}\text{, donc } p = \frac{75}{120} = 0{,}625 = 62{,}5\ \%.$$

L'entreprise compte 62,5 % de femmes.

Modéliser une situation à l'aide d'un tableau

ÉNONCÉ

Un établissement scolaire compte 3 000 élèves, dont 38 % de filles. De plus, 5 % des filles sont internes ; 60 % des élèves, parmi lesquels 1 320 garçons, sont externes ; 10 % des garçons sont demi-pensionnaires.
Créer un tableau d'effectifs modélisant la situation.

CORRIGÉ

	Garçons	Filles	Total
Internes	1 860 – (1 320 + 186) = 354	1 140 × 0,05 = 57	354 + 57 = 411
Externes	1 320	1 800 – 1 320 = 480	3000 × 0,6 = 1 800
Demi-pensionnaires	1 860 × 0,1 = 186	1 140 – (57 + 480) = 603	186 + 603 = 789
Total	3 000 – 1 140 = 1 860	3 000 × 0,38 = 1 140	3 000

2 Ensembles de référence inclus les uns dans les autres : pourcentage de pourcentage

- Considérons trois populations A, E et F telles que A soit une sous-population de E et E une sous-population de F.

p_1 est la proportion de A dans E.

p_2 est la proportion de E dans F.

Alors, $p = p_1 \times p_2$ est la **proportion de A dans F.**

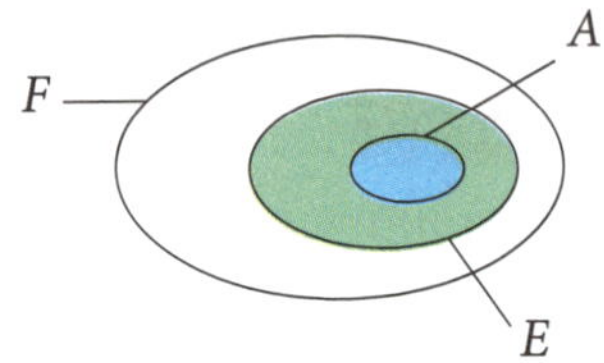

EXERCICES RÉSOLUS

Calculer un pourcentage de pourcentage

ÉNONCÉ

Le maire d'une ville organise un référendum. Les résultats sont les suivants : 45 % des électeurs inscrits sur les listes électorales se sont déplacés pour voter. Parmi eux, 60 % ont répondu « oui » à la question posée par le maire.

Quelle proportion des électeurs inscrits a répondu « oui » à la question du maire ?

CORRIGÉ

E est la population des électeurs inscrits.

V est la population des votants.

O est la population des personnes qui ont répondu « oui ».

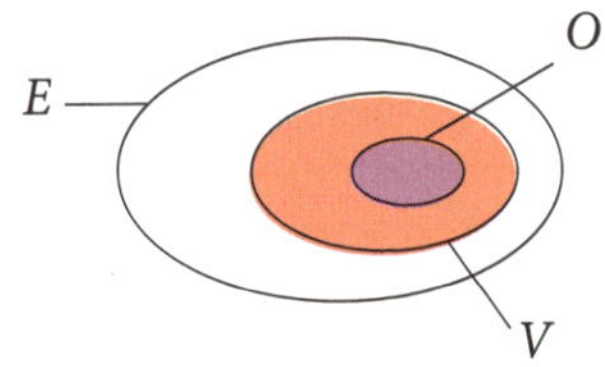

- La proportion de V dans E est 45 %.
- La proportion de O dans V est 60 %.
- La proportion de O dans E est donc :

$45~\% \times 60~\% = 0,45 \times 0,6 = 0,27 = 27~\%$.

27 % des électeurs inscrits ont répondu « oui » à la question du maire.

Méthode
Le schéma permet de modéliser la situation.

Modéliser une situation à l'aide d'un arbre

ÉNONCÉ

Deux fabricants se partagent la production d'un téléphone. 60 % provient du fabricant *A* et 40 % provient du fabricant *B*.

Pour le fabricant *A*, 70 % des téléphones sont du modèle « basic » et 30 % du modèle « X+ » ; pour le fabricant *B*, 58 % des téléphones sont du modèle « basic » et 42 % du modèle « X+ ».

1. Représenter la situation à l'aide d'un arbre pondéré.

2. Déterminer le nombre de téléphones de modèle « X+ » sachant que 850 000 téléphones ont été fabriqués.

CORRIGÉ

1.

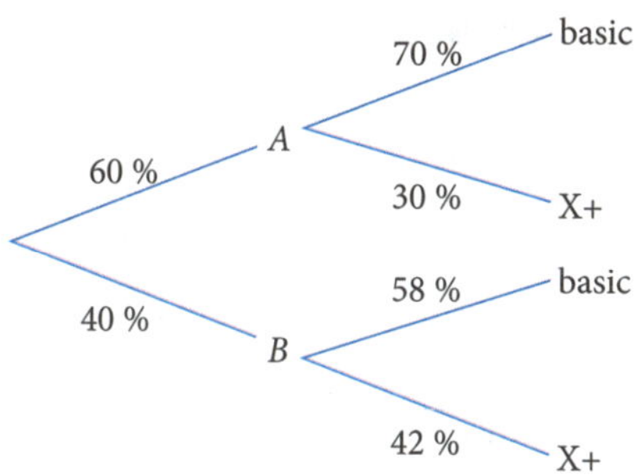

2. La proportion de téléphones du modèle « X+ » fabriqué par *A* est :

$$60\ \% \times 30\ \% = 0{,}6 \times 0{,}3 = 0{,}18 = 18\ \%.$$

Le fabricant *A* a donc produit 18 % × 850 000 = 153 000 téléphones « X+ ».

La proportion de téléphones du modèle « X+ » fabriqué par *B* est :

$$40\ \% \times 42\ \% = 0{,}4 \times 0{,}42 = 0{,}168 = 16{,}8\ \%.$$

Le fabricant *B* a donc produit 16,8 % × 850 000 = 142 800 téléphones « X+ ».

153 000 + 142 800 = 295 800 téléphones de modèle « X+ » ont ainsi été fabriqués.

3 Évolution : variation absolue, variation relative

Soit y_1 et y_2 deux nombres réels strictement positifs.

$$y_1 \longrightarrow y_2$$

- La **variation absolue** de y_1 à y_2 est le nombre $y_2 - y_1$.
- La **variation relative** (ou **taux d'évolution**) de y_1 à y_2 est le nombre $t = \frac{y_2 - y_1}{y_1}$.

Remarques :

- t est un nombre réel supérieur à -1 qui peut être écrit sous forme décimale, fractionnaire ou de pourcentage.
- Lorsque $t > 0$, il s'agit d'une hausse de y_1 à y_2, lorsque $t < 0$, il s'agit d'une baisse de y_1 à y_2.
- Les variations absolues et relatives sont des notions différentes.

- **Exemples**

• Si $y_1 = 2$ et $y_2 = 4$, la variation absolue est égale à $4 - 2 = 2$ et la variation relative est égale à $\frac{4-2}{2} = \frac{2}{2} = 1 = 100\ \%$; il s'agit d'une hausse de 100 %.

Si $y_1 = 10$ et $y_2 = 12$, la variation absolue est égale à $12 - 10 = 2$ (comme précédemment) mais la variation relative est égale à $\frac{12-10}{10} = \frac{2}{10} = 0{,}2 = 20\ \%$; il s'agit d'une hausse de 20 %.

- Il faut distinguer si un pourcentage exprime une **proportion** ou une **évolution**.
- **Exemple**

85 % des élèves ont eu leur bac cette année, soit 3 % de plus que l'année dernière…
85 % exprime une proportion, mais 3 % exprime une évolution.

EXERCICES RÉSOLUS

Calculer un taux d'évolution

ÉNONCÉ

Dans une épicerie, le nombre de produits dans un rayon 1 passe de 15 à 27, tandis que dans un rayon 2, le nombre de produits passe de 30 à 21. Calculer les variations absolues et relatives du nombre de produits pour chacun des deux rayons.

CORRIGÉ

• Dans le rayon 1 : $y_1 = 15$ et $y_2 = 27$.

La variation absolue est égale à $27 - 15 = 12$; le nombre de produits a augmenté de 12 unités dans ce rayon.

La variation relative est égale à $\frac{12}{15} = 0{,}8 = 80\ \%$; le nombre de produits de ce rayon a augmenté de 80 %.

Dans le rayon 2 : $y_1 = 30$ et $y_2 = 21$.

La variation absolue est égale à $21 - 30 = -9$; le nombre de produits a diminué de 9 unités dans ce rayon.

La variation relative est égale à $\frac{-9}{30} = -0{,}3 = -30\ \%$; le nombre de produits de ce rayon a diminué de 30 %.

Comparer des évolutions en variation absolue et en variation relative

ÉNONCÉ

Le prix d'un kilogramme de pommes passe de 3,20 € à 2,72 €. Des poires, dont le prix au kilogramme est de 4,30 €, sont soldées à – 12 %.

Quel est le fruit dont le prix a le plus baissé en variation absolue ? En variation relative ?

CORRIGÉ

• Pour les pommes : $2{,}72 - 3{,}20 = -0{,}48$ €, soit une baisse de 0,48 €.

Pour les poires, il faut déduire 12 % de 4,30 pour déterminer le montant de la promotion, soit $4{,}30 \times 0{,}12 = 0{,}516$ €.

Ce sont donc les poires qui ont le plus baissé en variation absolue.

• Pour les pommes : $\frac{2{,}72 - 3{,}20}{3{,}20} = -\frac{0{,}48}{3{,}20} = -0{,}15 = -15\ \%$.

Pour les poires : –12 %.

Ce sont donc les pommes qui ont le plus baissé en variation relative.

4 Évolutions successives, évolutions réciproques

1 Coefficient multiplicateur

Soit y_1 et y_2 deux nombres réels strictement positifs et t le taux d'évolution de y_1 à y_2.

- Le coefficient multiplicateur de y_1 à y_2 est le nombre $\mathbf{1 + t}$.

$$y_1 \xrightarrow{\times(1+t)} y_2$$

On a donc $\mathbf{y_2 = (1 + t)y_1}$.

2 Évolutions successives

Soit y_1, y_2 et y_3 trois nombres réels strictement positifs.
Soit t_1 le taux d'évolution de y_1 à y_2, t_2 le taux d'évolution de y_2 à y_3 et t le taux d'évolution de y_1 à y_3.

$$y_1 \xrightarrow{\times(1+t_1)} y_2 \xrightarrow{\times(1+t_2)} y_3$$

$$y_1 \xrightarrow[\times(1+t)]{} y_3$$

Ainsi : $\mathbf{1 + t = (1 + t_1) \times (1 + t_2)}$.

3 Évolutions réciproques

Soit y_1 et y_2 deux nombres réels strictement positifs. Soit t le taux d'évolution de y_1 à y_2, on nomme t' le taux d'évolution **réciproque** de y_2 à y_1.

$$y_1 \xrightarrow{\times(1+t)} y_2 \qquad y_2 \xrightarrow[\times(1+t')]{} y_1$$

On a : $\mathbf{1 + t' = \dfrac{1}{1+t}}$.

EXERCICES RÉSOLUS

Utiliser un coefficient multiplicateur

ÉNONCÉ

Deux articles A et B coûtent respectivement 50 € et 80 €. Le prix de l'article A augmente de 10 % et celui de l'article B diminue de 20 %. Calculer leur nouveau prix.

Méthode
Associer au taux d'évolution son coefficient multiplicateur.

CORRIGÉ

• Pour l'article A : le coefficient multiplicateur est égal à :

$1 + 10\,\% = 1 + 0{,}1 = 1{,}1$; donc son nouveau prix est $50 \times 1{,}1 = 55$ €.

• Pour l'article B : le coefficient multiplicateur est égal à :

$1 + (-20\,\%) = 1 - 0{,}2 = 0{,}8$; donc son nouveau prix est $80 \times 0{,}8 = 64$ €.

Calculer un prix après deux évolutions successives

ÉNONCÉ

Un article coûte 150 € au mois de janvier. Au cours de l'année, il augmente de 8 %, puis de 5 %. Calculer son prix en fin d'année.

CORRIGÉ

Les coefficients multiplicateurs sont respectivement :

$1 + 8\,\% = 1{,}08$ et $1 + 5\,\% = 1{,}05$.

Le prix de l'article à la fin de l'année est : $150 \times 1{,}08 \times 1{,}05 = 170{,}10$ €.

Calculer une évolution réciproque

ÉNONCÉ

Un commerçant a augmenté le prix d'un article de 10 % le mois dernier. Quelle baisse doit-il appliquer aujourd'hui pour que l'article retrouve sa valeur initiale ?

CORRIGÉ

Le coefficient multiplicateur réciproque est :

$$1 + t' = \frac{1}{1+10\,\%} = \frac{1}{1{,}1} \approx 0{,}909\,1,$$

soit $t' = 0{,}909\,1 - 1 = -0{,}090\,9 = -9{,}09\,\%$.

Après une baisse de 9,09 %, l'article aura retrouvé sa valeur initiale.

5 Moyenne pondérée

1 Définition et formule

- La moyenne est un indicateur de **tendance centrale**, c'est un nombre qui caractérise une **position** des valeurs du caractère d'une série statistique à caractère quantitatif.

- On note $x_1, x_2, \ldots, x_p$, les différentes valeurs prises par un caractère quantitatif ; $n_1, n_2, \ldots, n_p$, les effectifs respectifs de ces valeurs et N l'effectif total.

La **moyenne** $\overline{x}$ est définie par $\overline{x} = \dfrac{x_1 \times n_1 + x_2 \times n_2 + \ldots + x_p \times n_p}{N}$.

2 Utilisation de la calculatrice pour obtenir la moyenne

- Avec une calculatrice de **modèle *CASIO*** :

Dans le menu, on choisit STAT et on tape [EXE] : on entre les valeurs x_i dans List 1 et les effectifs n_i dans List 2.

On sélectionne CALC et SET, puis sur la ligne 1 Var X :, on sélectionne List 1 ; sur la ligne 1 Var Freq :, on sélectionne List 2 (ou 1 si la série est donnée sous forme d'une liste de valeurs).

On termine par [EXE] 1 VAR et on cherche sur l'écran la moyenne $\overline{x}$.

- Avec une calculatrice de **modèle *TEXAS INSTRUMENTS*** :

On tape stats et [entrer] pour sélectionner 1:Edit : on entre les valeurs x_i dans L1 et les effectifs n_i dans L2.

On tape stats, ► (CALC), puis [entrer] pour sélectionner 1:1 - Var Stats :, puis [2nde] [1] [,] [2nde] [2] (ou seulement [2nde] [1] si la série est donnée sous forme d'une liste de valeurs). On termine par [entrer] et on cherche la moyenne $\overline{x}$.

Attention : si les valeurs sont regroupées en classes, de la forme $[a_i ; b_i[$, on entre dans la liste 1 de la calculatrice le **centre des classes x_i** avec la formule $x_i = \dfrac{a_i + b_i}{2}$.

3 Utilisation du tableur pour obtenir la moyenne

Avec un tableur (logiciel **Excel**), on utilise la formule [=MOYENNE(… ; …)].

EXERCICE RÉSOLU

Déterminer la moyenne avec une calculatrice ou un tableur

ÉNONCÉ

Le tableau statistique suivant indique l'âge de 10 salariés d'une entreprise.

Âge	[25 ; 35[	[35 ; 45[	[45 ; 55[	[55 ; 65[
Centre des classes				
Effectifs n_i	1	4	3	2

1. Compléter le tableau précédent.

2. Déterminer, à l'aide d'une calculatrice, la moyenne de cette série.

3. Déterminer, à l'aide d'un tableur, la moyenne de cette série.

4. Interpréter par une phrase ce résultat.

Conseil
On entre les centres des classes dans la liste 1 de la calculatrice et les effectifs dans la liste 2.

CORRIGÉ

1. Calcul du centre des classes.

Âge	[25 ; 35[	[35 ; 45[	[45 ; 55[	[55 ; 65[
Centre des classes	$\frac{25+35}{2}=30$	$\frac{35+45}{2}=40$	$\frac{45+55}{2}=50$	$\frac{55+65}{2}=60$
Effectifs n_i	1	4	3	2

2. La calculatrice affiche : $\overline{x} = 46$.

3. On obtient la feuille de calcul suivante.

	A	B	C	D	E	F
1	30	40	50	60		46
2		40	50	60		
3		40	50			
4		40				

Conseil
On entre les centres des classes dans les cellules A1 à D1, puis on répète ces valeurs à l'aide de la poignée de remplissage pour obtenir les effectifs en colonnes. On entre par exemple dans la cellule F1 la formule =MOYENNE(A1:D4).

4. Cela signifie que la moyenne des âges des salariés de l'entreprise est de 46 ans.

6 Linéarité de la moyenne

La moyenne possède certaines propriétés, dont la propriété de linéarité.

- Si on ajoute un même nombre c à toutes les valeurs d'une série de moyenne $\overline{x}$, alors la moyenne de la série augmente de c.

La nouvelle moyenne obtenue est donc $\overline{x} + c$.

- Si on multiplie par un même nombre k toutes les valeurs d'une série de moyenne $\overline{x}$, alors la moyenne de la série est multipliée par k.

La nouvelle moyenne obtenue est donc $k\,\overline{x}$.

- Si une série de valeurs x_i a pour moyenne $\overline{x}$, alors la série de valeurs $ax_i + b$ a pour moyenne $a\,\overline{x} + b$.

EXCERCICES RÉSOLUS

Calculer une nouvelle moyenne

ÉNONCÉ

La moyenne des 31 élèves de la classe de 2nde 1 à un contrôle de mathématiques est de 12,4. Cependant, le professeur s'est trompé dans son barème, il ajoute alors 1,5 point sur chaque copie.

Quelle sera la nouvelle moyenne de la classe ?

CORRIGÉ

On ajoute 1,5 à chacune des notes, la moyenne augmente donc de 1,5 et est alors égale à 12,4 + 1,5 = 13,9.

Calculer une moyenne « de tête »

ÉNONCÉ

Les notes de Corentin en maths sont les suivantes :

15 ; 11 ; 8 ; 13 ; 9 ; 7 ; 18 ; 2 ; 10 ; 16.

Calculer sa moyenne « de tête ».

CORRIGÉ

On remarque que :

15 = 10 + **5** ; 11 = 10 + **1** ; 8 = 10 + (**– 2**) ; 13 = 10 + **3** ; 9 = 10 + (**– 1**) ; 7 = 10 + (**– 3**) ; 18 = 10 + **8** ; 2 = 10 + (**– 8**) ; 10 = 10 + **0** et 16 = 10 + **6**.

On fait la moyenne des valeurs : 5 ; 1 ; – 2 ; 3 ; – 1 ; – 3 ; 8 ; – 8 ; 0 et 6 qui est égale à :

$$\frac{5+1-2+3-1-3+8-8+0+6}{10} = 0{,}9.$$

La moyenne de Corentin en maths est ainsi égale à 10 + 0,9 = 10,9.

Utiliser la linéarité de la moyenne

ÉNONCÉ

1. Calculer « de tête » la moyenne des valeurs suivantes de la série A :

2 ; 8 ; 3 ; 7 ; 4 ; 6.

2. On considère la série B :

22 ; 82 ; 32 ; 72 ; 42 ; 62.

Calculer la moyenne de la série B, après avoir vérifié que chacune de ses valeurs vérifie la relation $10x_i + 2$ où x_i correspond aux valeurs de la série A.

CORRIGÉ

1. La moyenne de la série A est :

$$\frac{2+8+3+7+4+6}{6} = 5.$$

2. 22 = 10 × 2 + 2 ; 82 = 10 × 8 + 2 ; 32 = 10 × 3 + 2 ; 72 = 10 × 7 + 2 ; 42 = 10 × 4 + 2 ; 62 = 10 × 6 + 2.

On applique la propriété de linéarité.

La moyenne de la série B est égale à : 10 × 5 + 2 = 52.

7 Indicateurs de dispersions : écart interquartile, écart type

- La moyenne et la médiane sont des indicateurs de **position**, leurs indicateurs de **dispersions** associés sont respectivement l'écart type et l'écart interquartile.
- On utilise les couples (moyenne ; écart type) ou (médiane ; écart interquartile) pour modéliser des séries et les comparer.

1 Écart type

L'écart type est l'indicateur de dispersion associé à la moyenne. Il mesure la dispersion des valeurs autour de leur moyenne. Plus l'écart type est faible, plus la population est homogène.

2 Quartiles

- Le premier quartile Q_1 est une valeur qui partage la population, dont les valeurs du caractère sont rangées en ordre croissant, en deux groupes : le 1er groupe représente à peu près 25 % de l'effectif total et le 2nd groupe à peu près 75 %.
- Le troisième quartile Q_3 est une valeur qui partage la population, dont les valeurs du caractère sont rangées en ordre croissant, en deux groupes : le 1er groupe représente à peu près 75 % de l'effectif total et le 2nd groupe à peu près 25 %.

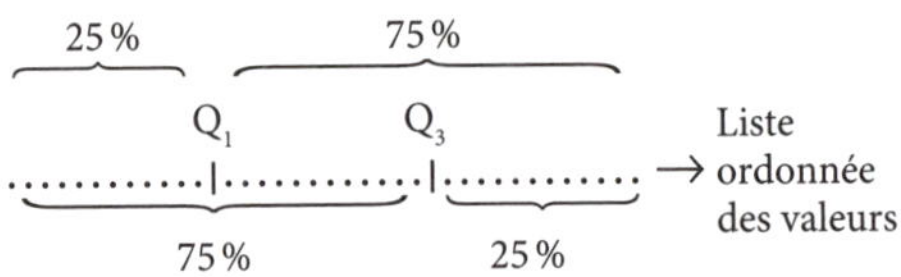

3 Utilisation de la calculatrice ou du tableur

- Avec une calculatrice de **modèle *CASIO*** (voir p. 190 pour le détail des premières étapes) :
on termine par EXE 1 Var et on cherche sur l'écran la médiane Med, le 1er quartile Q_1, le 3e quartile Q_3 et l'écart type noté *xσn*.
- Avec une calculatrice de **modèle *TEXAS INSTRUMENTS*** (voir p. 190 pour le détail des premières étapes) :
on termine par entrer et on cherche sur l'écran la médiane Med, le 1er quartile Q_1, le 3e quartile Q_3 et l'écart type noté σx.

• Avec un tableur (logiciel **Excel**), on utilise les formules : =MEDIANE(… : …) pour obtenir la médiane, =QUARTILE(… : … ; 1) pour obtenir le 1er quartile, =QUARTILE(… : … ; 3) pour obtenir le 3e quartile et =ECARTYPEP pour obtenir l'écart type.

EXERCICE RÉSOLU

Déterminer médiane et quartiles avec une calculatrice

ÉNONCÉ

Une enquête relative au lancement d'un nouveau produit et portant sur 150 clients a donné les résultats suivants.

Nombre de litres consommés dans le mois x_i	1	2	3	4	5	6
Nombre de clients n_i	30	25	32	20	24	19

1. Déterminer, à l'aide de la calculatrice, les couples (moyenne ; écart type) et (médiane ; écart interquartile).

2. Interpréter par une phrase chacun de ces résultats.

CORRIGÉ

1. La calculatrice affiche :

$\overline{x} = 3{,}27$, $\sigma x = 1{,}67$, Med = 3, $Q_1 = 2$ et $Q_3 = 5$.

On obtient donc les couples (3,27 ; 1,67) et (3 ; 3).

2. Les clients ont consommé en moyenne 3,27 litres du produit durant le mois, avec un écart type de 1,67 litre.

50 % des clients ont consommé jusqu'à 3 litres du produit et 50 % des clients ont consommé entre 2 et 5 litres du produit (intervalle interquartile).

Utiliser un coefficient multiplicateur

ÉNONCÉ

1. L'article A coûte 120 € et il augmente de 11 %. Calculer son nouveau prix.

2. L'article B coûte 46,50 € après une baisse de 7 %. Calculer son prix initial.

MÉTHODE

Soit t le taux d'évolution d'un nombre y_1 à un nombre y_2 et $1 + t$ le coefficient multiplicateur associé à ce taux.

1. Pour calculer y_2 à partir du coefficient multiplicateur $1 + t$ et de y_1, utiliser la formule $y_2 = (1 + t)y_1$.

2. Pour calculer y_1 à partir du coefficient multiplicateur $1 + t$ et de y_2, transformer la formule $y_2 = (1 + t)y_1$, équivalente à $y_1 = \frac{y_2}{1+t}$ et écrire le résultat sous forme décimale, puis sous forme de pourcentage.

CORRIGÉ

1. Pour l'article A, on sait que $y_1 = 120$ et $t = 0,11$.

On a donc $y_2 = (1 + 0,11) \times 120 = 1,11 \times 120 = 133,20$.

Le prix de l'article A après augmentation de 11 % est 133,20 €.

Piège à éviter

Faire un schéma pour modéliser la situation :

$120 \xrightarrow{\times(1+0,11)} y_2$

2. Pour l'article B, on sait que $y_2 = 46,50$ et $t = -0,07$.

On a donc $y_1 = \frac{46,50}{1-0,07} = \frac{46,50}{0,93} = 50$.

Le prix initial de l'article B avant la baisse de 7 % est de 50 €.

Piège à éviter

Faire un schéma pour modéliser la situation :

$y_1 \xrightarrow{\times(1-0,07)} 46,50$

Modéliser deux évolutions successives

ÉNONCÉ

Dans le courant de l'année, le prix d'un article augmente de 5 %, puis baisse de 8 %. Calculer le taux d'évolution du prix de l'article au cours de cette année.

MÉTHODE

1. On détermine le coefficient multiplicateur $1 + t_1$ associé au taux t_1 et le coefficient multiplicateur $1 + t_2$ associé au taux t_2.

2. On calcule le coefficient multiplicateur $1 + t$ associé au taux t, qui est le produit des coefficients multiplicateurs associés aux taux t_1 et t_2 :

$$1 + t = (1 + t_1)(1 + t_2).$$

3. On en déduit le taux d'évolution t :

$$t = (1 + t_1)(1 + t_2) - 1.$$

CORRIGÉ

1. Le coefficient multiplicateur associé à la hausse de 5 % est :

$$1 + 5\ \% = 1 + 0{,}05 = 1{,}05$$

et le coefficient multiplicateur associé à la baisse de 8 % est :

$$1 - 8\ \% = 1 - 0{,}08 = 0{,}92.$$

2. Le coefficient multiplicateur associé aux deux évolutions successives est :

$$1{,}05 \times 0{,}92 = 0{,}966.$$

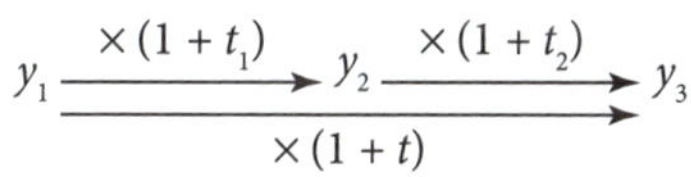

3. Le taux d'évolution du prix de l'article est :

$$0{,}966 - 1 = -0{,}034 = -3{,}4\ \%.$$

Le prix de l'article après les deux évolutions successives a diminué de 3,4 %.

Exercices d'application

1 Proportion

Sur les 25 joueurs d'une équipe de rugby, 4 ont moins de 20 ans.
Quelle proportion de joueurs a moins de 20 ans ?

2 Effectif et proportion

Dans une association de 470 membres, les propositions de modifications des statuts doivent être approuvées par au moins 70 % des adhérents pour entrer en vigueur.
Quel nombre minimum d'adhérents doit voter favorablement ?

3 Effectif et proportion

Sur une vitrine de magasin, on peut lire : « Aujourd'hui, 2,5 % du chiffre d'affaires sera reversé aux enfants malades. » La somme versée s'élève à 2 200 €.
Quel a été le montant du chiffre d'affaires ?

4 Effectif et proportion

Dans un lycée, le nombre d'élèves de BTS est égal à 58, ce qui représente 20 % du nombre d'élèves du lycée.
Quel est le nombre d'élèves du lycée ?

5 Proportion

Seulement 48 % des électeurs inscrits ont voté ; Mme Y a obtenu 32 % de suffrages.
Quel pourcentage d'électeurs a voté pour elle ?

6 Tableau d'effectifs

Dans une partie du monde, on estime que 15 % de la population est contaminée par un virus X. La stratégie de dépistage met en place un test biologique.
On a observé les résultats suivants :

- lorsque la personne est contaminée par le virus X, le test est positif dans 99,6 % des cas ;
- lorsque la personne n'est pas contaminée par le virus X, le test est négatif dans 97,6 % des cas.

On considère une population de 10 000 personnes.
Compléter le tableau suivant en indiquant les effectifs correspondants.

	Contaminé	Non contaminé	Total
Test positif			
Test négatif			
Total			

7 Outil de modélisation

Dans la classe de 1re A, 50 % des élèves regardent le foot à la télévision, 25 % regardent le rugby et 20 % regardent ces deux sports.

1. Quelle proportion d'élèves ne regardent que le foot ?

2. Quelle proportion d'élèves ne regardent que le rugby ?

3. Quelle proportion d'élèves regardent au moins l'un de ces deux sports ?

4. Quelle proportion d'élèves ne regardent aucun de ces deux sports ?

8 Avec deux ensembles de référence

Dans une classe A de 30 élèves, le pourcentage de réussite à un examen a été de 80 %. Dans une classe B de 40 élèves, ce pourcentage a été de 70 %. Calculer le pourcentage de réussite pour l'ensemble des deux classes (arrondir ce pourcentage à 0,1 près).

9 Outil de modélisation

Une ville ne comporte que deux types de transports en commun : le tramway et le bus. Un sondage recueille les habitudes d'un grand nombre d'habitants de cette ville. Parmi eux, 78,3 % ont déclaré utiliser le tramway, 68 % disent utiliser le bus et 55,5 % affirment utiliser les deux moyens de transport.
Calculer le pourcentage des sondés utilisant au moins l'un des deux moyens de transports.

10 Proportion et effectifs

Dans un lycée, 18 % des élèves de Seconde, soit 270 jeunes, décident de passer en 1re STMG.

1. Déterminer le nombre d'élèves de Seconde dans ce lycée.

2. 40 % des élèves de Seconde sont des filles et 30 % des filles souhaitent une orientation en STMG. Combien de garçons vont passer en STMG ?

11 Proportion et effectifs

Un club de sport compte 650 adhérents. 150 sont inscrits à un cours de tennis ; les autres pratiquent un sport nautique. Parmi ces derniers, 15 % font du ski nautique, 45 % font de la planche à voile et le reste fait du catamaran.

1. Parmi les adhérents, quel est le pourcentage de ceux qui pratiquent le tennis ?

2. Combien d'adhérents font du ski nautique ?

12 Proportion ou évolution

Pour chaque question, préciser si les pourcentages indiqués correspondent à des proportions ou à des taux d'évolution.

1. Cette année, 84 % des élèves de Terminale ont réussi le baccalauréat et 68 % des lauréats sont issus d'une filière technologique.

2. Notre ville a reçu cette année 8 % de touristes supplémentaires par rapport à l'année dernière, dont 32 % de touristes étrangers.

3. Cette année dans ma classe, le nombre de filles a augmenté de 5 % et le nombre de garçons a diminué de 7 %.

13 Évolutions

Compléter le tableau suivant.

y_1	y_2	Variation absolue	Taux d'évolution (arrondi à 0,1 % près)
110		3	
	45	– 5	
17	25		
48			36,0 %
	30		– 25,0 %
	20	– 100	
	261	4	

14 Évolution

Un club sportif a perdu en six mois 212 adhérents ; il en comptait 5 300. Calculer le nombre d'adhérents au club après la baisse, puis le taux d'évolution de la clientèle sur le semestre.

15 Capital acquis

Un capital placé au taux annuel de 4 % permet d'obtenir en un an une valeur acquise de 3 640 €.
Retrouver le montant du capital placé. En déduire le montant des intérêts produits.

16 Tarif hors service

Dans un bar, le prix d'un café est de 1,80 €, les 15 % de service y compris. Déterminer le prix du café, service non compris (arrondir le résultat au centime).

17 Prix initial

Déterminer le prix initial d'un article sachant :

1. qu'il vaut 97,20 €, après une hausse de 8 % ;

2. qu'il vaut 288 €, après une baisse de 10 %.

18 Évolutions successives

Déterminer le taux d'évolution unique si le prix d'un article :

1. augmente de 18 %, puis de 12 % ;

2. augmente de 12 %, puis de 18 % ;

3. baisse de 18 %, puis de 12 % ;

4. baisse de 12 %, puis de 18 % ;

5. augmente de 6 %, puis baisse de 8 % ;

6. baisse de 8 %, puis augmente de 6 %.

19 Déterminer la médiane et les quartiles

Une enquête réalisée auprès d'un groupe de personnes indique leur durée d'écoute quotidienne de la radio.

Durée (en min)	[0 ; 30[	[30 ; 60[	[60 ; 90[	[90 ; 150[
Centre des classes x_i				
Nombre de personnes n_i	64	100	164	86

1. Compléter le tableau précédent.

2. Déterminer avec une calculatrice la médiane et les quartiles de cette série statistique. Interpréter par une phrase chacun des résultats obtenus.

20 Déterminer la moyenne

Le tableau des fréquences suivant indique le nombre de jours d'absences des élèves d'une classe de seconde dans un trimestre donné.

Nombre de jours d'absences x_i	1	3	4	5	7	8	9	10
Fréquence f_i	0,05	0,05	0,1	0,15	0,15	0,25	0,2	0,05

1. Déterminer avec une calculatrice la moyenne de cette série statistique.

2. Interpréter par une phrase le résultat obtenu.

21 Déterminer la moyenne

Le tableau suivant présente le relevé du temps d'attente, en minutes, de 55 skieurs à un télésiège au pied d'une piste.

Durée (en min)	[1 ; 3[	[3 ; 5[	[5 ; 7[	[7 ; 9[	[9 ; 11[	[11 ; 13[	[13 ; 15[
Centre des classes x_i							
Nombre de skieurs n_i	10	9	7	14	8	5	2

1. Compléter le tableau précédent.

2. Déterminer avec une calculatrice ou un tableur la moyenne de cette série statistique.

3. Interpréter par une phrase le résultat obtenu.

22 Caractéristiques d'une série statistique

Voici les notes d'évaluation de fin de trimestre en mathématiques obtenues par 25 élèves d'une classe de seconde :

14 ; 12 ; 14 ; 06 ; 06 ; 11 ; 07 ; 10 ; 08 ; 06 ; 02 ; 10 ; 09 ; 11 ; 06 ; 14 ; 11 ; 03 ; 02 ; 11 ; 11 ; 11 ; 03 ; 04 ; 11.

Déterminer avec une calculatrice ou un tableur la moyenne, la médiane et les quartiles de cette série statistique.

23 Moyenne de tête

Les scores sur 30 de dix QCM de maths de Lola sont les suivants :
22; 11; 15; 25; 10; 12; 21; 18; 18; 16.
Calculer sa moyenne sur 30 « de tête ».

Exercices d'entraînement

24 Outils de modélisation

Dans un lycée on dénombre 350 élèves de terminale.
20 % des élèves souhaitent faire des études courtes, dont 40 % sont des garçons.

On sait aussi que 54 % des élèves de Terminale de ce lycée sont des filles et que $\frac{1}{9}$ des filles de Terminale souhaitent intégrer le marché de l'emploi.
38 % des élèves de Terminale de ce lycée sont des garçons qui souhaitent faire des études longues.

1. Utiliser les données ci-dessus pour reproduire et compléter le tableau d'effectifs suivant.

Tableau 1

	Emploi	Études courtes	Études longues	Total
Filles				
Garçons				
Total				

2. a. Quelle est la part en pourcentage des élèves de Terminale du lycée représentée par les filles qui souhaitent intégrer le marché de l'emploi ?
b. Quelle est en pourcentage, la part des élèves qui souhaitent faire des études courtes parmi les garçons du lycée ?

3. Reproduire et compléter les tableaux de répartition en pourcentages de l'effectif des élèves de terminale de ce lycée.

Tableau 2

	Emploi	Études courtes	Études longues	Total
Filles				
Garçons				
Total				100 %

Tableau 3

	Emploi	Études courtes	Études longues	Total
Filles				100 %
Garçons				100 %

Tableau 4

	Emploi	Études courtes	Études longues
Filles			
Garçons			
Total	100 %	100 %	100 %

25 Comparer deux séries statistiques par le couple (médiane ; quartiles)

Les tailles, en cm, de 26 filles et de 26 garçons d'un club sportif sont les suivantes.

Filles :

165	166	167	168	169	170	171	172	175	180
166	168	165	166	168	166	167	168	169	171
172	166	170	169	166	170				

Garçons :

170	172	175	172	178	181	179	183	182	187
181	179	185	177	183	188	192	183	192	186
188	191	190	188	185	188				

1. Déterminer, avec une calculatrice ou un tableur, la médiane, le premier et le troisième quartile de la série des tailles des filles.

2. Déterminer, avec une calculatrice ou un tableur, la médiane, le premier et le troisième quartile de la série des tailles des garçons.

3. Comparer les deux séries statistiques.

26 Comparer deux séries statistiques

On interroge deux groupes de lycéens sur le montant de l'argent de poche dont ils disposent chaque mois.
Les résultats sont les suivants.

Groupe 1 :

Somme (en €)	[0 ; 5[	[5 ; 10[	[10 ; 15[	[15 ; 20[	[20 ; 25[	[25 ; 30[
Effectif n_i	8	20	15	11	6	10

Groupe 2 :

Somme (en €)	[0 ; 5[	[5 ; 10[	[10 ; 15[	[15 ; 20[	[20 ; 25[	[25 ; 30[
Effectif n_i	5	14	22	16	6	7

Comparer les deux séries en utilisant le couple (moyenne ; écart type) puis en utilisant le couple (médiane ; écart interquartile).

Exercices d'application

1 $p = \frac{4}{25} = 0{,}16 = 16\ \%$.

2 $p = \frac{n_A}{n_E}$, donc $n_A = p \times n_E = 0{,}7 \times 470 = 329$.

Au moins 329 adhérents doivent voter favorablement aux propositions.

3 $p = \frac{n_A}{n_E}$, donc $n_E = \frac{n_A}{p} = \frac{2\,200}{0{,}025} = 88\,000$.

Le montant du chiffre d'affaires a été de 88 000 €.

4 $p = \frac{n_A}{n_E}$, donc $n_E = \frac{n_A}{p} = \frac{58}{0{,}20} = 290$.

Le lycée compte 290 élèves.

5 $p = 48\ \% \times 32\ \% = 0{,}48 \times 0{,}32 = 0{,}153\,6$.

15,36 % des électeurs inscrits ont voté pour Mme Y.

6

	Contaminé	Non contaminé	Total
Test positif	0,996 × 1 500 = 1 494	8 500 – 8 296 = 204	1 494 + 204 = 1 698
Test négatif	1 500 – 1 494 = 6	0,976 × 8 500 = 8 296	6 + 8 296 = 8 302
Total	0,15 × 10 000 = 1 500	10 000 – 1 500 = 8 500	10 000

Conseil

On vérifie la cohérence du résultat avec la dernière colonne :
1 698 + 8 302 = 10 000.

7

	Regarde le foot	Ne regarde pas le foot	Total
Regarde le rugby	20 %	5 %	25 %
Ne regarde pas le rugby	30 %	45 %	75 %
Total	50 %	50 %	100 %

1. 30 % d'élèves ne regardent que le foot.

2. 5 % d'élèves ne regardent que le rugby.

3. 20 % + 30 % + 5 % = 55 % des élèves regardent au moins l'un de ces deux sports.

4. 45 % des élèves ne regardent aucun de ces deux sports.

8 Dans la classe A, 24 élèves (30 × 0,8) ont réussi l'examen ; dans la classe B, 28 élèves (40 × 0,7) ont réussi l'examen. Au total, 52 élèves ont réussi l'examen, ce qui représente une proportion $p = \frac{52}{70} \approx 74{,}3\ \%$.

9

	Tramway	Pas tramway	Total
Bus	55,5 %	12,5 %	68 %
Pas bus	22,8 %	9,2 %	32 %
Total	78,3 %	21,7 %	100 %

55,5 % + 12,5 % + 22,8 % = 90,8 % des sondés utilisent au moins l'un des deux moyens de transports.

10 **1.** $p = \frac{n_A}{n_E}$, donc $n_E = \frac{n_A}{p} = \frac{270}{0{,}18} = 1\,500$.

Le lycée compte 1 500 élèves en Seconde.

2. Nombre de filles en Seconde :

$$p = \frac{n_A}{n_E}, \text{ donc } n_A = p \times n_E = 0{,}4 \times 1\,500 = 600.$$

Nombre de filles de Seconde qui souhaitent une orientation en STMG :

$$n_A = p \times n_E = 0{,}3 \times 600 = 180.$$

Nombre de garçons de Seconde qui souhaitent une orientation en STMG :

$$270 - 180 = 90.$$

11 **1.** $p = \frac{n_A}{n_E} = \frac{150}{650} \approx 23{,}08\ \%$.

2. Nombre d'adhérents qui pratiquent un sport nautique : 650 – 150 = 500.
Nombre d'adhérents qui font du ski nautique : 0,15 × 500 = 75.

12 **1.** Cette année, 84 % **(proportion)** des élèves de Terminale ont réussi le baccalauréat et 68 % **(proportion)** des lauréats sont issus d'une filière technologique.

2. Notre ville a reçu cette année 8 % **(évolution)** de touristes supplémentaires par rapport à l'année dernière dont 32 % **(proportion)** de touristes étrangers.

3. Cette année dans ma classe, le nombre de filles a augmenté de 5 % **(évolution)** et le nombre de garçons a diminué de 7 % **(évolution)**.

13

y_1	y_2	Variation absolue	Taux d'évolution (arrondi à 0,1 % près)
110	113	3	2,7 %
50	45	– 5	– 10,0 %
17	25	8	47,1 %
48	65,28	17,28	36,0 %
40	30	– 10	– 25,0 %
120	20	– 100	– 83,3 %
257	261	4	1,6 %

14 Le nombre d'adhérents au club après la baisse est $y_2 = 5\,300 - 212 = 5\,088$.

$$y_1 = 5\,300, \text{ ainsi } t = \frac{-212}{5\,300} = -\,0{,}04.$$

La clientèle a baissé de 4 %.

15 Le montant du capital acquis est $y_2 = 3\,640$ €.

Le montant du capital placé est $y_1 = \frac{3\,640}{1{,}04} = 3\,500$ €.

Le montant des intérêts produits est 3 640 – 3 500 = 140 €.

16 Le prix du café, service compris est $y_2 = 1{,}80$.

Le prix du café, service non compris est $y_1 = \frac{1{,}80}{1{,}15} \approx 1{,}57$ €.

17 **1.** Le prix initial d'un article est $\dfrac{97,20}{1+8\,\%}=\dfrac{97,20}{1,08}=90$ €.

2. Le prix initial d'un article est $\dfrac{288}{1-10\,\%}=\dfrac{288}{0,9}=320$ €.

18 **1.** $t = 1,18 \times 1,12 - 1 = 32,16$ %.

2. $t = 1,12 \times 1,18 - 1 = 32,12$ %.

3. $t = 0,82 \times 0,88 - 1 = -27,84$ %.

4. $t = 0,88 \times 0,82 - 1 = -27,84$ %.

5. $t = 1,06 \times 0,92 - 1 = -2,48$ %.

6. $t = 0,92 \times 1,06 - 1 = -2,48$ %.

19 **1.** Tableau statistique :

Durée (en min)	[0 ; 30[	[30 ; 60[	[60 ; 90[	[90 ; 150[
Centre des classes x_i	15	45	75	120
Nombre de personnes n_i	64	100	164	86

2. La calculatrice affiche : Med = 75, $Q_1 = 45$ et $Q_3 = 75$.

Cela signifie qu'environ 50 % des personnes écoutent chaque jour la radio au plus 1 h 15, environ 25 % des personnes écoutent chaque jour la radio au plus 45 minutes et environ 75 % des personnes écoutent chaque jour la radio au plus 1 h 15.

Remarque

Il faut être capable d'interpréter les valeurs trouvées.

20 **1.** On a $\overline{x} = 6,7$.

2. Cela signifie que le nombre moyen de jours d'absences est environ 6,7.

Rappel

$\overline{x} = x_1f_1 + x_2f_2 + x_3f_3 + \dots$

21 **1.** Tableau statistique.

Durée (en min)	[1 ; 3[	[3 ; 5[	[5 ; 7[	[7 ; 9[	[9 ; 11[	[11 ; 13[	[13 ; 15[
Centre des classes x_i	2	4	6	8	10	12	14
Nombre de skieurs n_i	10	9	7	14	8	5	2

2. • La calculatrice affiche : $\overline{x} = 6,9$.

• Avec un tableur : on entre, par exemple, la formule =MOYENNE(A1:G14) dans la cellule I1.

On obtient la feuille de calcul suivante.

◇	A	B	C	D	E	F	G	H	I
1	2	4	6	8	10	12	14		6,87272727
2	2	4	6	8	10	12	14		
3	2	4	6	8	10	12			
4	2	4	6	8	10	12			
5	2	4	6	8	10	12			
6	2	4	6	8	10				
7	2	4	6	8	10				
8	2	4		8	10				
9	2	4		8					
10	2			8					
11				8					
12				8					
13				8					
14				8					

3. Cela signifie que le temps d'attente moyen des skieurs est environ 6,9 minutes, soit 6 min 54 s.

22 • La calculatrice affiche : $\overline{x} = 8{,}52$, Med = 10, $Q_1 = 6$ et $Q_3 = 11$.

• Avec le tableur, on obtient la feuille de calcul suivante.

◇	A	B	C	D
1	14		Moyenne	8,52
2	12		Médiane	10
3	14		Premier quartile	6
4	6		Troisième quartile	11
5	6			
6	11			
7	7			
8	10			
9	8			
10	6			
11	2			
12	10			
13	9			
14	11			
15	6			
16	14			
17	11			
18	3			
19	2			
20	11			
21	11			
22	11			
23	3			
24	4			
25	11			

23 22 = 20 + 2 ; 11 = 20 – 9 ; 15 = 20 – 5 ; 25 = 20 + 5 ; 10 = 20 – 10 ; 12 = 20 – 8 ; 21 = 20 + 1 ; 18 = 20 – 2 ; 18 = 20 – 2 ; 16 = 20 – 4.
On fait la moyenne des 10 valeurs suivantes :
2 ; – 9 ; – 5 ; 5 ; – 10 ; – 8 ; 1 ; – 2 ; – 2 ; – 4.
Soit : – 32/10 = – 3,2.
La moyenne des scores de Lola est 20 – 3,2 = 16,8 sur 30.

Exercices d'entraînement

24

1. Tableau 1

	Emploi	Études courtes	Études longues	Total
Filles	$\frac{1}{9} \times 189 = 21$	$70 - 28 = 42$	$189 - 42 - 21 = 126$	$350 \times 0{,}54 = 189$
Garçons	$161 - 28 - 133 = 0$	$70 \times 0{,}4 = 28$	$350 \times 0{,}38 = 133$	$350 - 189 = 161$
Total	$21 + 0 = 21$	$350 \times 0{,}2 = 70$	$350 - 21 - 70 = 259$	350

2. a. $p = \frac{21}{350} = 0{,}06 = 6\ \%$.

b. $p = \frac{28}{161} \approx 0{,}173\ 9 \approx 17{,}39\ \%$.

3. Tableau 2

	Emploi	Études courtes	Études longues	Total
Filles	$\frac{21}{350} = 6\ \%$	$\frac{42}{350} = 12\ \%$	$\frac{126}{350} = 36\ \%$	$\frac{189}{350} = 54\ \%$
Garçons	$\frac{0}{350} = 0\ \%$	$\frac{28}{350} = 8\ \%$	$\frac{133}{350} = 38\ \%$	$\frac{161}{350} = 46\ \%$
Total	$\frac{21}{350} = 6\ \%$	$\frac{70}{350} = 20\ \%$	$\frac{259}{350} = 74\ \%$	100 %

Tableau 3

	Emploi	Études courtes	Études longues	Total
Filles	$\frac{21}{189} \approx 11\ \%$	$\frac{42}{189} \approx 22\ \%$	$\frac{126}{189} \approx 67\ \%$	100 %
Garçons	$\frac{0}{161} = 0\ \%$	$\frac{28}{161} \approx 17\ \%$	$\frac{133}{161} \approx 83\ \%$	100 %

Tableau 4

	Emploi	Études courtes	Études longues
Filles	$\frac{21}{21} = 100\ \%$	$\frac{42}{70} = 60\ \%$	$\frac{126}{259} \approx 49\ \%$
Garçons	$\frac{0}{21} = 0\ \%$	$\frac{28}{70} = 40\ \%$	$\frac{133}{259} \approx 51\ \%$
Total	100 %	100 %	100 %

25 **1.** La calculatrice ou le tableur affiche : Med = 168, $Q_1 = 166$, $Q_3 = 170$.

2. La calculatrice ou le tableur affiche : Med = 183, $Q_1 = 179$, $Q_3 = 188$.

3. La taille médiane des filles est plus petite que celle des garçons.

L'écart entre le premier et le troisième quartile est plus petit pour les filles que pour les garçons, ce qui traduit une plus grande dispersion des tailles des garçons.

26 • Groupe 1 :
Médiane = 12,5 €.
Écart interquartile = 17,5 – 7,5 = 10 €.

Groupe 2 :
Médiane = 12,5 €.
Écart interquartile = 17,5 – 7,5 = 10 €.
Le couple (médiane; écart interquartile) ne permet pas de comparer les deux séries.

• Groupe 1 :
Moyenne = 13,7 €.
Écart type = 7,9 €.

Groupe 2 :
Moyenne = 14,3 €.
Écart type = 6,8 €.
Le couple (moyenne; écart type) permet d'affirmer que le groupe 2 a plus d'argent de poche que le groupe 1 et qu'il y a une plus grande dispersion pour le groupe 1.

CHAPITRE 11 Probabilités sur un ensemble fini. Échantillonnage

1 Ensemble des issues et événements

Les événements d'un univers peuvent se représenter à l'aide d'ensembles.
Cette représentation permet de visualiser une situation et apporte un support pratique à la comptabilisation du nombre d'issues d'un événement.

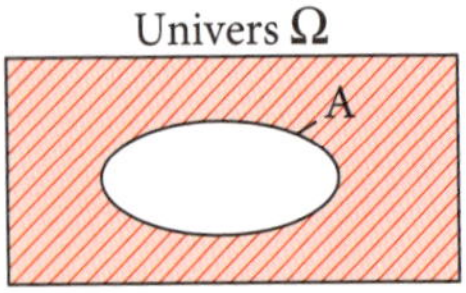

$\overline{A}$

(issues qui ne sont pas dans A).

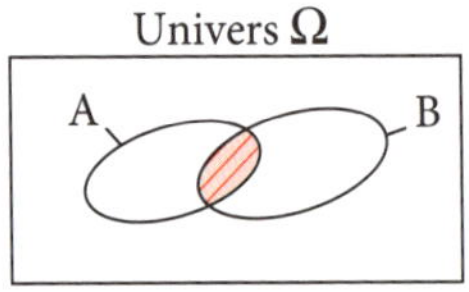

$A \cap B$

(issues qui sont dans A et dans B).

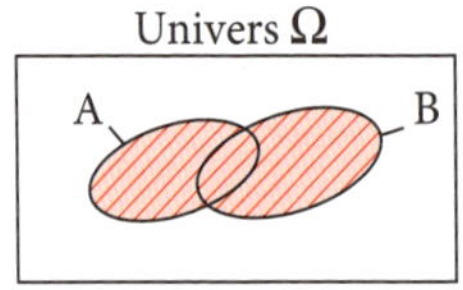

$A \cup B$

(issues qui sont dans au moins l'un des deux ensembles).

Propriétés : $A \cap \overline{A} = \varnothing$ et $A \cup \overline{A} = \Omega$.

EXERCICES RÉSOLUS

Lire un diagramme

ÉNONCÉ

On a interrogé les 82 élèves de Seconde d'un lycée sur leurs activités extrascolaires (musique et sport).
On modélise les réponses par le diagramme suivant :

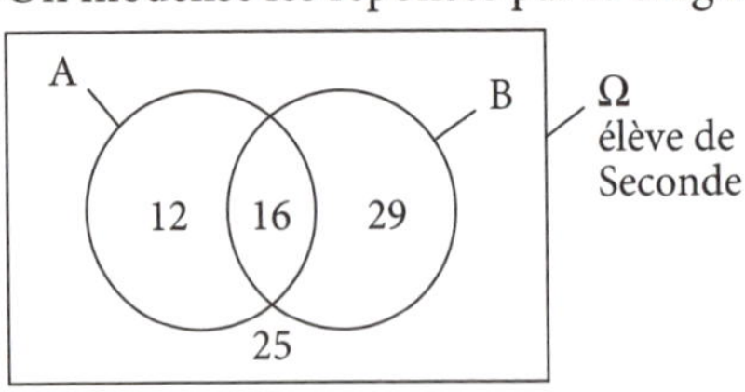

A : ensemble des élèves qui pratiquent régulièrement un sport.
B : ensemble des élèves qui jouent d'un instrument de musique.

1. Déterminer le nombre d'élèves qui pratiquent régulièrement un sport.
2. Déterminer le nombre d'élèves qui jouent d'un instrument de musique.

3. Déterminer le nombre d'élèves qui pratiquent régulièrement un sport ou qui jouent d'un instrument de musique.

CORRIGÉ

1. 16 correspond au nombre d'élèves qui pratiquent régulièrement un sport et qui jouent d'un instrument de musique.
Il y a 12 + 16 = 28 élèves qui pratiquent régulièrement un sport.

Conseil
On réfléchit à la signification du nombre 16 sur le diagramme.

2. Il y a 16 + 29 = 45 élèves qui jouent d'un instrument de musique.

3. Il y a 12 + 16 + 29 = 57 élèves qui pratiquent régulièrement un sport ou qui jouent d'un instrument de musique.

Modéliser une situation par un diagramme

ÉNONCÉ

Un club de vacances propose deux activités nautiques à ses clients : voile et planche à voile.
Parmi les 250 vacanciers du mois de juillet, 75 font de la planche à voile, 120 font de la voile et 40 font les deux sports.

1. Représenter la situation par un diagramme.

2. Déterminer le nombre de vacanciers qui ne pratiquent aucune activité.

CORRIGÉ

Méthode
On place d'abord dans le diagramme le nombre de vacanciers qui pratiquent les deux activités.

1.

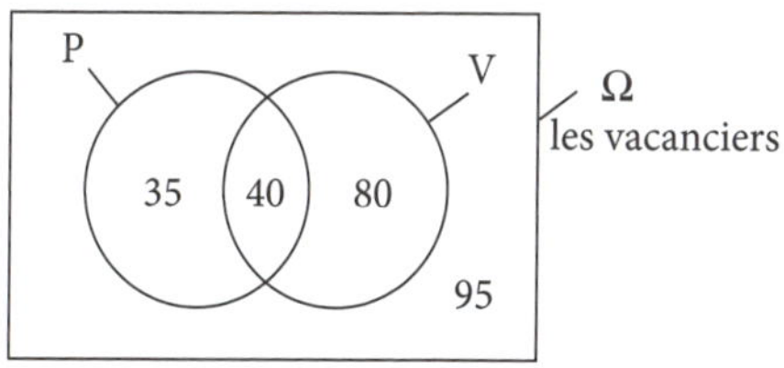

P : ensemble des vacanciers qui pratiquent la planche à voile.
V : ensemble des vacanciers qui pratiquent la voile.

- On place les 40 vacanciers qui pratiquent les deux activités.
- 75 – 40 = 35 vacanciers ne pratiquent que la planche à voile.
- 120 – 40 = 80 vacanciers ne pratiquent que la voile.
- 250 – (35 + 40 + 80) = 95 vacanciers ne pratiquent aucune activité.

2. 95 vacanciers ne pratiquent aucune activité.

2 Loi de probabilité, probabilité d'un événement

1 Vocabulaire

- L'univers est l'ensemble des issues d'une expérience aléatoire, il est noté Ω.
- Les résultats possibles d'une d'expérience aléatoire sont appelés issues.
- Un événement est un ensemble d'issues.

2 Calcul des probabilités

- La probabilité d'un événement est la somme des probabilités des issues qui le constituent.
- Il y a équiprobabilité lorsque toutes les issues ont la même probabilité d'être obtenues.

Dans ce cas, la probabilité d'un événement A est :

$$p(\mathrm{A}) = \frac{\text{Nombre d'issues constituant A}}{\text{Nombre d'issues de l'univers}}$$

EXERCICES RÉSOLUS

Déterminer une probabilité sur un tirage de cartes

ÉNONCÉ

On choisit une carte au hasard dans un jeu de 52 cartes.
On définit les événements suivants :
A : « La carte tirée est un roi » ;
B : « La carte tirée est rouge » ;
C : « La carte tirée est un cœur ».
Calculer $p(\mathrm{A})$, $p(\mathrm{B})$ et $p(\mathrm{C})$.

Méthode
Déterminer le nombre d'issues constituant chaque événement, puis appliquer la formule d'équiprobabilité.

CORRIGÉ

- On tire une carte « au hasard », on est donc dans une situation d'équiprobabilité.

- L'expérience aléatoire est constituée de 52 issues (chacune des cartes du jeu).
- Il y a 4 rois dans le jeu ; l'événement A est constitué de ces 4 issues.

Donc $p(A) = \frac{4}{52} = \frac{1}{13}$.

- Il y a 26 cartes rouges ; l'événement B est constitué de ces 26 issues, donc :

$$p(B) = \frac{26}{52} = \frac{1}{2}.$$

- Il y a 13 cœurs ; l'événement C est constitué de ces 13 issues, donc :

$$p(C) = \frac{13}{52} = \frac{1}{4}.$$

Déterminer une probabilité sur un tirage dans une urne

ÉNONCÉ

Une urne contient six boules rouges numérotées de 1 à 6, quatre boules vertes numérotées de 1 à 4 et cinq boules blanches numérotées de 1 à 5.
On tire au hasard une boule de l'urne.
Déterminer la probabilité des événements suivants :
A : « La boule tirée est blanche ».
B : « La boule tirée est numérotée 5 ».
C : « La boule tirée à un numéro pair ».

CORRIGÉ

- On tire « au hasard » une boule de l'urne, on est donc dans une situation d'équiprobabilité.
- L'expérience aléatoire est constituée des 15 boules de l'urne.
- Il y a 5 boules blanches, donc $p(A) = \frac{5}{15} = \frac{1}{3}$.

Il y a 2 boules numérotées 5, donc $p(B) = \frac{2}{15}$.

Il y a 7 boules portant un numéro pair, donc $p(C) = \frac{7}{15}$.

Méthode

Déterminer le nombre total d'issues, puis le nombre d'issues de chaque événement ; appliquer alors la formule d'équiprobabilité.

3 Probabilité des événements $A \cap B$ et $A \cup B$

1 Événement $A \cap B$

L'événement $A \cap B$ est constitué des issues qui sont à la fois dans A et dans B.

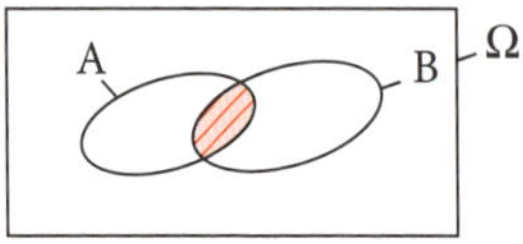

2 Événement $A \cup B$

L'événement $A \cup B$ est constitué de toutes les issues qui sont dans l'un au moins des événements A, B.

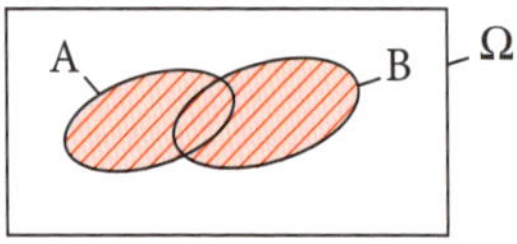

3 Probabilité de $A \cap B$ et $A \cup B$

A et B étant deux événements :

$$p(A \cup B) + p(A \cap B) = p(A) + p(B).$$

Remarque : Si $A \cap B = \varnothing$ c'est-à-dire si A et B sont incompatibles, alors $p(A \cup B) = p(A) + p(B)$. En effet, si $A \cap B = \varnothing$, alors $p(A \cap B) = 0$.

EXERCICES RÉSOLUS

Utiliser les formules

ÉNONCÉ

Une entreprise produit des pièces d'un même modèle. Ces pièces peuvent présenter deux types de défaut : le défaut A et le défaut B.

- 6 % des pièces présentent le défaut A (événement A),
- 4 % des pièces présentent le défaut B (événement B),
- 2,5 % des pièces présentent les deux défauts.

On choisit une pièce au hasard dans la production de l'entreprise.

Déterminer la probabilité de l'événement E : « la pièce choisie présente l'un au moins des deux défauts ».

CORRIGÉ

D'après l'énoncé, on a : $p(\text{A}) = \frac{6}{100} = 0{,}06$ et $p(\text{B}) = \frac{4}{100} = 0{,}04$.

2,5 % des pièces présentent les deux défauts, donc :

$$p(\text{A} \cap \text{B}) = \frac{2{,}5}{100} = 0{,}025.$$

L'événement E correspond à A ∪ B, soit E = A ∪ B.

Or, $p(\text{A} \cup \text{B}) + p(\text{A} \cap \text{B}) = p(\text{A}) + p(\text{B})$, donc :

$$p(\text{E}) = p(\text{A}) + p(\text{B}) - p(\text{A} \cap \text{B})$$
$$p(\text{E}) = 0{,}06 + 0{,}04 - 0{,}025 = 0{,}075.$$

Rappel
Exprimez E en fonction de A et B.

Utiliser les formules

ÉNONCÉ

Une étude sur le comportement de lycéens a donné les résultats suivants :

	Garçons	Filles	Total
Fumeurs réguliers	80	80	160
Fumeurs occasionnels	40	40	80
Non fumeurs	80	60	140
Total	200	180	380

On choisit au hasard un lycéen.

1. Calculer la probabilité des événements suivants.
A : « Le lycéen est non fumeur », B : « Le lycéen est une fille ».

2. Définir les événements A ∩ B et A ∪ B, puis calculer leur probabilité.

CORRIGÉ

1. Parmi les 380 lycéens, 140 sont non fumeurs, donc $p(\text{A}) = \frac{140}{380} = \frac{7}{19}$.

Parmi les 380 lycéens, 180 sont des filles, donc $p(\text{B}) = \frac{180}{380} = \frac{9}{19}$.

2. • A ∩ B : « le lycéen est une fille qui ne fume pas ».

$$p(\text{A} \cap \text{B}) = \frac{60}{380} = \frac{3}{19}.$$

• A ∪ B : « le lycéen ne fume pas ou est une fille ».

$$p(\text{A} \cup \text{B}) = p(\text{A}) + p(\text{B}) - p(\text{A} \cap \text{B}) = \frac{7}{19} + \frac{9}{19} - \frac{3}{19} = \frac{13}{19}.$$

4 Dénombrement à l'aide de tableaux et d'arbres

• Pour déterminer la probabilité d'un événement, il faut déterminer le nombre d'issues favorables à l'événement considéré. On peut utiliser un tableau ou un arbre.

• **Exemples :** • on lance deux fois de suite un dé à six faces ; on obtient ainsi un couple (a ; b) où :
- a est le chiffre apparu avec le premier lancer ;
- b est le chiffre apparu avec le deuxième lancer.

On détermine les issues de l'expérience aléatoire à l'aide d'un tableau.

1er lancer / 2e lancer	1	2	3	4	5	6
1	(1 ; 1)	(1 ; 2)	(1 ; 3)	(1 ; 4)	(1 ; 5)	(1 ; 6)
2	(2 ; 1)	(2 ; 2)	(2 ; 3)	(2 ; 4)	(2 ; 5)	(2 ; 6)
3	(3 ; 1)	(3 ; 2)	(3 ; 3)	(3 ; 4)	(3 ; 5)	(3 ; 6)
4	(4 ; 1)	(4 ; 2)	(4 ; 3)	(4 ; 4)	(4 ; 5)	(4 ; 6)
5	(5 ; 1)	(5 ; 2)	(5 ; 3)	(5 ; 4)	(5 ; 5)	(5 ; 6)
6	(6 ; 1)	(6 ; 2)	(6 ; 3)	(6 ; 4)	(6 ; 5)	(6 ; 6)

L'expérience aléatoire comporte 36 issues.

• On lance 4 fois de suite une pièce de monnaie bien équilibrée. On détermine les issues à l'aide d'un arbre.

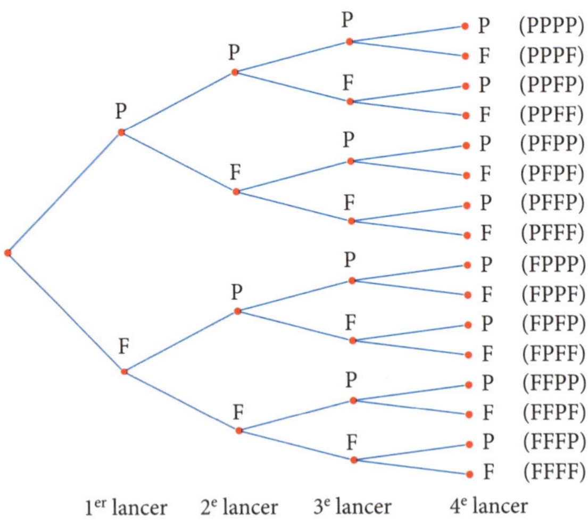

L'expérience compte 16 issues.

EXERCICE RÉSOLU

Utiliser un tableau

ÉNONCÉ

Dans une foire, un forain propose le jeu suivant.
On lance un dé cubique dont les faces sont numérotées de 1 à 6, puis on fait tourner une roue portant les numéros 0, 1, 2, 3. On obtient ainsi un couple $(a ; b)$ où :
- le nombre a est lu sur la face supérieure du dé ;
- le nombre b est indiqué par la roue.

On suppose que tous les couples $(a ; b)$ ont la même probabilité d'être obtenus.
Le résultat du jeu est le nombre $a \times b$.

1. Déterminer les événements élémentaires de cette expérience aléatoire à l'aide d'un tableau.

2. Calculer la probabilité de chacun des événements suivants.
A : « Le résultat du jeu est un nombre qui appartient à l'intervalle [5 ; 18] ».
B : « Le résultat du jeu a été obtenu à partir d'un numéro impair sur la roue ».

CORRIGÉ

Conseil
On crée un tableau à double entrée dans lequel on va pouvoir compter les issues de l'expérience et les issues constituant les événements A et B.

1.

b \ a	1	2	3	4	5	6
0	0	0	0	0	0	0
1	1 ∘	2 ∘	3 ∘	4 ∘	∘ 5 ×	∘ 6 ×
2	2	4	6 ×	8 ×	10 ×	12 ×
3	∘ 3	∘ 6 ×	∘ 9 ×	∘ 12 ×	∘ 15 ×	∘ 18 ×

L'expérience aléatoire compte 24 issues.

2. • On dénombre 11 issues constituant A (marqués dans le tableau par une ×).

On a donc $p(\text{A}) = \frac{11}{24}$.

• On dénombre 12 issues constituant B (marqués dans le tableau par un ∘).

On a donc $p(\text{B}) = \frac{12}{24} = \frac{1}{2}$.

5 Échantillon aléatoire

1 Expérience aléatoire et simulation

- On appelle **expérience aléatoire** une expérience dont on ne connaît pas le résultat à l'avance (par exemple, le lancer d'un dé).

- La réalisation pratique d'une expérience aléatoire n'est pas toujours possible. Aussi on effectue une **simulation** de cette expérience afin de fournir une série de résultats.
On peut ainsi concevoir une expérience aléatoire à partir d'une série statistique.

2 Distribution des fréquences

- Les résultats d'une expérience aléatoire peuvent se résumer par la donnée des fréquences de chacun des résultats possibles.
La répartition ainsi obtenue s'appelle la **distribution des fréquences**. On représente, en général, cette distribution par un diagramme en bâtons.

3 Fluctuation d'échantillonnage

- La fluctuation d'échantillonnage exprime le fait qu'entre plusieurs séries d'expériences identiques la distribution des fréquences varie.

EXERCICE RÉSOLU

Utiliser un diagramme en bâtons

ÉNONCÉ

Une urne contient 5 boules indiscernables au toucher. Ces boules sont numérotées 1-2-3-4-5. L'expérience consiste à tirer une boule, puis à la remettre dans l'urne. Cette expérience est effectuée plusieurs fois par 4 élèves d'une classe de Seconde.
Représenter pour chaque cas le diagramme en bâtons des fréquences et comparer les fréquences pour chaque échantillon.

Élève A : 15 tirages

n°	1	2	3	4	5
Effectif	3	2	4	0	6

Élève B : 20 tirages

n°	1	2	3	4	5
Effectif	4	6	3	4	3

Élève C : 20 tirages

n°	1	2	3	4	5
Effectif	2	4	5	6	3

Élève D : 100 tirages

n°	1	2	3	4	5
Effectif	16	20	18	26	20

CORRIGÉ

Élève A

i	1	2	3	4	5
f_i	0,2	0,13	0,27	0	0,4

Élève B

i	1	2	3	4	5
f_i	0,2	0,3	0,15	0,2	0,15

Élève C

i	1	2	3	4	5
f_i	0,1	0,2	0,25	0,3	0,15

Élève D

i	1	2	3	4	5
f_i	0,16	0,2	0,18	0,26	0,2

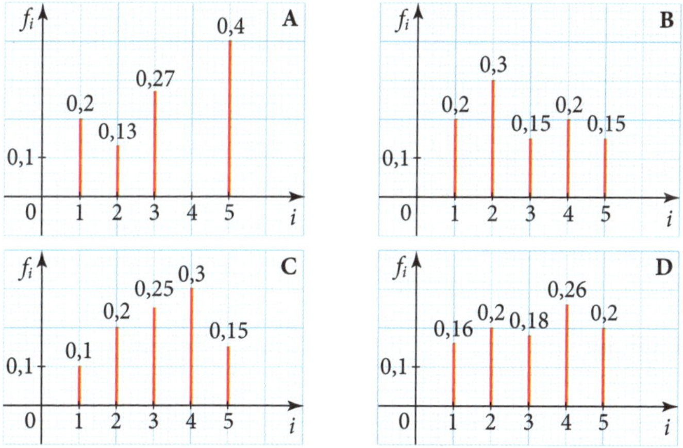

Les fréquences obtenues pour chaque échantillon fluctuent.
C'est la variation des distributions des fréquences qui permet de comprendre la notion de fluctuation d'échantillonnage.

6 Notion d'échantillon, simulation

1 Échantillon

- Un échantillon de taille n est l'ensemble des résultats obtenus en répétant n fois une même expérience aléatoire.
- Lorsque l'on observe la fréquence d'un résultat possible d'une expérience aléatoire sur plusieurs échantillons de même taille, on s'aperçoit qu'elle fluctue selon les échantillons.

2 Simulations

- On effectue des simulations sur calculatrice ou sur tableur afin de produire des données et de créer des échantillons parfaitement aléatoires.

Les formules suivantes permettent de créer des simulations sur tableur :
=ALEA() permet d'obtenir un nombre décimal aléatoire dans l'intervalle $[0 ; 1[$.
=n*ALEA() permet d'obtenir un nombre décimal aléatoire dans l'intervalle $[0 ; n[$.
=ENT(n*ALEA()) permet d'obtenir un nombre entier aléatoire dans l'intervalle $[0 ; n[$.
=ENT(ALEA()+p), où p est un nombre réel de l'intervalle $[0 ; 1]$, permet d'obtenir le nombre 1 avec la probabilité p.
=ALEA.ENTRE.BORNES(min; max) permet d'obtenir un nombre entier aléatoire entre les nombres entiers min et max.

EXERCICES RÉSOLUS

Créer un échantillon sur tableur

ÉNONCÉ

Pour chacun des cas suivants, déterminer la nature et la taille de l'échantillon créé à l'aide d'un tableur.

1. On entre la formule =ENT(6*ALEA()+1) dans la cellule A1 ;
on recopie cette formule jusqu'à la cellule A30.

2. On entre la formule =ENT(2*ALEA()) dans la cellule A1 ;
on recopie cette formule jusqu'à la cellule A50.

3. On entre la formule =3*ALEA()+2 dans la cellule A1 ; on recopie cette formule jusqu'à la cellule A15.

4. On entre la formule =ENT(ALEA()+0,8) dans la cellule A1 ; on recopie cette formule jusqu'à la cellule A10.

CORRIGÉ

1. La formule =ENT(6*ALEA()+1) permet d'obtenir un nombre entier aléatoire compris entre 1 et 6. On crée donc un échantillon aléatoire de taille 30 de nombres entiers compris entre 1 et 6.

> **Méthode**
> Procéder pas à pas en déterminant ce que l'on obtient avec la formule ALEA(), puis 6*ALEA(), puis 6*ALEA()+1 et enfin ENT(6*ALEA()+1).

2. La formule =ENT(2*ALEA()) permet d'obtenir un nombre entier aléatoire égal à 0 ou 1.
On crée donc un échantillon aléatoire de taille 50 composé des nombres entiers 0 ou 1.

3. La formule =3*ALEA()+2 permet d'obtenir un nombre décimal aléatoire compris dans l'intervalle [2 ; 5[.
On crée donc un échantillon aléatoire de taille 15 de nombres décimaux compris dans l'intervalle [2 ; 5[.

4. La formule =ENT(ALEA()+0,8) permet d'obtenir les nombres 0 ou 1, 1 étant obtenu avec une probabilité de 0,8 et 0 avec une probabilité de 0,2 ; l'échantillon ainsi créé est de taille 10.

Simuler un échantillon aléatoire

ÉNONCÉ

Le taux de réussite au bac est de 82 %.
Quelle formule doit-on entrer sur tableur pour simuler un échantillon de 60 lycéens passant le bac ?

CORRIGÉ

On entre dans la cellule A1 la formule =ENT(ALEA()+0,82) ;
on recopie cette formule jusqu'à la cellule A60.

> **Méthode**
> Déterminer la formule qui permet d'obtenir 0 ou 1, le 1 étant obtenu avec une probabilité de 0,82.

7 Modèle probabiliste

1 Fréquence d'un événement

- La **fréquence** d'un événement est égale à :

$$\frac{\text{nombre de fois où l'événement est réalisé}}{\text{nombre de fois où l'expérience est répétée}}$$

- Quand on répète un très grand nombre de fois une expérience aléatoire, les fréquences de réalisation d'un événement se stabilisent autour d'une certaine valeur. Cette valeur est la **probabilité** de l'événement considéré.

2 Fréquence statistique et probabilité

Si les probabilités tirent leur origine de tentatives de modélisation mathématique du hasard (aléa), elles sont surtout utiles pour essayer de généraliser les observations recueillies à partir de données statistiques, particulièrement lorsque l'étude exhaustive de la population considérée ne peut être réalisée.
À la fréquence d'un événement déterminée par l'étude de l'échantillon, on associera sa probabilité lors d'une expérience aléatoire.

3 Vulgarisation de la loi des grands nombres

Pour une expérience donnée, dans le modèle défini par une loi de probabilité P, les distributions des fréquences calculées sur des séries de taille n se rapprochent de P quand n devient grand.

EXERCICE RÉSOLU

Appréhender une probabilité

ÉNONCÉ

L'expérience consiste à lancer deux fois de suite un jeton sur lequel sont inscrits 1 sur une face et 0 sur l'autre face.
On fait ensuite la somme des chiffres obtenus sur la face visible après chaque lancer ; trois résultats sont possibles : 0 ; 1 et 2.
On appelle A l'événement : « la somme obtenue est 0 ».
L'expérience est répétée 200 fois.
Les résultats sont les suivants :

Nombre de fois où est répétée l'expérience	10	20	30	50	80	100	130	150	180	200
Nombre de fois où la somme est égale à 0	4	9	10	15	17	28	32	34	46	49

1. Déterminer, pour chaque série d'expériences, la fréquence f_A de l'événement A.

2. Représenter graphiquement la fréquence d'apparition de l'événement A en fonction du nombre de fois où est répétée l'expérience.

3. Quelle est la probabilité de l'événement A ?

CORRIGÉ

1.

Nombre de fois où est répétée l'expérience	10	20	30	50	80	100	130	150	180	200
f_A	0,4	0,45	0,33	0,3	0,21	0,28	0,25	0,23	0,26	0,25

2. Diagramme en bâtons :

Méthode

On utilise la formule :

$$\frac{\text{nombre de cas favorables à A}}{\text{nombre de fois où est réalisée l'expérience}}$$

puis on détermine à partir du diagramme en bâtons la valeur vers laquelle se stabilise la fréquence de l'événement A.

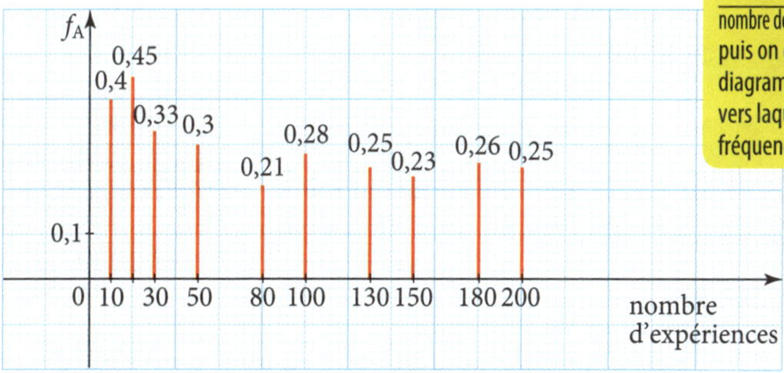

3. Lorsque l'expérience est répétée un grand nombre de fois la fréquence de l'événement A se stabilise vers 0,25. Il y a 25 % de chances d'obtenir une somme égale à 0 quand on lance deux fois de suite le jeton. Ainsi, $p(A) = 0{,}25$.

Savoir utiliser les symboles ∩ et ∪

ÉNONCÉ

Une usine d'horlogerie fabrique des montres. À la sortie de la chaîne de fabrication, elles peuvent présenter un défaut mécanique ou un défaut esthétique.
On choisit au hasard une montre ; on note M l'événement « la montre a un défaut mécanique », et E l'événement « la montre a un défaut esthétique ».

1. Exprimer, en fonction de M et de E, l'événement A : « la montre a un défaut mécanique et un défaut esthétique ».

2. Exprimer, en fonction de M et de E, l'événement B : « la montre a au moins un des deux défauts ».

3. Exprimer, en fonction de M et de E, l'événement C : « la montre n'a aucun défaut ».

MÉTHODE

Il faut repérer dans l'énoncé le vocabulaire associé à l'intersection, à l'union ou à la notion de contraire :
- le symbole ∩ désigne l'intersection, il correspond au « et » ;
- le symbole ∪ désigne la réunion, il correspond au « ou inclusif », c'est-à-dire : ou l'un, ou l'autre ou les deux ;
- le contraire de la réunion de deux événements est l'intersection de leur contraire, c'est-à-dire le contraire de « X ou Y » est « ni X, ni Y ».

CORRIGÉ

1. L'ensemble A est constitué des montres qui ont les deux défauts, mécanique et esthétique.
On a donc : $A = M \cap E$.

Rappel
L'expression « au moins » est caractéristique de l'union.

2. L'ensemble B est constitué des montres qui ont soit le défaut mécanique, soit le défaut esthétique, soit les deux défauts.
On a donc : $B = M \cup E$.

3. L'ensemble C est constitué des montres qui n'ont ni le défaut mécanique, ni le défaut esthétique, c'est l'événement contraire de B.
On a donc : $C = \overline{B} = \overline{M \cup E}$, ou encore $C = \overline{M} \cap \overline{E}$.

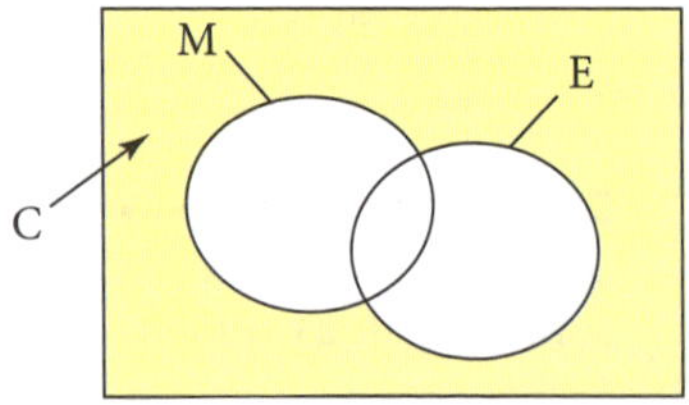

Savoir utiliser les formules de probabilité

ÉNONCÉ

Une usine d'horlogerie fabrique des montres. À la sortie de la chaîne de fabrication, elles peuvent présenter un défaut mécanique ou un défaut esthétique.
On choisit au hasard une montre ; on note M l'événement « la montre a un défaut mécanique », et E l'événement « la montre a un défaut esthétique ».
On admet que $p(\mathrm{M}) = 0{,}03$; $p(\mathrm{E}) = 0{,}06$ et $p(\mathrm{M} \cap \mathrm{E}) = 0{,}02$.
Calculer la probabilité des événements suivants :

1. « La montre n'a pas de défaut esthétique ».
2. « La montre a au moins un des deux défauts ».
3. « La montre n'a aucun défaut ».

MÉTHODE

1. Exprimer les événements cherchés en fonction des événements connus (ici : M et E).
2. Calculer les probabilités à l'aide des formules donnant :
- la probabilité de l'événement contraire d'un événement A : $p(\overline{\mathrm{A}}) = 1 - p(\mathrm{A})$;
- la probabilité de la réunion de deux événements A et B :

$$p(\mathrm{A} \cup \mathrm{B}) = p(\mathrm{A}) + p(\mathrm{B}) - p(\mathrm{A} \cap \mathrm{B}).$$

CORRIGÉ

1. L'événement « la montre n'a pas de défaut esthétique » est l'événement contraire de E, soit l'événement $\overline{\mathrm{E}}$.
On a donc $p(\overline{\mathrm{E}}) = 1 - p(\mathrm{E}) = 1 - 0{,}06 = 0{,}94$.

2. L'événement « la montre a au moins un des deux défauts » est la réunion des événements M et E, soit l'événement $\mathrm{M} \cup \mathrm{E}$.
On a donc $p(\mathrm{M} \cup \mathrm{E}) = p(\mathrm{M}) + p(\mathrm{E}) - p(\mathrm{M} \cap \mathrm{E})$
$= 0{,}03 + 0{,}06 - 0{,}02 = 0{,}07$.

3. L'événement « la montre n'a aucun défaut » est l'événement contraire de $\mathrm{M} \cup \mathrm{E}$, soit l'événement $\overline{\mathrm{M} \cup \mathrm{E}}$.
On a donc :

$$p(\overline{\mathrm{M} \cup \mathrm{E}}) = 1 - p(\mathrm{M} \cup \mathrm{E}) = 1 - 0{,}07 = 0{,}93.$$

Remarque

La notion d'union au sens inclusif n'est pas facile à manipuler. Il faut identifier les situations qui traduisent « l'union », et appliquer : $p(\mathrm{A} \cup \mathrm{B}) = p(\mathrm{A}) + p(\mathrm{B}) - p(\mathrm{A} \cap \mathrm{B})$.

Piège à éviter

La notion de contraire est assez subtile :
Le contraire de « avoir au moins un défaut » est « n'avoir aucun défaut » ; on applique alors : $p(\overline{\mathrm{A}}) = 1 - p(\mathrm{A})$.

Exercices d'application

1 Modèle probabiliste

On lance simultanément un jeton dont les faces sont marquées 2 et 5 et un dé ordinaire dont les faces sont numérotées de 1 à 6.

On fait ensuite la somme des chiffres obtenus sur leur face visible.

On appelle B l'événement : « la somme est un multiple de 3 ».

L'expérience est répétée 300 fois. Les résultats sont les suivants :

Nombre d'expériences	10	20	30	40	50	100	150	200	250	300
Nombre de fois où la somme est un multiple de 3	8	10	12	17	19	39	48	64	83	100

Déterminer la probabilité de l'événement B.

Interpréter le résultat en pourcentage de chances d'obtenir un multiple de 3.

2 Fréquences et probabilités

Une urne contient 4 boules indiscernables au toucher, numérotées de 0 à 3.

On prend au hasard deux boules de l'urne, on note le produit des numéros sortis, puis on les remet dans l'urne.

On simule à l'aide d'un tableur un échantillon de taille 1 000 de cette expérience. Les fréquences obtenues pour chacune des issues sont données dans le tableau suivant.

Issues (produit des numéros)	0	2	3	6
Fréquences (arrondies à 0,01 près)	0,50	0,17	0,16	0,17

On prend pour probabilité de chaque issue sa fréquence.

On appelle A l'événement « obtenir l'issue 0 ou l'issue 3 » et B l'événement « obtenir une issue inférieure à 4 ».

Calculer $p(A)$ et $p(B)$.

3 Événement contraire : vocabulaire

À la sortie de la chaîne de fabrication, une machine est susceptible de présenter deux types de défaut : le défaut A, le défaut B. On choisit une machine au hasard.

1. Quel est le contraire de l'événement « La machine n'a aucun défaut » ?

2. Quel est le contraire de l'événement « La machine a le défaut A et le défaut B » ?

4 Vocabulaire des événements

Une pièce détachée peut présenter deux types de défaut : électrique, mécanique.

On en choisit une au hasard dans un lot ; on considère les événements :

E : « la pièce a le défaut électrique » ; M : « la pièce a le défaut mécanique ».

Exprimer en fonction de E et de M les événements suivants :

1. « La pièce n'a pas le défaut mécanique ».

2. « La pièce a le défaut électrique et le défaut mécanique ».

3. « La pièce a au moins un des deux défauts ».

4. « La pièce n'a aucun des deux défauts ».

5 Représentation ensembliste d'événements

La situation familiale des 80 enseignants d'un lycée est la suivante :

40 sont mariés, 24 ont des enfants et 18 sont mariés et ont des enfants.

On choisit au hasard un enseignant de ce lycée.

1. Compléter le diagramme suivant.

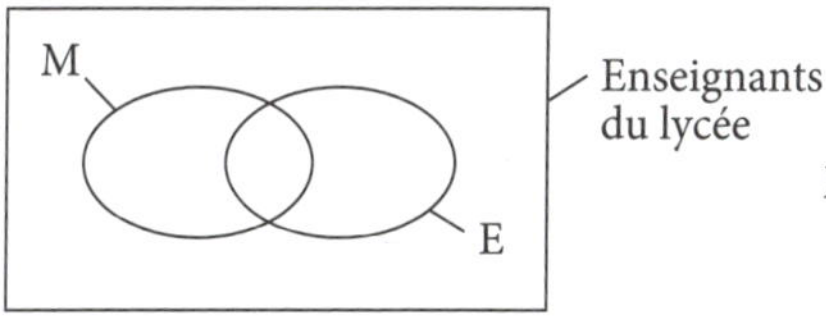

M : ensemble des enseignants mariés.
E : ensemble des enseignants ayant des enfants.

2. Calculer la probabilité des événements suivants.

A : « L'enseignant est marié ou a un enfant ».

B : « L'enseignant n'est pas marié et n'a pas d'enfants ».

Quelle remarque peut-on faire sur les événements A et B ?

6 Probabilité d'événements

Une urne contient 12 boules de couleurs différentes, indiscernables au toucher.

Parmi les boules : deux sont bleues et valent 2 points ; quatre sont rouges et valent un point et six sont vertes et valent 3 points.

On tire au hasard une boule de l'urne.

Calculer la probabilité des événements suivants.

A : « La boule tirée est rouge ».

B : « On obtient au plus 2 points ».

C : « La boule tirée est bleue ou vaut 3 points ».

D : « La boule tirée est rouge ou vaut plus de 2 points ».

7 Probabilité d'événements

Un dé fantaisiste comporte 7 faces numérotées de 1 à 7. Chaque face a la même probabilité d'être obtenue. On lance le dé et on lit le chiffre indiqué sur la face supérieure.

On considère les événements suivants.

A : « On obtient un chiffre inférieur à 4 ».

B : « On obtient un chiffre impair ».

C : « On obtient un chiffre pair ».

Calculer la probabilité des événements suivants :

A, B, C, $A \cap B$, $A \cap C$, $\overline{A}$, $\overline{B}$, $\overline{C}$, $\overline{A} \cap \overline{B}$, $\overline{A \cap C}$.

8 Utilisation d'un tableau

Dans un établissement scolaire de 2000 élèves, on sait que :

- 40 % sont des filles ;
- 15 % des filles sont internes ;
- 60 % des élèves, parmi lesquels 760 garçons, sont externes ;
- la moitié des demi-pensionnaires sont des filles.

1. Compléter le tableau suivant.

	Internes	Demi-pensionnaires	Externes	Total
Filles				
Garçons				
Total				2000

2. On choisit, au hasard, un élève pour représenter l'établissement.

Calculer la probabilité des événements suivants :

A : « L'élève choisi est une fille ».

B : « L'élève choisi est interne ».

C : « L'élève choisi est une fille interne ».

D : « L'élève choisi est interne ou est une fille ».

9 Utilisation d'un arbre

Benoît sait que le congélateur de la cuisine renferme cinq bâtons de crème glacée de parfums différents (vanille, chocolat, pistache, café, praliné).

Gourmand et insomniaque, il décide de se lever en pleine nuit, sans allumer la lumière, et de prendre, à tâtons et successivement, deux bâtons dans le congélateur.

Tous les choix sont équiprobables.

1. À l'aide d'un arbre, déterminer le nombre de couples différents de bâtons qu'il peut ainsi obtenir.

2. Ses parfums préférés sont vanille et café.

Calculer la probabilité qu'il obtienne :

a. le bâton à la vanille, puis le bâton au café ;

b. les bâtons de ses parfums préférés dans un ordre quelconque ;

c. un seul de ses parfums préférés ;

d. aucun de ses parfums préférés.

10 Intersection et réunion

On considère deux événements A et B tels que $p(\mathrm{A}) = 0{,}6$ et $p(\mathrm{A} \cup \mathrm{B}) = 0{,}84$.

Calculer $p(\mathrm{B})$ sachant que $\mathrm{A} \cap \mathrm{B} = \varnothing$.

11 Intersection et réunion

On considère deux événements A et B tels que $p(\mathrm{A}) = 0{,}35$, $p(\mathrm{B}) = 0{,}75$ et $p(\mathrm{A} \cup \mathrm{B}) = 0{,}8$.

Calculer $p(\mathrm{A} \cap \mathrm{B})$.

12 Intersection et réunion

Lors de la dernière journée d'un championnat international d'athlétisme, les athlètes sont encouragés par 75 000 spectateurs.

70 % des spectateurs sont français et 30 % sont étrangers.

De plus, 85 % des spectateurs étrangers et 25 % des spectateurs français possèdent une licence d'athlétisme.

1. Modéliser la situation à l'aide d'un tableau.

2. On choisit une personne au hasard parmi les spectateurs.

On note les événements suivants :

• F : « Le spectateur est français ».

• L : « Le spectateur possède une licence d'athlétisme ».

a. Calculer $p(F)$ et $p(L)$.

b. Calculer $p(F \cap L)$; en déduire $p(F \cup L)$.

13 Simulation d'échantillons

Déterminer la nature et la taille de l'échantillon créé avec un tableur pour chacun des cas suivants.

1. On entre la formule =ENT(3*ALEA()) dans la cellule A1, puis on recopie cette formule jusqu'à la cellule A10.

2. On entre la formule =ENT(5*ALEA()+1) dans la cellule A1, puis on recopie cette formule jusqu'à la cellule A30.

14 Simulation d'échantillons

Pour chaque cas, expliquer la démarche qui permet d'obtenir sur tableur l'échantillon demandé.

1. Échantillon de 20 nombres entiers aléatoires compris entre 0 et 10 (inclus).

2. Échantillon de 10 nombres entiers aléatoires compris entre 1 et 10 (inclus).

3. Échantillon de 100 nombres entiers aléatoires compris entre 10 et 20 (inclus).

15 Simulation d'un échantillon sur une population connue

1. Quelle formule doit-on entrer, sur un tableur, pour simuler un échantillon de taille 100 dans une population contenant 30 % de fumeurs ?

2. On estime à 12 % le nombre d'adolescents jouant d'un instrument de musique.

Quelle formule doit-on entrer, sur un tableur, pour simuler un échantillon de 100 adolescents relatif au fait de jouer d'un instrument de musique ?

Exercices d'entraînement

16 Calcul de probabilités avec un tableau

Le personnel d'une entreprise est constitué de 180 femmes et de 200 hommes. Afin d'appliquer la loi anti-tabac, on réalise une étude dans l'entreprise, sur le comportement des employés face au tabac.

Les résultats de l'étude indiquent que :

• parmi les hommes, la moitié fume régulièrement et 20 % des femmes sont des fumeurs occasionnels ;

- une femme sur trois fume régulièrement ;
- autant d'hommes que de femmes fument occasionnellement.

1. Représenter la situation à l'aide d'un tableau.

2. On choisit au hasard une personne de l'entreprise. Chaque personne a la même probabilité d'être choisie.

a. Calculer la probabilité des événements suivants :

A : « La personne choisie est un fumeur occasionnel ».

B : « La personne choisie est un homme ».

b. Définir, à l'aide d'une phrase, l'événement $A \cap B$ puis calculer sa probabilité.

c. Définir, à l'aide d'une phrase, l'événement $A \cup B$, puis calculer sa probabilité.

17 Calcul de probabilités avec un arbre

Un couple a le projet d'avoir quatre enfants. On fait l'hypothèse qu'ils auront à chaque fois autant de chance d'avoir un garçon qu'une fille et qu'il n'y aura pas de jumeaux.

1. En utilisant un arbre, déterminer toutes les issues.

2. Calculer la probabilité des événements suivants :

A : « Ils auront quatre garçons ».

B : « Ils auront quatre enfants de même sexe ».

C : « Ils auront au plus deux garçons ».

D : « Ils auront au moins une fille ».

18 Calcul de probabilités avec un diagramme

Une entreprise compte 300 salariés. Parmi les salariés, 20 % se sont fait vacciner contre la grippe.

Durant l'hiver, 10 % du personnel a eu la grippe et parmi eux, 20 % étaient vaccinés.

1. Faire un diagramme illustrant la situation.

2. On choisit au hasard une personne de l'entreprise ; toutes les personnes ont la même probabilité d'être choisies.

a. Calculer la probabilité des événements.

A : « La personne choisie a eu la grippe ».

B : « La personne choisie était vaccinée ».

b. Calculer $p(A \cap B)$ et $p(A \cup B)$.

1

Nombre d'expériences	10	20	30	40	50	100	150	200	250	300
Fréquence d'apparition d'un multiple de 3	0,8	0,5	0,4	0,425	0,38	0,39	0,32	0,32	0,33	0,33

Lorsque l'expérience est répétée un grand nombre de fois la fréquence de l'événement B se stabilise autour de 0,33. La probabilité de l'événement B est égale à 0,33.

Il y a 33 % de chances d'obtenir un multiple de 3 lors de l'expérience.

2 • La probabilité de l'événement A est la somme des fréquences des issues 0 et 3, soit $p(\text{A}) = 0{,}50 + 0{,}16 = 0{,}66$.

• La probabilité de l'événement B est la somme des fréquences des issues 0, 2 et 3, soit $p(\text{B}) = 0{,}50 + 0{,}17 + 0{,}16 = 0{,}83$.

3 **1.** Le contraire de l'événement « la machine n'a aucun défaut » est : « la machine a au moins un défaut ».

Rappel

Le contraire de « n'avoir aucun défaut » est « avoir 1 seul défaut ou les 2 défauts ».

2. Le contraire de l'événement « la machine a le défaut A et le défaut B » est : « la machine a au plus un défaut ».

Rappel

Le contraire « d'avoir les 2 défauts » est « d'avoir 0 défaut ou 1 seul défaut ».

4 **1.** « La pièce n'a pas le défaut mécanique » est l'événement $\overline{\text{M}}$.

2. « La pièce a le défaut électrique et le défaut mécanique » est l'événement $\text{E} \cap \text{M}$.

3. « La pièce a au moins un des deux défauts » est l'événement $\text{E} \cup \text{M}$.

4. « La pièce n'a aucun des deux défauts » est l'événement $\overline{\text{E}} \cap \overline{\text{M}}$ ou encore $\overline{\text{E} \cup \text{M}}$.

Remarque

Pour tous événements A et B :
$\overline{\text{A}} \cap \overline{\text{B}} = \overline{\text{A} \cup \text{B}}$.

5 **1.**

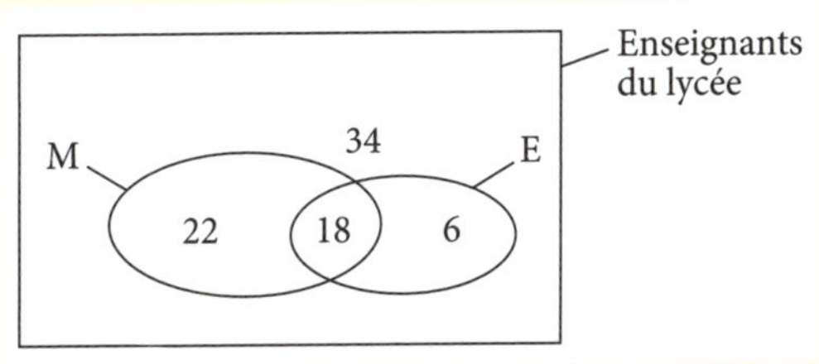

2. • Sur les 80 enseignants, 46 sont mariés ou ont un enfant, donc :

$$p(\mathrm{A}) = \frac{46}{80} = 0{,}575.$$

• Sur les 80 enseignants, 34 ne sont pas mariés et n'ont pas d'enfants, donc :

$$p(\mathrm{B}) = \frac{34}{80} = 0{,}425.$$

• A et B sont des événements contraires.

6 • Sur les 12 boules, 4 sont rouges, donc $p(\mathrm{A}) = \frac{4}{12} = \frac{1}{3}$.

• Sur les 12 boules, 6 boules (4 rouges et 2 bleues) valent 1 ou 2 points :

$$p(\mathrm{B}) = \frac{6}{12} = 0{,}5.$$

• Sur les 12 boules, 8 boules sont bleues ou valent 3 points, $p(\mathrm{C}) = \frac{8}{12} = \frac{2}{3}$.

• Sur les 12 boules, 6 boules sont rouges ou valent au plus 2 points :

$$p(\mathrm{D}) = \frac{6}{12} = \frac{1}{2}.$$

7 • $p(\mathrm{A}) = \frac{3}{7}$.

• Il y a 4 chiffres impairs, donc $p(\mathrm{B}) = \frac{4}{7}$.

• Il y a 3 chiffres pairs, donc $p(\mathrm{C}) = \frac{3}{7}$.

• $\mathrm{A} \cap \mathrm{B}$: « on obtient un chiffre impair inférieur à 4 », soit les chiffres 1 et 3, donc :

$$p(\mathrm{A} \cap \mathrm{B}) = \frac{2}{7}.$$

• $A \cap C$: « on obtient un chiffre pair inférieur à 4 », soit le chiffre 2, donc :

$$p(A \cap C) = \frac{1}{7}.$$

• $p(\overline{A}) = 1 - p(A) = \frac{4}{7}$.

• $p(\overline{B}) = 1 - p(B) = \frac{3}{7}$.

• $p(\overline{C}) = 1 - p(C) = \frac{4}{7}$.

• $\overline{A} \cap \overline{B}$: « on n'obtient ni un chiffre inférieur à 4, ni un chiffre impair », soit les chiffres 4 et 6, donc $p(\overline{A} \cap \overline{B}) = \frac{2}{7}$.

• $p(\overline{A \cap C}) = 1 - p(A \cap C) = \frac{6}{7}$.

8 **1.** *Données de l'énoncé :*

• Parmi les 2 000 élèves, 40 % sont des filles, soit $2\,000 \times \frac{40}{100} = 800$ filles.

• Parmi les filles, 15 % sont internes, soit $800 \times \frac{15}{100} = 120$ filles internes.

• 60 % des élèves sont externes, soit $2\,000 \times \frac{60}{100} = 1\,200$ externes.

• 760 garçons sont externes.

• La moitié des demi-pensionnaires sont des filles, soit le même nombre de garçons demi-pensionnaires.

On peut alors compléter le tableau :

	Internes	Demi-pensionnaires	Externes	Total
Filles	120	800 – 120 – 440 = 240	1 200 – 760 = 440	800
Garçons	320 – 120 = 200	240	760	2 000 – 800 = 1 200
Total	2 000 – 480 – 1 200 = 320	480	1 200	2 000

2. • Parmi les 2 000 élèves, 800 sont des filles, donc $p(\text{A}) = \dfrac{800}{2000} = 0{,}4$.

• Parmi les 2 000 élèves, 320 sont internes, donc $p(\text{B}) = \dfrac{320}{2000} = 0{,}16$.

• Parmi les 2 000 élèves, 120 sont des filles internes, donc $p(\text{C}) = \dfrac{120}{2000} = 0{,}06$.

• On remarque que $\text{D} = \text{A} \cup \text{B}$,
donc $p(\text{D}) = p(\text{A} \cup \text{B}) = p(\text{A}) + p(\text{B}) - p(\text{A} \cap \text{B})$.
Or, $\text{C} = \text{A} \cap \text{B}$, donc $p(\text{D}) = 0{,}4 + 0{,}16 - 0{,}06 = 0{,}5$.

Remarque
Le « ou » mathématique est un « ou » inclusif.

9 **1.** Arbre des possibilités.

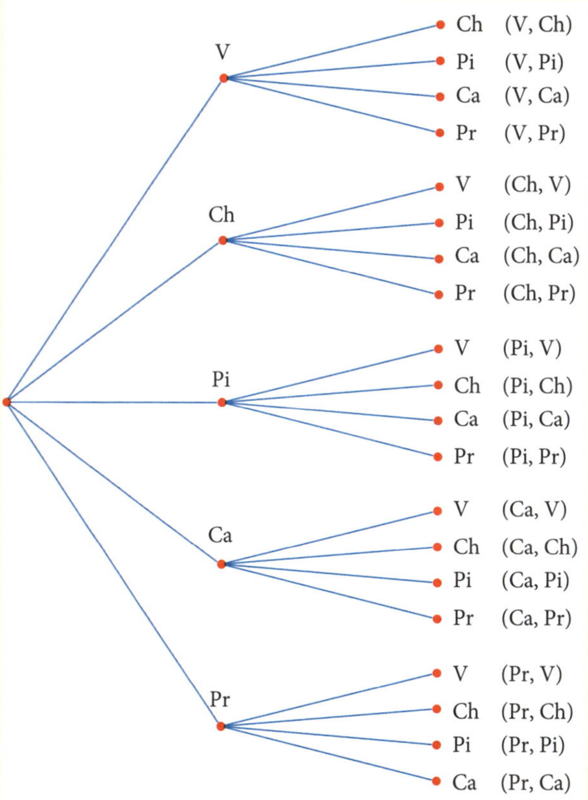

On peut obtenir 20 couples possibles.

2. a. Sur les 20 couples possibles, 1 correspond au couple (vanille, café), donc :

$$p = \frac{1}{20} = 0{,}05.$$

b. Sur les 20 couples possibles, 2 correspondent au cas demandé (vanille, café) et (café, vanille), donc $p = \frac{2}{20} = 0{,}1$.

c. Sur les 20 couples possibles, 12 contiennent 1 seul des parfums préférés de Benoît, donc $p = \frac{12}{20} = 0{,}6$.

d. Sur les 20 couples possibles, 6 ne contiennent aucun de ses parfums préférés, donc $p = \frac{6}{20} = 0{,}3$.

10 On sait que $p(A \cup B) = p(A) + p(B)$ car $A \cap B = \varnothing$.
On a donc $p(B) = p(A \cup B) - p(A) = 0{,}84 - 0{,}6$
$= 0{,}24$.

Remarque
A et B sont dits incompatibles.

11 On sait que $p(A \cup B) + p(A \cap B) = p(A) + p(B)$.
On a donc $p(A \cap B) = p(A) + p(B) - p(A \cup B)$
$= 0{,}35 + 0{,}75 - 0{,}8 = 0{,}3$.

L'astuce du prof
Le « et » en probabilité renvoie à la notion d'intersection ; le « au moins » à la notion d'union.

12 **1.** • Parmi les 75 000 spectateurs, 70 % sont français, soit $75\,000 \times \frac{70}{100} = 52\,500$ spectateurs français et $75\,000 - 52\,500 = 22\,500$ spectateurs étrangers.

• 85 % des spectateurs étrangers possèdent une licence, soit $22\,500 \times \frac{85}{100} = 19\,125$ personnes.

• 25 % des spectateurs français possèdent une licence, soit $52\,500 \times \frac{25}{100} = 13\,125$ personnes.

On peut alors modéliser la situation dans un tableau :

	Spectateurs français	Spectateurs étrangers	Total
Licenciés	13 125	19 125	13 125 + 19 125 = 32 250
Non licenciés	52 500 – 13 125 = 39 375	22 500 – 19 125 = 3 375	39 375 + 3 375 = 42 750
Total	52 500	22 500	75 000

2. a. • Sur les 75 000 spectateurs, 52 500 sont français, donc $p(\mathrm{F}) = \dfrac{52\,500}{75\,000} = 0{,}7$.

• Sur les 75 000 spectateurs, 32 250 possèdent une licence, donc :

$$p(\mathrm{L}) = \frac{32\,250}{75\,000} = 0{,}43.$$

b. Sur les 75 000 spectateurs, 13 125 sont français et possèdent une licence, donc :

$$p(\mathrm{F} \cap \mathrm{L}) = \frac{13\,125}{75\,000} = 0{,}175.$$

On a $p(\mathrm{F} \cup \mathrm{L}) = p(\mathrm{F}) + p(\mathrm{L}) - p(\mathrm{F} \cap \mathrm{L})$,
donc $p(\mathrm{F} \cup \mathrm{L}) = 0{,}7 + 0{,}43 - 0{,}175 = 0{,}955$.

13 **1.** On obtient un échantillon de taille 10 de nombres entiers aléatoires compris entre 0 et 2 inclus.

2. On obtient un échantillon de taille 30 de nombres entiers aléatoires compris entre 1 et 5 inclus.

14 **1.** On entre dans la cellule A1 la formule =ENT(11*ALEA()) ; on recopie cette formule jusqu'à la cellule A20.

2. On entre dans la cellule A1 la formule =ENT(10*ALEA()+1) ; on recopie cette formule jusqu'à la cellule A10.

3. On entre dans la cellule A1 la formule =ENT(11*ALEA()+10) ; on recopie cette formule jusqu'à la cellule A100.

Remarque

La formule =ENT(ALEA()+p) où p est un nombre réel de [0 ; 1], permet d'obtenir le nombre 0 avec la probabilité $1 - p$ et le nombre 1 avec la probabilité p.

15 **1.** On entre la formule =ENT(ALEA()+0,3) dans la cellule A1 ; on recopie cette formule jusqu'à la cellule A100.
1 s'affiche si la personne est fumeur, 0 sinon.

2. On entre la formule =ENT(ALEA()+0,12) dans la cellule A1 ; on recopie cette formule jusqu'à la cellule A100.

1 s'affiche si l'adolescent joue d'un instrument, 0 sinon.

Exercices d'entraînement

16 **1.** • L'entreprise compte 180 femmes et 200 hommes.

• La moitié des hommes fument régulièrement, soit $\frac{200}{2} = 100$ hommes ;

20 % des femmes fument occasionnellement, soit $180 \times \frac{20}{100} = 36$ femmes.

• Une femme sur trois fume régulièrement, soit $\frac{180}{3} = 60$ femmes.

• Autant d'hommes que de femmes fument occasionnellement, soit 36 femmes.

• On peut alors modéliser la situation dans un tableau.

	Ne fument pas	Fument occasionnellemnt	Fument régulièrement	Total
Hommes	200 – 100 – 36 = 64	36	100	200
Femmes	180 – 36 – 60 = 84	36	60	180
Total	64 + 84 = 148	36 + 36 = 72	100 + 60 = 160	200 + 180 = 380

2. a. • Parmi les 380 personnes, 72 sont fumeurs occasionnels ; donc :

$$p(\mathrm{A}) = \frac{72}{380} = \frac{18}{95} = 0{,}19.$$

• Parmi les 380 personnes, 200 sont des hommes ; donc :

$$p(\mathrm{B}) = \frac{200}{380} = \frac{10}{19} = 0{,}53.$$

b. $\mathrm{A} \cap \mathrm{B}$: « La personne choisie est un homme fumeur occasionnel ».

On compte 36 hommes qui fument occasionnellement,

donc $p(\mathrm{A} \cap \mathrm{B}) = \frac{36}{380} = \frac{9}{95} = 0{,}09$.

c. A ∪ B : « La personne choisie est un homme ou est fumeur occasionnel ».
On sait que $p(\text{A} \cup \text{B}) = p(\text{A}) + p(\text{B}) - p(\text{A} \cap \text{B})$,

donc $p(\text{A} \cup \text{B}) = \dfrac{72}{380} + \dfrac{200}{380} - \dfrac{36}{380} = \dfrac{236}{380} = \dfrac{59}{95} \approx 0{,}62$.

17 **1.** Arbre des possibilités.

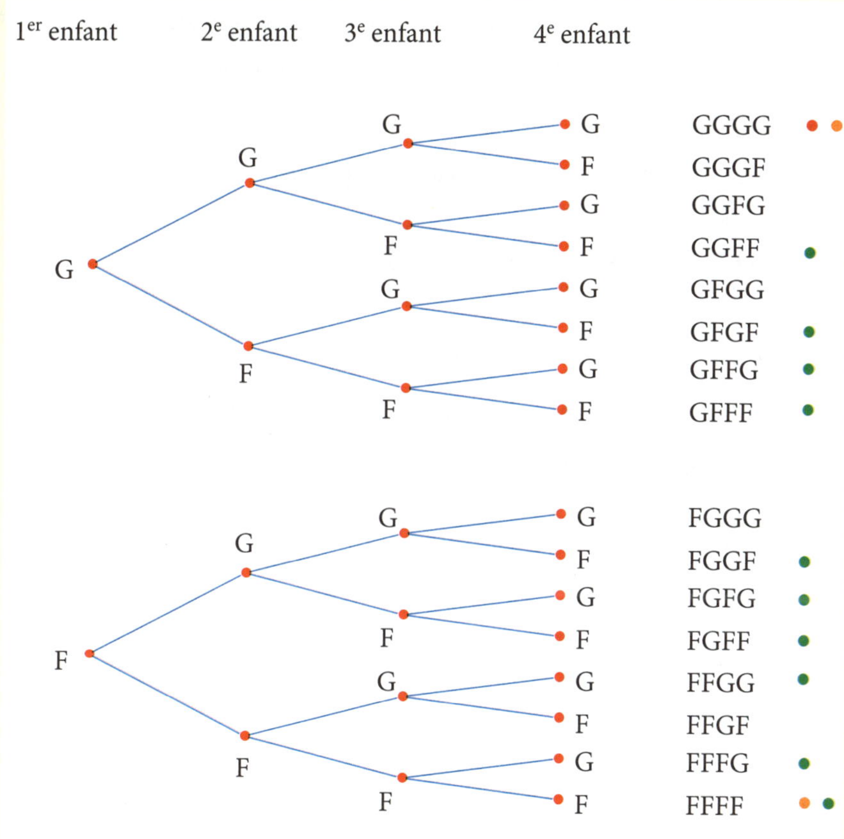

On compte 16 issues possibles.

2. • Sur les 16 issues possibles, un cas est favorable à l'événement A, donc :

$$p(\text{A}) = \frac{1}{16} = 0{,}0625 \text{ (point rouge de l'arbre).}$$

• Sur les 16 issues possibles, deux cas sont favorables à l'événement B, donc :

$$p(\text{B}) = \frac{2}{16} = 0{,}125 \text{ (points oranges de l'arbre).}$$

• Sur les 16 issues possibles, dix cas sont favorables à l'événement C, donc :

$$p(\text{C}) = \frac{10}{16} = 0{,}625 \text{ (points verts de l'arbre).}$$

• Sur les 16 issues possibles, quinze cas sont favorables à l'événement D, donc :

$$p(\text{D}) = \frac{15}{16} = 0{,}9375 \text{ (toutes les issues sauf GGGG).}$$

18 **1.** • Parmi les 300 salariés, 20 % se sont fait vacciner, soit :

$$300 \times \frac{20}{100} = 60 \text{ personnes.}$$

• 10 % du personnel a eu la grippe, soit $300 \times \frac{10}{100} = 30$ personnes ;

parmi ces 30 personnes, 20 % étaient vaccinées, soit $30 \times \frac{20}{100} = 6$ personnes.

• On peut illustrer la situation avec un diagramme.

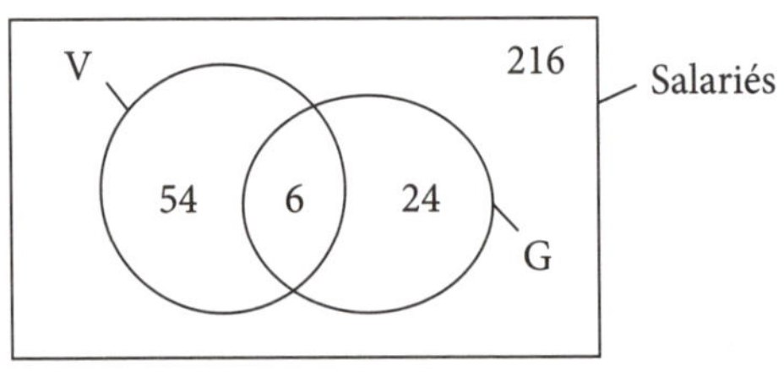

V : ensemble des personnes vaccinées
G : ensemble des personnes grippées

2. a. • Sur les 300 salariés, 30 ont eu la grippe, donc $p(\text{A}) = \frac{30}{300} = 0{,}1$.

• Sur les 300 salariés, 60 étaient vaccinés, donc $p(\text{B}) = \frac{60}{300} = 0{,}2$.

b. • Sur les 300 salariés, 6 ont eu la grippe et étaient vaccinés, donc :

$$p(\text{A} \cap \text{B}) = \frac{6}{300} = 0{,}02.$$

• On sait que $p(\text{A} \cup \text{B}) = p(\text{A}) + p(\text{B}) - p(\text{A} \cap \text{B})$, donc
$p(\text{A} \cup \text{B}) = 0{,}1 + 0{,}2 - 0{,}02 = 0{,}28$.

CHAPITRE

12 Variables et instructions élémentaires

1 Description d'un algorithme

1 Définition

Un algorithme décrit une succession d'**instructions**.

2 Description

Un algorithme est organisé en plusieurs parties :

la déclaration des variables ; un début ; des instructions : la description d'opérations à exécuter ; une fin.

3 Les instructions élémentaires

- **Affectation d'une instruction :** cela consiste à attribuer une valeur à une variable avec le symbole « ← ».
- **Entrées / sorties :** l'entrée permet à l'utilisateur de rentrer des valeurs au clavier pour être utilisées par le programme, on utilise l'action **Lire** ; la sortie permet de communiquer avec l'utilisateur, on utilise l'action **Écrire**.

Exemple : écrire un algorithme qui demande un nombre X à l'utilisateur, puis calculer X + 5 et afficher le résultat à l'écran.

Algorithme :	Description :
Variables X,Y : nombres réels	déclaration des variables.
Début	début du programme.
Écrire « entrez le nombre X : »	le programme reproduit la phrase écrite entre guillemets.
Lire X	le programme attend la frappe d'une valeur au clavier.
Y ← X+5	le programme calcule la valeur de X + 5 et affecte ce résultat à la variable Y.
Écrire Y	la valeur de Y est affichée à l'écran.
Fin	fin du programme.

EXERCICE RÉSOLU

Interpréter un algorithme

ÉNONCÉ

1. Décrire l'algorithme suivant. Que produit-il ?
Variables X, c : nombres réels

```
Début
    Écrire « entrez votre nombre : »
    Lire X
    c ← X*X
    Écrire « son carré est : », c
Fin
```

> **Rappel**
> « * » est l'opérateur de multiplication.

2. Quel est le résultat produit pour les valeurs 5 ; 1,5 et – 7 de X ?

CORRIGÉ

1. Le programme calcule et affiche le carré du nombre entré par l'utilisateur.

2. Pour X = 5, on obtient 25 ; pour X = 1,5, on obtient 2,25 et pour X = – 7, on obtient 49.

ÉNONCÉ

Soit l'algorithme :

```
Variables X, Y, P : nombres réels
Début
    Écrire « Entrez X : »
    Lire X
    Écrire « Entrez Y : »
    Lire Y
    P←2*X / (Y^2+1)
    Écrire P
Fin
```

> **Rappel**
> « / » est l'opérateur de division et « ^ » est l'opérateur de puissance.

Quel est le résultat produit par l'algorithme pour X = 3 et Y = – 1 ?

CORRIGÉ

Pour X = 3 et Y = – 1,

on obtient $(2 \times 3) \div ((-1)^2 + 1) = 3$.

2 Boucles et itérateurs

1 Structure Répéter ... Jusqu'à ...

• Cette structure décrit une action répétée jusqu'à ce qu'une condition soit respectée.

Exemple : l'algorithme suivant affiche la table de multiplication par 8.

```
Début
    n ← 1
    Répéter
        Écrire « 8 × », n, « = », 8*n
        n ← n+1
    Jusqu'à n = 11
Fin
```

2 Structure Tant que ... Faire ...

• Cette structure est exécutée répétitivement tant qu'une condition est vraie.

Exemple : l'algorithme suivant affiche la table de multiplication par 8.

```
Début
    n ← 1
    Tant que n ← 10
        Faire
            Écrire « 8 × », n, « = », 8*n
            n ← n+1
        FinFaire
Fin
```

3 Structure Pour ... Faire ...

• Cette structure est exécutée répétitivement un certain nombre de fois.

Exemple : l'algorithme suivant affiche la table de multiplication par 8.

```
Début
    Pour n ← 1 Jusqu'à 10
        Faire
            Écrire « 8 × », n, « = », 8*n
        FinFaire
Fin
```

EXERCICE RÉSOLU

Interpréter un algorithme

ÉNONCÉ

Décrire l'algorithme suivant. Que produit-il pour $x = 10$?

Variables x, y : nombres réels
c : caractère

Début
Répéter
Écrire « Entrez la valeur de x »
Lire x
y ← x*x+2*x–1
Écrire y
Écrire « Un autre calcul ? Non, touche N ; Oui, touche O »
Lire c
Jusqu'à c = « N »
Fin

Méthode
Décrire, pas à pas, chaque étape de la boucle.

CORRIGÉ

Répéter	*début de la boucle*
Écrire « Entrez la valeur de x »	*le programme écrit cette phrase*
Lire x	*l'utilisateur entre une valeur de x au clavier*
y ← x*x+2*x–1	*le programme calcule* $x^2 + 2x - 1$
Écrire y	*le programme affiche le résultat*
Écrire « Un autre calcul ? »	*le programme écrit cette phrase*
Lire c	*l'utilisateur entre sa réponse*
Jusqu'à c = « N »	*si la réponse est N, la boucle s'arrête ;*
	si la réponse est O, la boucle reprend

Cet algorithme affiche la valeur 119 pour $x = 10$.

3 Instructions conditionnelles

1 Structure Si ... Alors ...

• On teste une condition pour déterminer si une ou plusieurs actions doivent être exécutées.

Exemple : l'algorithme suivant affiche la racine carrée d'un nombre s'il est positif.

```
Variables x, y : nombres réels
Début
    Écrire « Entrez votre nombre »
    Lire x
    Si x ⩾ 0   Alors
               y ← RacineCarrée(x)
               Écrire « Sa racine carrée est : »,y
     FinSi
Fin
```

1 Structure Si ... Alors ... Sinon ...

• On teste une condition pour déterminer quelles actions doivent être effectuées.

Exemple : l'algorithme suivant affiche la racine carrée d'un nombre s'il est positif, sinon il affiche un message d'erreur.

```
Variables x, y : nombres réels
Début
    Écrire « Entrez votre nombre »
    Lire x
    Si x < 0 Alors
             Écrire « Ce nombre est négatif »
             Sinon
             y ← racineCarrée(x)
             Écrire « Sa racine carrée est : »,y
   FinSi
Fin
```

EXERCICE RÉSOLU

Interpréter un algorithme

ÉNONCÉ

Décrire l'algorithme suivant. Que produit-il pour $x = -10{,}5$?

Variable x : nombre réel
Début
    Écrire « Entrez un nombre non nul »
    Lire x
    Si x > 0 **Alors**
        Écrire « Ce nombre est positif »
        Sinon
        Écrire « Ce nombre est négatif »
    FinSi
Fin

Conseil
Repérer la structure conditionnelle.

CORRIGÉ

Écrire « Entrez un nombre non nul » — *le programme écrit cette phrase*
    Lire x — *l'utilisateur entre une valeur de x*
    Si x > 0 **Alors** — *la condition est évaluée par le programme*
        Écrire « Ce nombre est positif » — *cette condition est exécutée si vrai*
        Sinon
        Écrire « Ce nombre est négatif » — *cette condition est exécutée si faux*
    FinSi
Fin

Le programme demande un nombre à l'utilisateur et lui dit si ce nombre est positif ou s'il est négatif (zéro ayant été exclu).

Pour $x = -10{,}5$, le programme affiche : Ce nombre est négatif.

4 Notions de fonctions

Dans un programme, on peut écrire des « sous-programmes » appelés **fonctions**.
C'est une suite d'instructions que l'on appelle fonction.
Cette fonction porte un **nom** et utilise zéro, un ou plusieurs **paramètres**.

● **Exemple** **Fonction** *produit(a, b)*
retourner(a × b)

La fonction créée s'appelle *produit* et elle utilise 2 paramètres : *a* et *b*.
Lorsque l'on tape l'instruction *produit(3,10)*, la fonction renvoie : 30.

EXERCICES RÉSOLUS

Utiliser les fonctions

ÉNONCÉ

On donne les fonctions suivantes :

Fonction *double(x)* *retourner(2 × x)*	**Fonction** *cerise(x, y)* *retourner((x+2) × y)*	**Fonction** *cercle(r)* *retourner(2×3,14 × r)*

Que renvoient les instructions suivantes ?

1. *double(5)* **2.** *cerise(4,8)* **3.** *cerise(3,20)* **4.** *cercle(10)*

CORRIGÉ

1. *double(5)* renvoie le calcul de 2 × 5, soit 10.
2. *cerise(4,8)* renvoie le calcul de (4 + 2) × 8, soit 48.
3. *cerise(3,20)* renvoie le calcul de (3 + 2) × 20, soit 100.
4. *cercle(10)* renvoie le calcul de 2 × 3,14 × 10, soit 62,8.

Utiliser les fonctions en langage Python

ÉNONCÉ

On considère les programmes suivants :

Programme 1

```
def volsph(c):
    return 4 / 3 * 3.14 * r**3
def aire(d):
    return 3.14 * r**2
r = float(input("Entrez la valeur de r :"))
print("V =", volsph(r))
print("A =", aire(r))
print("P =", 2*3.14*r)
```

Programme 2

```
def table(choix):
     n = 1
     while n <11 :
         print (n * choix)
         n = n +1
```

1. Que permet d'obtenir le programme 1 pour $r = 2$?

2. Que permet d'obtenir le programme 2 pour l'instruction *table(7)* ?

CORRIGÉ

1. Le programme 1 permet de calculer le volume V de la sphère de rayon *r*, l'aire A du disque de rayon *r* et le périmètre P du cercle de rayon *r*.

Pour $r = 2$, on obtient :

V = 33.49333333333333   A = 12.56   P = 12.56

2. Le programme 2 permet d'afficher la table de multiplication choisie.

Pour table(7), on obtient :

7 14 21 28 35 42 49 56 63 70

Savoir interpréter un algorithme comportant une boucle

ÉNONCÉ

Décrire l'algorithme suivant. Que produit-il ?

Variables x, y : nombres réels
Début
x ← 1
    Répéter
        y ← x*x
        Écrire y
        x ← x + 1
    Jusqu'à x = 7
Fin

MÉTHODE

1. Repérer l'affectation de la variable *x*.
2. Repérer la boucle par ses mots-clés et décrire son action.
3. Conclure.

CORRIGÉ

1. La valeur initiale de *x* est 1.

Répéter	*Début de la boucle*
y ← x*x	*On affecte à y la valeur* 1 × 1 = 1
Écrire y	*La valeur obtenue de y est écrite à l'écran*
x ← x+1	*x est affecté de la valeur* 1 + 1 = 2
	L'action décrite par la boucle se répète :
	On affecte à y la valeur $x \times x = 2 \times 2 = 4$
	La valeur obtenue de y est écrite à l'écran
	x est affecté de la valeur $x + 1 = 2 + 1 = 3$
	L'action décrite par la boucle se répète
	L'action décrite par la boucle prend fin lorsque $x = 7$
Jusqu'à x = 7	

L'algorithme produit l'affichage des nombres :
1 ; 4 ; 9 ; 16 ; 25 et 36.

Piège à éviter
L'action n'est pas exécutée pour $x = 7$.

Savoir interpréter un algorithme comportant une instruction conditionnelle

ÉNONCÉ

Décrire l'algorithme suivant.
Que produit-il pour $x = 5$ et $y = 10$? pour $x = 7$ et $y = 6$? pour $x = -5$ et $y = -4$?

```
Variables x, y, z : nombres réels
Début
    Écrire « Entrez la valeur de x : »
    Lire x
    Écrire « Entrez la valeur de y : »
    Lire y
        Si x > y Alors
                z ← x^2
                Écrire z
                Sinon
                z ← y^2
                Écrire z
    FinSi
Fin
```

MÉTHODE

1. Interpréter les instructions de début de programme.

2. Repérer les mots-clés de la structure conditionnelle et interpréter la condition testée.

CORRIGÉ

Remarque
Le contraire de $x > y$ est $x < y$.

Le programme demande à l'utilisateur deux nombres x et y.
Si $x > y$, alors le programme affiche x^2, sinon il affiche y^2 ;
le programme affiche donc le carré du plus grand des deux nombres.

1. Pour $x = 5$ et $y = 10$, le programme calcule 10^2 et affiche 100.

2. Pour $x = 7$ et $y = 6$, le programme calcule 7^2 et affiche 49.

3. Pour $x = -5$ et $y = -4$, le programme calcule $(-4)^2$ et affiche 16.

Exercices d'application

1 Interpréter un algorithme de calculs

Quel est le résultat produit par chacun des deux algorithmes suivants pour X = 6 ?

a. **Variables** X, Y, Z : nombres réels
Début
Y ← – 1
Lire X
Z ← 2*X+Y
Écrire Z
Fin

b. **Variables** X, Y, Z : nombres réels
Début
Y← 5
Lire X
Z ← X^2 – Y + 3
Écrire Z
Fin

2 Interpréter un algorithme de calculs

Quel est le résultat produit par chacun des deux algorithmes suivants pour X = – 5, puis pour X = 1,5 ?

a. **Variables** X, Y, Z : nombres réels
Début
Lire X
Y ← 2
Z ← 4*X + 2*Y
Écrire Z
Fin

b. **Variables** X, Y, Z : nombres réels
Début
Y ← 1
Lire X
Z ← X^2 – 3*Y – 5
Écrire Z
Fin

3 Interpréter un algorithme

Quelles seront les valeurs de X, Y et Z après exécution du programme suivant ?

Variables X, Y, Z : nombres entiers
Début
X ← 4
Y ← 10
Z ← X + Y
X ← 8
Y ← X + Z
Fin

4 Interpréter un algorithme

Quelles seront les valeurs de X et Y après exécution du programme suivant ?

Variables X, Y : nombres entiers
Début
X ← 8
Y ← 3
X ← Y
Y ← X
Fin

5 Interpréter un algorithme

1. Quelles seront les valeurs de X et de Y après exécution du programme suivant ?

2. De manière générale, que produit cet algorithme pour toute valeur de X et de Y ?

Variables X, Y, Z : nombres entiers
Début
X ← 8
Y ← 3
Z ← X
X ← Y
Y ← Z
Fin

6 Écrire un algorithme en géométrie

Écrire un algorithme qui demande à l'utilisateur la largeur et la longueur d'un rectangle (en mètres), puis qui calcule et affiche le périmètre et l'aire de ce rectangle.

7 Écrire un algorithme de calculs

Écrire un algorithme qui demande à l'utilisateur la valeur de deux nombres A et B, puis qui calcule et affiche la somme de leur carré.

8 Écrire un algorithme en statistiques

Écrire un algorithme qui demande à l'utilisateur deux nombres, puis qui calcule et affiche la moyenne de ces deux nombres.

9 Interpréter un algorithme comportant une boucle

Quel est le résultat produit par l'algorithme suivant pour $x = 2$?

Variable x : nombre réel
Début
  Écrire « Quelle est la valeur de x ? »
  Lire x
  Répéter
    Écrire x
    x ← x+3
  Jusqu'à x = 17
Fin

10 Interpréter un algorithme comportant une boucle

Quel est le résultat produit par l'algorithme suivant pour $x = 6$?

Variable x : nombre réel
Début
  Écrire « Quelle est la valeur de x ? »
  Lire x
  Répéter
    Écrire x
    x ← x + 10
  Jusqu'à x > 50
Fin

11 Interpréter un algorithme comportant une boucle

Quel est le résultat produit par l'algorithme suivant pour $x = 6$?

Variable x : nombre réel
Début
  Écrire « Quelle est la valeur de x ? »
  Lire x
  Tant que x < 50
    Faire
    Écrire x
    x ← x + 10
    FinFaire
Fin

12 Interpréter un algorithme donnant un tableau de valeurs d'une fonction

1. Décrire l'algorithme suivant.

```
Variables bg, bd, x, y : nombres entiers
Début
   Écrire « Borne de gauche ? »
   Lire bg
   Écrire « Borne de droite ? »
   Lire bd
   Pour x ← bg Jusqu'à bd
      Faire
         y ← x^2+x+1
         Écrire y
      FinFaire
Fin
```

2. Quel est le résultat produit par cet algorithme pour bg = 4 et bd = 10 ?

13 Écrire un algorithme comportant une boucle

Écrire un algorithme qui demande un nombre entier à l'utilisateur, puis qui affiche les vingt nombres suivants.

14 Écrire un algorithme comportant une boucle

Écrire un algorithme qui demande un nombre entier à l'utilisateur, puis qui affiche la somme de ce nombre avec le nombre suivant ; le programme demande alors à l'utilisateur s'il veut continuer.

15 Interpréter un algorithme comportant une condition

Décrire l'algorithme suivant.

```
Variable A : nombre réel
Début
   Écrire « Quel âge avez-vous ? »
   Lire A
   Si A < 18 Alors
            Écrire « Vous êtes mineur »
            Sinon
            Écrire « Vous êtes majeur »
   FinSi
Fin
```

16 Interpréter un algorithme comportant une condition

1. Décrire l'algorithme ci-dessous.

2. Que produit-il pour $x = 5$? pour $x = 20$?

```
Variables x, y : nombres réels
Début
   Écrire « Entrez votre nombre : x = »
   Lire x
   Si x < 10  Alors
              y ← x+10
              Écrire y
              Sinon
              y ← x−10
              Écrire y
   FinSi
Fin
```

17 Écrire un algorithme de calculs

Écrire un algorithme qui demande à l'utilisateur deux nombres A et B, puis si B est non nul, affiche le quotient de A par B.

18 Écrire un algorithme de calculs

Écrire un algorithme qui demande à l'utilisateur :

- le prix, en euros, d'un article ;
- si cet article est soldé.

Si l'article est soldé, le programme affiche le prix à payer avec une réduction de 50 %.

Exercices d'entraînement

19 Interpréter un algorithme en statistiques

Que produit l'algorithme suivant ?

```
Variables n, cpt : nombres entiers
          x, S, M : nombres réels
Début
   Écrire « Combien de notes avez-vous ? »
   Lire n
   S ← 0
   Pour cpt ← 1 Jusqu'à n
      Faire
         Écrire « Entrez vos notes »
         Lire x
         S ← S+x
      FinFaire
   M ← S/n
   Écrire « Le résultat est », M
Fin
```

20 Écrire un algorithme de calculs numériques

Écrire un algorithme qui demande à l'utilisateur un nombre entier positif N, puis qui calcule le nombre S = 1 + 2 + 3 + … + N.

21 Écrire un algorithme de résolution d'une équation du premier degré

Écrire un algorithme qui demande les coefficients a et b de l'équation $ax + b = 0$, puis qui affiche la solution de cette équation.

22 Écrire un algorithme d'étude du signe d'une expression du premier degré

Écrire un algorithme qui donne le signe de $ax + b$ en fonction de x après avoir demandé à l'utilisateur les coefficients a et b (ne considérer que le cas $a \neq 0$).

23 Avec Python

Que font les programmes suivants ?

Programme 1

```
s = 0
for i in range(21) :
    s = i+s
print(s)
```

Programme 2

```
a = float(input('entrez x : '))
if a ==0 :
   inverse = ' impossible '
else :
   inverse = 1/a
print(inverse)
```

Programme 3

```
n = 0
s = 0
while s < 30 :
      n = n + 1
      s = s + n
print(n)
```

Programme 4

```
def nombre(n) :
   if n%2==0 :
    return ' pair '
   else :
    return  ' impair '
```

Exercices d'application

1 a. On affecte la valeur – 1 à la variable Y ; l'utilisateur entre 6 au clavier ; le programme calcule $2 \times 6 - 1$ et affecte ce résultat à la variable Z qui est affichée.

Le programme affiche ainsi la valeur 11.

b. On affecte la valeur 5 à la variable Y ; l'utilisateur entre la valeur 6 au clavier ; le programme calcule $6^2 - 5 + 3$ et affecte cette valeur à la variable Z qui est affichée.

Le programme affiche ainsi la valeur 34.

2 a. La valeur de X est entrée au clavier, on affecte la valeur 2 à la variable Y.

Le programme calcule et affiche la valeur affectée à Z.

$$\text{Pour } X = -5,\ Z = 4 \times (-5) + 2 \times 2 = -16.$$

$$\text{Pour } X = 1{,}5,\ Z = 4 \times 1{,}5 + 2 \times 2 = 10.$$

b. On affecte la valeur 1 à la variable Y. La valeur de X est entrée au clavier.

Le programme calcule et affiche la valeur affectée à Z.

$$\text{Pour } X = -5,\ Z = (-5)^2 - 3 \times 1 - 5 = 17.$$

$$\text{Pour } X = 1{,}5,\ Z = 1{,}5^2 - 3 \times 1 - 5 = -5{,}75.$$

3

	Description :
$X \leftarrow 4$	*On affecte la valeur 4 à la variable X, soit X = 4*
$Y \leftarrow 10$	*On affecte la valeur 10 à la variable Y, soit Y = 10*
$Z \leftarrow X + Y$	*On affecte la valeur 10 + 4 = 14 à la variable Z, soit Z = 10 + 4 = 14*
$X \leftarrow 8$	*On affecte la valeur 8 à la variable X, soit X = 8*
$Y \leftarrow X + Z$	*On affecte la valeur 8 + 14 = 22 à la variable Y, soit Y = 8 + 14 = 22*

À la fin du programme, on a X = 8, Y = 22 et Z = 14.

4

	Valeurs des variables :
$X \leftarrow 8$	*X = 8*
$Y \leftarrow 3$	*Y = 3*
$X \leftarrow Y$	*On affecte à X la valeur de Y, soit X = 3*
$Y \leftarrow X$	*On affecte à Y la valeur de X, soit Y = 3*

À la fin du programme, on a X = Y = 3.

5 *Valeurs des variables :*

1. X ← 8 — *X = 8*

Y ← 3 — *Y = 3*

Z ← X — *On affecte à Z la valeur de X, soit Z = 8*

X ← Y — *On affecte à X la valeur de Y, soit X = 3*

Y ← Z — *On affecte à Y la valeur de Z, soit Y = 8*

À la fin du programme, on a X = 3 et Y = 8.

2. Ce programme échange les valeurs de X et de Y.

Remarque

Algorithme intéressant pour comprendre la notion d'affectation.

6

Variables l,L,P,A : nombres réels
Début
Écrire « Entrez la largeur du rectangle en mètres »
Lire l
Écrire « Entrez la longueur du rectangle en mètres »
Lire L
P ← 2*(l + L)
A ← l*L
Écrire « Le périmètre du rectangle est égal à : », P, « m »
Écrire « L'aire du rectangle est égale à : », A, « m² »
Fin

Remarque

Bien noter le rôle des guillemets et des virgules.

7

Variables A,B,S : nombres réels
Début
Écrire « Entrez la valeur de A »
Lire A
Écrire « Entrez la valeur de B »
Lire B
S ← A^2+B^2
Écrire « $A^2 + B^2$ = », S
Fin

8

Variables X,Y,M : nombres réels
Début
Écrire « Entrez le premier nombre »
Lire X
Écrire « Entrez le deuxième nombre »
Lire Y
M ← 0,5*(X + Y)
Écrire « La moyenne de ces deux nombres est : », M
Fin

Remarque
On affecte à la variable M le résultat du calcul, puis l'action « Écrire M » affiche le résultat.

9

	Description :
Variable x : nombre réel	
Début	
Écrire « Quelle est la valeur de x ? »	
Lire x	*L'utilisateur saisit la valeur de x*
Répéter	*Début de la boucle*
Écrire x	*La boucle affiche la valeur de x, puis ajoute 3 à x ;*
x ← x+3	*elle s'arrête au moment où x prend la valeur 17*
Jusqu'à x = 17	
Fin	

Pour $x = 2$, le programme affiche : 2, 5, 8, 11, puis 14.

10

	Description :
Variable x : nombre réel	
Début	
Écrire « Quelle est la valeur de x ? »	
Lire x	*L'utilisateur saisit la valeur de x*
Répéter	*Début de la boucle*
Écrire x	*La boucle affiche la valeur de x, puis ajoute*
x ← x+10	*10 à cette valeur ; elle s'arrête au moment*
Jusqu'à x > 50	*où x > 50*
Fin	

Pour $x = 6$, le programme affiche : 6, 16, 26, 36 et 46.

Rappel
Dans la boucle Répéter … jusqu'à …, il faut bien observer à quel instant la condition d'arrêt est évaluée dans la répétition.

11 *Description :*

```
Variable x : nombre réel
Début
   Écrire « Quelle est la valeur de x ? »
   Lire x            L'utilisateur saisit la valeur de x
   Tant que x < 50   Début de la boucle
      Faire
         Écrire x    Le programme affiche la valeur de x,
         x ← x + 10  puis ajoute 10 à cette valeur.
      FinFaire       La boucle s'arrête dès que x > 50
Fin
```

Pour $x = 6$, le programme affiche : 6, 16, 26, 36, puis 46.

Rappel

Le vocabulaire Faire … FinFaire permet de repérer le corps de la boucle.

12 **1.** *Description :*

```
Variables bg,bd,x,y : nombres entiers
Début
   Écrire « Borne de gauche ? »
   Lire bg                  L'utilisateur saisit la valeur
                            de la borne de gauche
   Écrire « Borne de droite ? »
   Lire bd                  L'utilisateur saisit la valeur
                            de la borne de droite
   Pour x ← bg Jusqu'à bd
      Faire                 Début de la boucle
         y ← x^2 + x + 1    Le programme calcule et affiche les valeurs de
         Écrire y           x² + x + 1 de x = bg jusqu'à x = bd, avec un pas de 1.
      FinFaire              Fin de la boucle
Fin
```

Remarque

On utilise la boucle Pour … Jusqu'à … lorsque le nombre d'exécutions de la boucle est connu.

2. Pour bg = 4 et bd = 10, le programme affiche : 21, 31, 43, 57, 73, 91 et 111.

13

```
Variables N, x : nombres entiers
Début
    Écrire « Entrez votre nombre entier : »
    Lire N
    Écrire « Les vingt nombres suivants sont : »
    Pour x ← N + 1 Jusqu'à N + 20
        Faire
            Écrire x
        FinFaire
Fin
```

14

```
Variables  N, M : nombres entiers
           rep : caractère
Début
    Répéter
        Écrire « Entrez votre nombre entier : »
        Lire N
        M ← N + N + 1
        Écrire «la somme de votre nombre et du suivant est :», M
        Écrire « Voulez-vous effectuer un autre calcul ? Non, touche N ; Oui, touche O »
        Lire rep
    Jusqu'à rep = « N »
Fin
```

Remarque

Ne pas confondre les instructions « Lire » et « Écrire ».

15 Le programme demande à l'utilisateur son âge, puis l'informe s'il est majeur ou s'il est mineur.

16 **1.** Le programme demande la valeur d'un nombre x à l'utilisateur.

Si $x < 10$, le programme affiche la valeur de $x + 10$; si $x > 10$, le programme affiche la valeur de $x - 10$.

2. Pour $x = 5$, la valeur 15 est affichée ; pour $x = 20$, la valeur 10 est affichée.

17

```
Variables A,B,Q : nombres réels
Début
   Écrire « Entrez la valeur de A »
   Lire A
   Écrire « Entrez la valeur de B »
   Lire B
   Si B = 0 Alors
            Écrire « Le quotient de A par B n'est pas possible »
            Sinon
            Q ← A/B
            Écrire « Le quotient de A par B est égal à : », Q
   FinSi
Fin
```

18

```
Variables  P,PF : nombres réels
           Rep : caractère
Début
   Écrire « Quel est le prix de l'article ? »
   Lire P
   Écrire « Cet article est-il soldé ? Non, touche N ; Oui, touche O »
   Lire Rep
   Si Rep = « O » Alors
                 PF ← 0,5*P
                 Écrire « Vous devez payer : »,
                 PF, « euros »
                 Sinon
                 Écrire « Vous devez payer : »,
                 P, « euros »
   FinSi
Fin
```

Rappel

Le vocabulaire
Si … FinSi…
permet de repérer le corps de la condition.

Exercices d'entraînement

19

```
                                      Description :
Variables  n,cpt : nombres entiers
           x,S,M : nombres réels
Début
   Écrire « Combien de notes avez-vous ? »
   Lire n                             L'utilisateur entre le nombre de notes
   S ← 0                              La variable est initialisée
   Pour cpt ← 1 Jusqu'à n             Création d'un compteur pour la boucle
      Faire                           Début de la boucle
         Écrire « Entrez vos notes »
         Lire x                       On saisit une à une les notes
         S ← S+x                      On ajoute chaque note à la variable S
      FinFaire                        Fin de la boucle
   M ← S/n                            Calcul de la somme des notes divisée par le
                                      nombre de notes
   Écrire « Le résultat est », M      Affichage de M
Fin
```

Le programme calcule et affiche la moyenne des notes que l'utilisateur a saisi.

20

```
Variables N,S,cpt : nombres entiers
Début
   Écrire « Entrez un nombre entier positif N »
   Lire N
   S ← 0
   Pour cpt ← 1 Jusqu'à N
      Faire
         S ← S + cpt
      FinFaire
   Écrire « 1+2+3+…+N= », S
Fin
```

Piège à éviter

Pour une variable dont l'affectation sera modifiée au cours du programme, il ne faut pas oublier de l'initialiser.

21

```
Variables A,B,S : nombres réels
Début
   Écrire « Entrez le coefficient a : »
   Lire A
   Écrire « Entrez le coefficient b : »
   Lire B
   Si A = 0 Alors
            Si B = 0 Alors
                     Écrire « Tous les nombres sont solutions »
                     Sinon
                     Écrire « L'équation n'a pas de solution »
            FinSi
            Sinon
                S ← – B/A
                Écrire « La solution de l'équation est x = », S
    FinSi
 Fin
```

22

```
Variables A,B,rac : nombres réels
Début
   Écrire « Entrez le coefficient a non nul : »
   Lire A
   Écrire « Entrez le coefficient b : »
   Lire B
   rac ← – B/A
   Si A > 0 Alors
            Écrire « ax + b est positif si x ⩾ », rac, « et ax + b est négatif si x ⩽ », rac
           Sinon
            Écrire « ax + b est négatif si x ⩾ », rac, « et ax + b est positif si x ⩽ », rac
    FinSi
 Fin
```

23

Programme 1
Le programme calcule et affiche la somme des entiers de 0 à 20, soit 210.

Programme 2
Le programme affiche l'inverse du nombre entré s'il est non nul.

Programme 3
Le programme affiche le rang à partir duquel la somme des *n* premiers entiers naturels dépasse la valeur 30, au rang 8.

Programme 4
On entre nombre(n) et le programme affiche « pair » si le nombre *n* entré est pair, « impair » sinon.

MIXTE
Papier issu de sources responsables
FSC® C022030
www.fsc.org

Nathan est un éditeur qui s'engage pour la préservation de son environnement et qui utilise du papier fabriqué à partir de bois provenant de forêts gérées de manière responsable.

N° de projet : 10249679 - juin 2019
Imprimé en France par Estimprim 25110 Autechaux